全国高职高专机电类专业规划教材

可编程控制器

（三菱与西门子系列）

主　编　陈小飞　殷晓安
副主编　李耀坤　尤守乐
参　编　胡金华　高　堃
主　审　吴明亮

黄河水利出版社
·郑州·

内容提要

本书是全国高职高专机电类专业规划教材，是根据教育部对高职高专教育的教学基本要求及全国水利水电高职教研会制定的可编程控制器课程标准编写完成的。本书共分十章，分别介绍了低压控制电器，PLC 的产生、特点、基本组成、工作原理等；重点介绍了日本三菱公司生产的 PLC 与德国西门子公司生产的 PLC；详细讲述了 PLC 的基本指令系统、步进指令系统、功能指令系统，以及每个系统的编程方法和经典程序案例。

本书可作为普通高等院校电气工程及自动化、电力系统及自动化、自动化及相关专业的教材，也可作为高职高专和函授教材以及相关专业工程技术人员的参考用书。

图书在版编目(CIP)数据

可编程控制器：三菱与西门子系列/陈小飞，殷晓安主编. —郑州：黄河水利出版社，2013.7
全国高职高专机电类专业规划教材
ISBN 978-7-5509-0502-3

Ⅰ.①可… Ⅱ.①陈… ②殷… Ⅲ.①可编程序控制器-高等职业教育-教材 Ⅳ.①TM571.6

中国版本图书馆 CIP 数据核字(2013)第 142242 号

组稿编辑：简　群　电话：0371-66026749　E-mail：w_jq001@163.com

出 版 社：黄河水利出版社

地址：河南省郑州市顺河路黄委会综合楼 14 层　邮政编码：450003

发行单位：黄河水利出版社

发行部电话：0371-66026940、66020550、66028024、66022620(传真)

E-mail：hhslcbs@126.com

承印单位：黄河水利委员会印刷厂

开本：787 mm×1 092 mm　1/16

印张：13.5

字数：312 千字　印数：1—4 100

版次：2013 年 7 月第 1 版　印次：2013 年 7 月第 1 次印刷

定价：27.00 元

前　言

本书是根据《教育部关于全面提高高等职业教育教学质量的若干意见》(教高[2006]16号)、《教育部关于推进高等职业教育改革创新引领职业教育科学发展的若干意见》(教职成[2011]12号)等文件精神,由全国水利水电高职教研会拟定的教材编写规划,在中国水利教育协会指导下,由全国水利水电高职教研会组织编写的机电类专业规划教材。该套规划教材是在近年来我国高职高专院校专业建设和课程建设不断深化改革和探索的基础上组织编写的,内容上力求体现高职教育理念,注重对学生应用能力和实践能力的培养;形式上力求做到基于工作任务和工作过程编写,便于"教、学、练、做"一体化。该套规划教材是一套理论联系实际、教学面向生产的高职高专教育精品规划教材。

可编程控制器(PLC)是一种以微处理器为基础的新型工业控制装置,它集计算机技术、自动控制技术、通信技术于一体。PLC具有结构简单,性能优越,可靠性高,使用、维护方便等优点。在当今社会生产过程、科学研究和其他产业领域中,PLC的应用都是十分广泛的。在机械设备的控制过程中,电气控制也比别的控制方法使用得更为普遍。

本书介绍了低压控制电器的原理,日本三菱FX系列和德国西门子S7-200系列两种型号的PLC,还讲述了三种PLC编程软件。本书着重基本应用知识和基本操作技能,在讲述过程中力求表述简明、举例恰当、实用性强,全力培养学生分析与设计控制电路和PLC控制系统的能力。

在编写本书时力求突出PLC知识点的实用性,在一些章后附有一定量的练习题,供学生思考和研究,以利于加深对本书内容的理解和掌握。同时,把每章节的内容编写得十分精练,没有繁冗多余的内容,学生看书也容易把握重点。

本书编写人员及编写分工如下:第一章由三峡电力职业学院尤守乐编写,第二章由三峡电力职业学院李耀坤编写,第三章、第四章、第五章由三峡电力职业学院陈小飞编写,第六章、第九章、第十章由湖南水利水电职业技术学院殷晓安编写,第七章由三峡电力职业学院胡金华编写,第八章由中国核工业第二二建设有限公司海外事业部高堃编写。全书由陈小飞、殷晓安担任主编,由陈小飞负责统稿。湖南水利水电职业技术学院吴明亮担任本书主审。

在编写本书的过程中,编者参考了很多资料与文献。对于一些知识点,同行们有精辟的论述,编者再三斟酌也不能超越,故拿来引用,以充实本书的内容。有关参考文献列在书后,在此对参考文献的作者表示感谢。有些资料与文献来自网络,无从找到作者,在此也一并表示感谢。

在编写本书的过程中,编者得到了三峡电力职业学院很多老师的大力支持,尤守乐、李耀坤为本书提供了技术指导,胡金华为本书提供了大量资料,高堃对本书进行了校对,在此对各位同仁表示感谢。

在编写本书的时候，编者极尽努力，力求达到尽善尽美。但在编写过程中可能会有疏忽，加上编者水平有限，因此书中难免存在不足之处，希望同行们提出宝贵意见，以便以后更好地改进。

编　者

2013 年 4 月

目　录

第一章　常用控制电器与控制电路

【教学目标】

1. 详细介绍各种控制电器的用途、结构、原理及符号。
2. 讲述几种常见的控制电路接线图及控制原理。

【学习要点】

1. 掌握接触器、继电器、熔断器、主令电器等的结构和用途。
2. 熟悉各种常见的控制电路接线图。

第一节　控制电器概述

1　控制电器的定义

控制电器是指能自动或手动接通和断开电路，以及对电路进行切换、控制、保护、检测、变换和调节的元件。

控制电器的种类繁多，构造各异，用途广泛，功能多样。熟悉各种控制电器的原理及功能对从事与控制有关工作的人非常重要。

由于控制电器的品种、规格、功能多样化，因而有不同的分类方法。下面介绍几种常见的分类方法。

1.1　按工作电压等级分类

(1)高压电器：用于交流电压 1 200 V、直流电压 1 500 V 及以上电路中的电器。例如高压断路器、高压隔离开关、高压熔断器等。

(2)低压电器：用于交流 50 Hz、额定电压 1 200 V 以下，直流额定电压 1 500 V 以下电路中的电器。例如接触器、继电器等。

1.2　按作用分类

(1)一般控制电器：用于各种控制电路和控制系统的电器。例如接触器、继电器、电动机启动器等。

(2)主令电器：用于自动控制系统中发送动作指令的电器。例如按钮、行程开关、万能转换开关等。

(3)保护电器：用于保护电路及用电设备的电器。例如熔断器、热继电器、各种保护继电器、避雷器等。

(4)执行电器：用于完成某种动作或传动功能的电器。例如电磁铁、电磁离合器等。

(5)配电电器：用于电能输送和分配的电器。例如高压断路器、隔离开关、刀开关、自动空气开关等。

1.3 按动作原理分类

(1)手动电器:用手或依靠机械力进行操作的电器。例如手动开关、控制按钮、行程开关等主令电器。

(2)自动电器:借助于电磁力或某个物理量的变化自动进行操作的电器。例如接触器、各种类型的继电器、电磁阀等。

2 低压控制电器的发展

低压控制电器(简称低压电器)是工业装置中实行控制和自动化的主要元件之一。它的功能是在用电设备之间转换电流和分配电能,在出现故障状态时保护用电设备,进行电气传动装置工作状态的控制,以及确保生产机械自动化作业时的各种逻辑动作。低压电器的生产和发展是与电的发明和广泛应用分不开的,从按钮、刀开关、熔断器等简单的低压电器,到各种规格的低压断路器、接触器以及由它们组成的成套电气控制设备,都是随着生产的需要而发展的。

改革开放以后,我国低压电器制造工业飞速发展。一方面,国产产品如 CJ20 系列接触器、RJ20 系列热继电器、DZ20 系列塑料外壳式断路器都是国内 20 世纪 80 年代更新换代产品,符合国家标准(参考 IEC 标准制定),有的甚至符合 IEC 标准;另一方面,我国积极从德国 AEC 公司、西门子公司和美国西屋公司及日本寺崎公司等引进了接触器、热继电器、启动器、断路器等先进的产品制造技术,并基本实现国产化,使我国低压电器的产品质量有了较大的提高。

当前,我国低压电器的发展总是着眼于不断提高其技术性能指标,并在其经济性能上下功夫。其间,使用新材料、新工艺、新技术对产品质量的提高、性能的改善有着十分重要的作用。同时,我国大力开发新产品,特别是多功能化产品及机电一体化产品,如电子化的新型控制电器(接近开关、光电开关、固态继电器与接触器、电子式电机保护器等)正不断研制、开发出来。总之,低压电器正向高性能、高可靠性、多功能、小型化、使用方便等方向发展。

3 低压控制电器的功能

低压电器能够依据操作信号或外界现场信号的要求,自动或手动改变电路的状态、参数,实现对电路或被控对象的控制、保护、测量、调节、指示、转换等。低压电器的作用有以下几个方面。

3.1 控制作用

如电梯的上下移动、快慢速自动切换与自动停层等。

3.2 保护作用

根据设备的特点,对设备、环境以及人身实行自动保护,如电机的过热保护、电网的短路保护、漏电保护等。

3.3 测量作用

利用仪表及与之相适应的电器,对设备、电网或其他参数,如电流、电压、功率、转速、温度、湿度等进行测量。

3.4 调节作用

低压电器可对一些电量和非电量进行调节，以满足用户的要求，如柴油机油门的调节、房间温湿度的调节、照度的自动调节等。

3.5 指示作用

利用低压电器的控制、保护等功能，检测设备运行状况与电气电路工作情况，如绝缘监测、保护掉牌指示等。

3.6 转换作用

在用电设备之间转换或将低压电器、控制电路分时投入运行，以实现功能切换，如励磁装置手动与自动的转换，供电的市电与自备电的切换等。

低压电器的作用远不止这些，随着科学技术的发展，新设备、新功能会不断出现。常见的低压电器的种类和用途如表 1-1 所示。

表 1-1 常见的低压电器的种类及用途

序号	类别	用途
1	断路器	主要用于电路的过负荷保护，短路、欠电压、漏电压保护，也可用于不频繁接通和断开的电路
2	刀开关	主要用于电路的隔离，有时也能分断负荷
3	转换开关	主要用于电源切换，也可用于负荷通断或电路的切换
4	熔断器	主要用于电路短路保护，也可用于电路的过载保护
5	电磁铁	主要用于起重、牵引、制动等
6	接触器	主要用于远距离频繁控制负荷、切断带负荷电路
7	按钮	主要用于发布命令或程序控制
8	限位开关	
9	微动开关	
10	接近开关	
11	电流继电器	主要用于控制电路中，将被控量转换成控制电路所需控制电量或开关信号
12	电压继电器	
13	时间继电器	
14	中间继电器	
15	温度继电器	
16	热继电器	

第二节　低压控制电器介绍

1　刀开关

刀开关是最普通、使用最早的电器。其作用是分合电路、开断电流。常用的刀开关有HD型单投刀开关、HS型双投刀开关(刀形转换开关)、HR型熔断器式刀开关、HZ型组合开关、HK型闸刀开关、HY型倒顺开关和HH型铁壳开关等。

刀开关按极数可分为单极、双极、三极(见图1-1),主要由操作手柄、触刀、触点座和底座组成。依靠手动来实现触刀插入触点座与脱离触点座的控制。刀开关安装时,手柄要向上,不得倒装或平装,避免由于重力自由下落而引起误动作和合闸。接线时电源线接上端,负载线接下端。

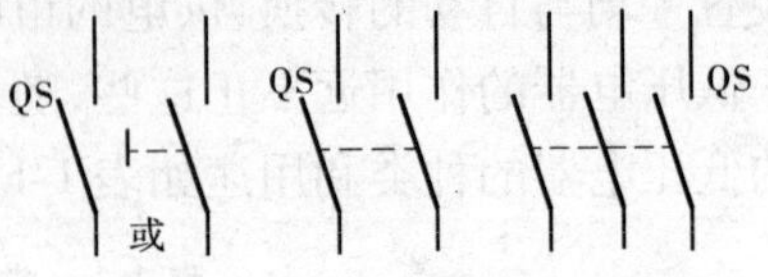

(a)单极　(b)双极　(c)三极

图1-1　刀开关的图形符号

刀开关有有载运行操作、无载运行操作、选择性运行操作之分;又有正面操作、侧面操作、背面操作几种;还有不带灭弧装置和带灭弧装置之分。刀口接触有面接触和线接触两种。线接触形式,刀片容易插入,接触电阻小,制造方便。刀开关常采用弹簧片以保证接触良好。

刀开关的主要类型有大电流刀开关、负荷开关、熔断器式刀开关。常用的产品有HD11～HD14和HS11～HS13系列刀开关,如图1-2所示。

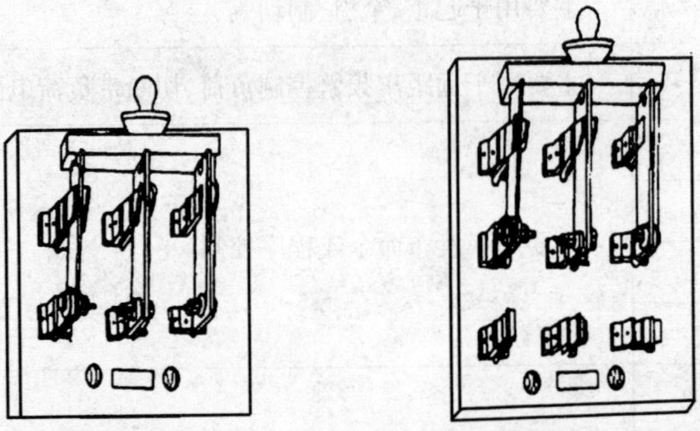
(a)HD系列刀开关　(b)HS系列刀开关

图1-2　HD系列、HS系列刀开关外形图

刀开关选择的条件:

(1)刀开关结构形式的选择:应根据刀开关的作用来选择。如是否带灭弧装置,若分断负载电流,应选择带灭弧装置的刀开关。也可根据装置的安装形式来选择,如是正面、背面还是侧面操作形式,是直接操作还是杠杆传动,是板前接线还是板后接线。

(2)刀开关额定电流的选择:一般应等于或大于所分断电路中各个负载额定电流的总和。对于电动机负载,应考虑其启动电流,所以应选用额定电流大一级的刀开关。若再考虑电路中出现的短路电流，还应选用额定电流更大一级的刀开关。

QA 系列、QF 系列、QSA（HH15）系列隔离开关用在低压配电中；HY122 等带有明显断口的数模化隔离开关，广泛用于楼层配电箱、计量箱、终端组合电器中。

HR3 熔断器式刀开关具有刀开关和熔断器的双重功能，这种组合开关电器可以简化配电装置结构，经济实用，越来越广泛地用在低压配电屏上。

HK1、HK2 系列开启式负荷开关（闸刀开关），常用作电源开关和小容量电动机非频繁启动的操作开关。

HH3、HH4 系列封闭式负荷开关（铁壳开关），操作机构具有速断弹簧与机械联锁，用于非频繁启动、28 kW 以下的三相异步电动机。

2　熔断器

熔断器是低压电路及电动机控制线路中主要用作短路保护的电器。熔断器主要由熔体和安装熔体的绝缘管（绝缘座）组成。使用时，熔体串接于被保护的电路中，当电路发生短路故障，通过熔断器的电流达到或超过某一规定值时，以其自身产生的热量使熔体熔断，从而自动分断电路，起到保护作用。它具有结构简单、价格便宜、动作可靠、使用维护方便等优点，因此得到广泛应用。熔断器的图形符号如图 1-3 所示。

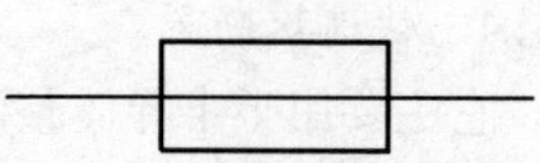

图 1-3　熔断器的图形符号

2.1　熔断器分类

2.1.1　插入式熔断器

常用的有 RC1A 系列，主要用于低压分支路及中小容量的控制系统的短路保护，亦可用于民用照明电路的短路保护。RC1A 系列结构简单，它由瓷插件、瓷底座、触点、熔体等组成，价格低，熔体更换方便，但它的分断能力差。插入式熔断器如图 1-4 所示。

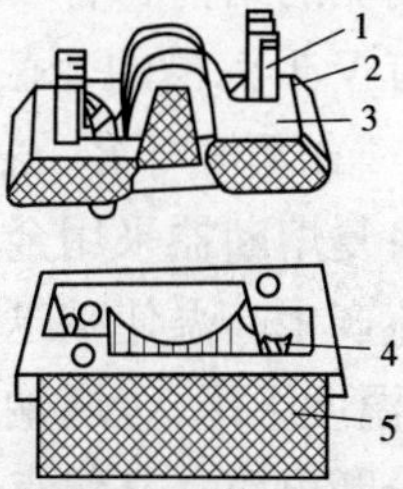

1—动触点；2—熔体；3—瓷插件；
4—静触点；5—瓷底座
图 1-4　插入式熔断器

2.1.2　螺旋式熔断器

常用的有 RL1、RL2、RL6、RL7 等系列，其中 RL6、RL7 系列熔断器分别取代 RL1、RL2 系列，常用于配电线路及机床控制线路中作短路保护。还有RLS2等系列，常用作半导体元器件的保护。

螺旋式熔断器由瓷底座、熔管、瓷帽等组成。熔管内装有熔体，并装满石英砂，将熔管置入瓷底座内，旋紧瓷帽，电路就可以接通。瓷帽顶部有玻璃圆孔，其内部有熔断指示器，当熔体熔断时，指示器跳出。螺旋式熔断器具有较高的分断能力，限流性好，有明显的熔断指示，可不用工具就能安全更换熔体，在机床中被广泛采用。螺旋式熔断器如图 1-5 所示。

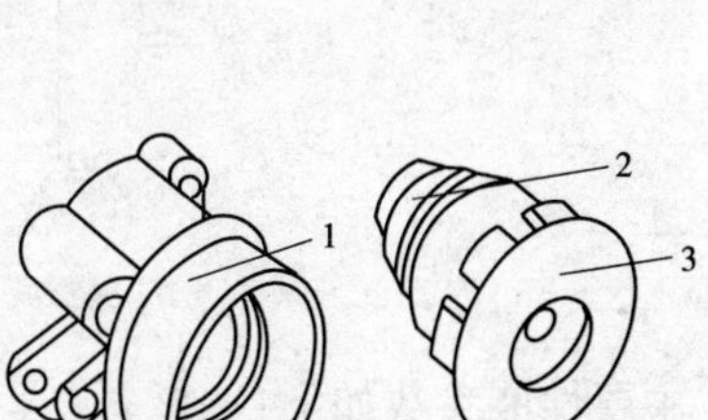

1—瓷底座；2—熔管；3—瓷帽
图 1-5　螺旋式熔断器

2.1.3 封闭式熔断器

封闭式熔断器分为无填料封闭式熔断器和有填料封闭式熔断器两种，如图1-6和图1-7所示。有填料封闭式熔断器一般用方形瓷管，内装石英砂及熔体，分断能力强，用于电压等级500 V以下、电流等级1 kA以下的电路中。无填料封闭式熔断器将熔体装入封闭式圆筒中，分断能力稍小，用于500 V、600 A以下电网或配电设备中。

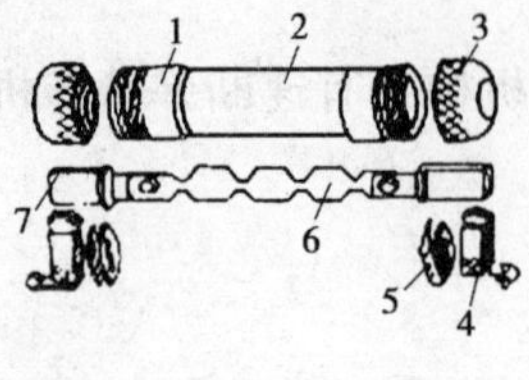

1—铜圈；2—熔断管；3—管帽；4—插座；

5—特殊垫圈；6—熔体；7—熔片

图1-6　无填料封闭式熔断器

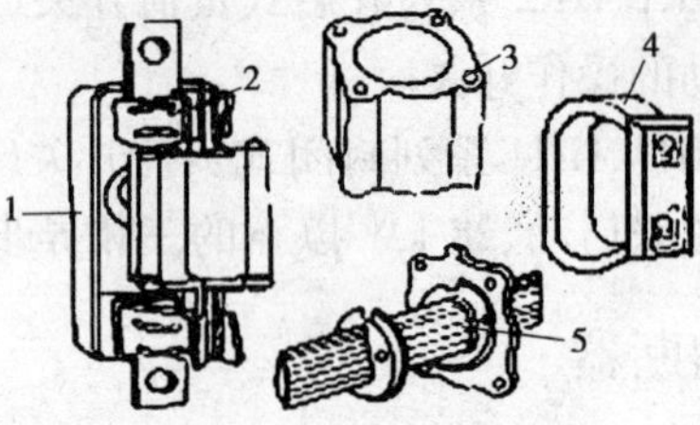

1—瓷底座；2—弹簧片；3—管体；

4—绝缘手柄；5—熔体

图1-7　有填料封闭式熔断器

2.1.4 快速熔断器

它主要用于半导体整流元件或整流装置的短路保护。由于半导体元件的过载能力很低，只能在极短时间内承受较大的过载电流，因此要求短路保护具有快速熔断的能力。快速熔断器的结构和有填料封闭式熔断器基本相同，但熔体材料和形状不同，它是以银片冲制的有V形深槽的变截面熔体。

2.1.5 自复熔断器

自复熔断器采用金属钠作熔体，在常温下具有高电导率。当电路发生短路故障时，短路电流产生高温使钠迅速汽化，气态钠呈现高阻态，从而限制了短路电流。当短路电流消失后，温度下降，金属钠恢复原来的良好导电性能。自复熔断器只能限制短路电流，不能真正分断电路。其优点是不必更换熔体，能重复使用。

2.2 熔断器型号及主要参数

熔断器型号的含义如下：

```
        R □ □ - □
熔断器──┘ │  │    └──熔断器额定电流
          │  └──────设计代号
          └──形式代号：C—插入式
                       L—螺旋式
                       M—无填料封闭式
                       T—有填料封闭式
```

主要性能参数如下：

(1)额定电压：保证熔断器能长期正常工作的电压。

(2)额定电流：保证熔断器能长期正常工作的电流。它是由熔断器各部分长期工作时允许温升决定的，它与熔体的额定电流是两个不同的概念。熔体的额定电流是指在规定的工作条件下，长时间通过熔体而熔体不熔断时的最大电流值。通常一个额定电流等级的熔断器可以配用若干个额定电流等级的熔体，但熔体的额定电流不能大于熔断器的额定电流。

(3)极限分断电流：熔断器在额定电压下所能断开的最大短路电流。

3 低压断路器

低压断路器也称为自动空气开关，可用来接通和分断负载电路，也可用来控制不频繁启动的电动机。它的功能相当于闸刀开关、过电流继电器、失压继电器、热继电器及漏电保护器等电器部分或全部的功能总和，是低压配电网中一种重要的保护电器。

3.1 低压断路器的结构和工作原理

低压断路器由操作机构、主触点、保护装置(各种脱扣器)、灭弧系统等组成。低压断路器工作原理如图1-8所示。

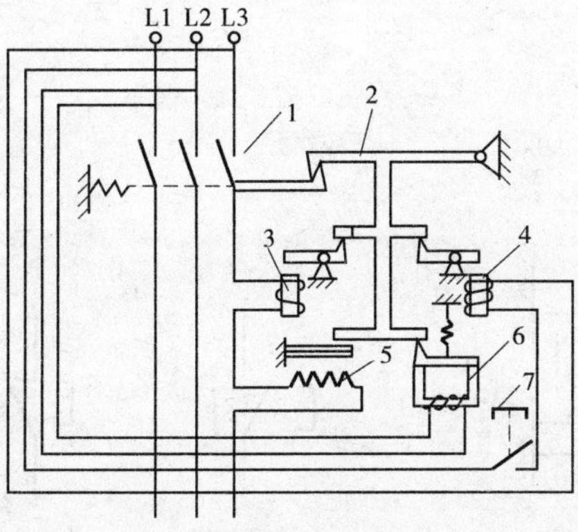

1—主触点；2—自由脱扣机构；3—过电流脱扣器；4—分励脱扣器；

5—热脱扣器；6—欠电压脱扣器；7—停止按钮

图1-8 低压断路器工作原理

低压断路器的主触点是靠手动操作或电动合闸的，主触点闭合后，自由脱扣机构将主触点锁在合闸位置上。过电流脱扣器的线圈和热脱扣器的热元件与主电路串联，欠电压脱扣器的线圈和电源并联。当电路发生短路或严重过载时，过电流脱扣器的衔铁闭合，使自由脱扣机构动作，主触点断开主电路。当电路过载时，热脱扣器的热元件发热使双金属片向上弯曲，推动自由脱扣机构动作。当电路欠电压时，欠电压脱扣器的衔铁释放，也使自由脱扣机构动作。分励脱扣器则作为远距离控制用，在正常工作时，其线圈是断电的，在需远距离控制时，按下启动按钮，使线圈得电，衔铁带动自由脱扣机构动作，使主触点断开。

低压断路器的文字符号为QF。

3.2 低压断路器的选用原则

(1)根据线路对保护的要求确定断路器的类型和保护形式——框架式、装置式或限流式等。

(2)断路器的额定电压应等于或大于被保护线路的额定电压。

(3)断路器的欠电压脱扣器的额定电压应等于被保护线路的额定电压。

(4)断路器的额定电流及过电流脱扣器的额定电流应大于或等于被保护线路的计算电流。

(5)断路器的极限分断能力应大于线路的最大短路电流的有效值。

(6)配电线路中的上、下级断路器的保护特性应协调配合。

(7)断路器的长延时脱扣电流应小于导线允许的持续电流。

4　按钮

按钮是一种手动且可以自动复位的主令电器,其结构简单,使用广泛,在控制电路中用于手动发出控制信号以控制接触器、继电器等。

按钮由按钮帽、复位弹簧、触点和外壳等组成。触点的额定电流在 5 A 以下。按钮的结构如图 1-9 所示,按钮的图形符号如图 1-10 所示。

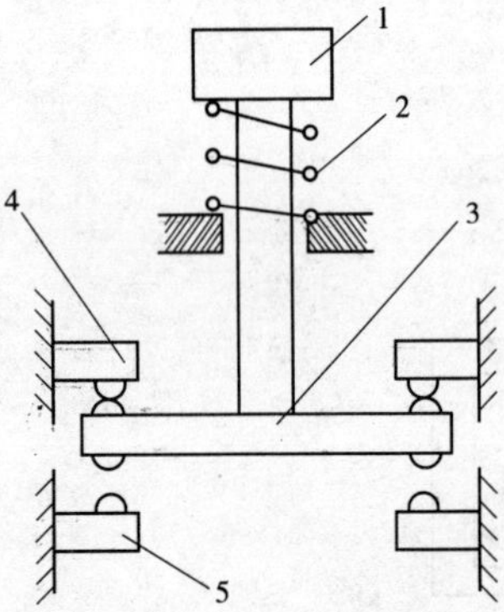

1—按钮帽;2—复位弹簧;3—动触点;
4—常闭触点;5—常开触点

图 1-9　按钮的结构

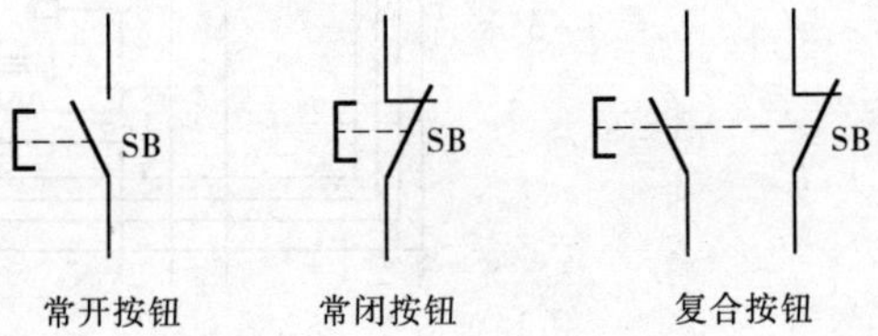

图 1-10　按钮的图形符号

按钮按用途和结构不同,分为启动按钮、停止按钮和复合按钮等。

按钮的动作方式以复合按钮为例说明。复合按钮有常开触点、常闭触点。按下按钮帽,常开触点闭合,常闭触点断开;手指松开,常开触点断开,常闭触点闭合,即所说的复位。

控制按钮可做成单式(1 个按钮)、复式(2 个按钮)和三联式(3 个按钮)的形式。为便于识别各个按钮的作用,避免误操作,通常将按钮帽做成不同颜色,以示区别,其颜色有红、绿、黄、蓝、白、黑等。

5　限位开关与接近开关

5.1　限位开关

限位开关又称行程开关,用于控制机械设备的行程及限位保护。行程开关分为直动式(如 LX1、JLXK1 系列)、滚轮式(如 LX2、JLXK2 系列)和微动式(如 LXW－11、JLXK1－11 系列)3 种。

行程开关的工作原理和按钮相同,区别在于它不是靠手的按压,而是利用机械运动部件的挡铁碰压而使触点动作。其图形符号如图 1-11 所示，文字符号为 SQ。

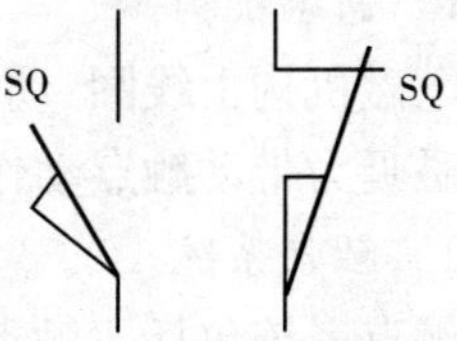

图 1-11　行程开关的图形符号

5.2　接近开关

接近式位置开关是一种非接触式的位置开关，简称接近开关。它由感应头、高频振荡器、放大器和外壳组成。当运动部件与接近开关的感应头接近时，其输出一个电信号。

接近开关分为电感式和电容式两种。

当物体靠近接近开关时，接近开关动作，常开触点闭合，常闭触点断开。接近开关的图形符号如图 1-12 所示。

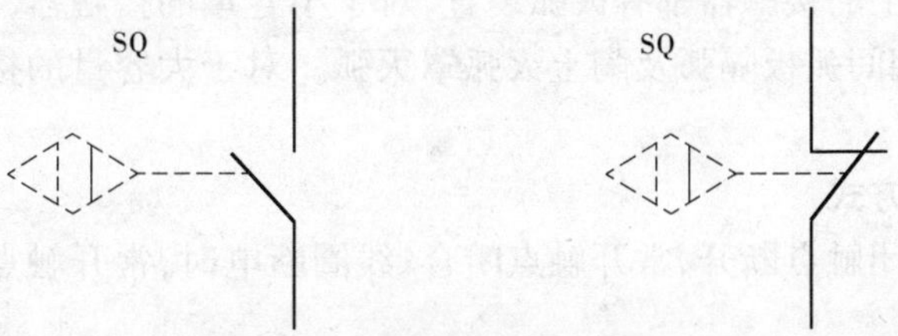

图 1-12　接近开关的图形符号

6　接触器

接触器是一种自动接通或断开大电流电路的电器。其主要控制对象是电动机，也可用于控制其他负载，如电焊机、电容器、电阻炉等。它不仅能实现远距离自动操作和欠电压释放保护及零电压保护功能，而且控制容量大，工作可靠，操作频率高，使用寿命长。常用的接触器分为交流接触器和直流接触器两类。

6.1　交流接触器的结构

交流接触器的结构如图 1-13 所示。接触器的图形符号如图 1-14 所示。

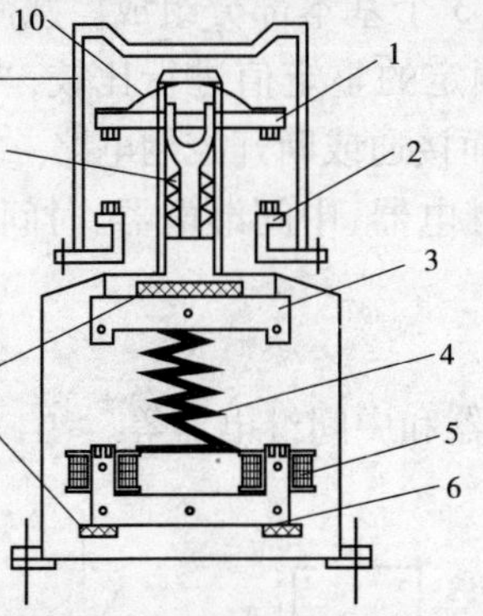

1—动触点；2—静触点；3—衔铁；
4—缓冲弹簧；5—电磁线圈；6—静铁芯；7—垫毡；
8—触点弹簧；9—灭弧罩；10—触点压力簧片

图 1-13　交流接触器的结构

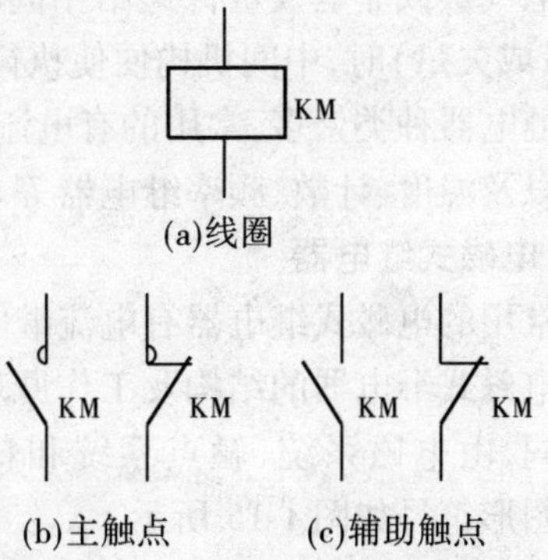

图 1-14　接触器的图形符号

6.1.1 电磁机构

电磁机构由线圈、动铁芯(衔铁)和静铁芯组成,其作用是将电磁能转换成机械能,产生电磁吸力带动触点动作。

6.1.2 触点系统

触点系统包括主触点(与主电路电动机连接)和辅助触点(与控制电路连接)。

主触点在接通和断开电路时,由于电压、电流的作用,在触点间隙内会发生放电现象,即产生电弧。电器中的电弧是有害的:电弧的高温会烧坏触点,缩短电器的使用寿命;电弧会导致触点的熔焊,破坏电路的正常工作;如果无法将电弧熄灭,有可能烧伤操作人员,烧毁电器及其他设备,甚至酿成火灾;电弧延迟了电路断开的时间,影响控制的灵敏度。

6.1.3 灭弧装置

容量在 10 A 以上的接触器都有灭弧装置,对于小容量的接触器,常采用双断口触点灭弧、电动力灭弧、相间弧板隔弧及陶土灭弧罩灭弧。对于大容量的接触器,采用纵缝灭弧罩及栅片灭弧。

6.2 接触器的动作方式

线圈通电时,常闭触点断开,常开触点闭合;线圈断电时,常开触点断开,常闭触点闭合,即所说的复位。

6.3 接触器的选用原则

(1)根据被接通或分断的电流种类选择接触器的类型。

(2)根据被控电路中电流大小和使用类别选择接触器的额定电流。

(3)根据被控电路的电压等级选择接触器的额定电压。

(4)根据控制电路的电压等级选择接触器线圈的额定电压。

7 继电器

继电器是一种根据电气量(如电压、电流等)或非电气量(如热量、时间、压力、转速等)的变化接通或断开控制电路,以实现自动控制和保护电力拖动装置的电器。

继电器一般由感测机构、中间机构和执行机构 3 个基本部分组成。感测机构把感测到的电气量或非电气量传递给中间机构,将它与额定的整定值进行比较,当达到整定值(过量或欠量)时,中间机构便使执行机构动作,从而接通或断开控制电路。

继电器种类繁多,常用的有电流继电器、电压继电器、中间继电器、时间继电器、热继电器以及温度、计数、频率继电器等。

7.1 电磁式继电器

常用的电磁式继电器有电流继电器、电压继电器和中间继电器等。

电磁式继电器的结构及工作原理与接触器大体相同,由电磁系统、触点系统和释放弹簧等组成。图形符号如图 1-15 所示。

图 1-15 电磁式继电器的图形符号

7.2 时间继电器

时间继电器是一种利用电磁原理或机械动作原理实现触点延时接通或断开的自动控制电器,

其种类很多,常用的有电磁式、空气阻尼式、电动式和晶体管式等。

7.3　**热继电器**

热继电器主要用于电力拖动系统中电动机负载的过载保护。电动机在实际运行中,常会遇到过载情况,但只要过载不严重、时间短,绕组不超过允许的温升,这种过载是允许的。但如果过载情况严重、时间长,则会加速电动机绝缘的老化,缩短电动机的使用年限,甚至烧毁电动机,因此必须对电动机进行过载保护。热继电器的图形符号见图 1-16。

图 1-16　热继电器的图形符号

第三节　几种典型的控制电路

在各行各业广泛使用的电气设备和生产机械中,其自动控制线路大多是以各类电动机或其他执行电器为被控对象,由继电器、接触器、按钮、行程开关、保护元件等器件组成的,通常称为电气控制线路。

各种生产机械的电气控制设备有着各种各样的电气控制线路,这些电气控制线路无论是简单还是复杂,一般均由一些基本控制环节组成,在分析线路原理和判断其故障时,一般都是从这些基本控制环节入手。因此,掌握基本电气控制线路,对生产机械整个电气控制线路的工作原理分析及维修有着重要的意义。

典型的控制电路有点动控制、多地控制、自锁与互锁控制、顺序控制、循环控制等。下面对各种控制分别说明。

1　点动控制

点动控制是指按下按钮,电动机旋转,松开按钮,电动机停止旋转的控制方式。如图 1-17所示,合上开关 QS,按下按钮 PB,接触器 KM 线圈得电,从而使接触器常开触点闭合,接通电动机电源,电动机 M 旋转。如果一直按着按钮,电动机会一直旋转,如果松开按钮,接触器 KM 线圈失电,常开触点断开,电动机断电,从而停止旋转。这就是点动控制。

2　多地控制

在一些大型生产机械和设备上,要求操作人员能在不同方位进行操作与控制,即实现多地控制。多地控制是用多组启动按钮和停止按钮来进行的。如图 1-18 所示,合上开关 QS 后,利用 PB2、PB5、PB6 都可以启动电动机。同时,电动机旋转之后,利用 PB1、PB3、PB4 都可以停止电动机。这就是多地控制原理。

3　自锁和互锁控制

自锁和互锁控制体现在如图 1-19 所示的电动机正反转控制中。

在图 1-19 中,KM1 线圈控制电动机正转,KM2 线圈控制电动机反转。因为有 KM1 常闭触点和 KM2 线圈串联,KM2 常闭触点和 KM1 线圈串联,所以不会出现 KM1 线圈和

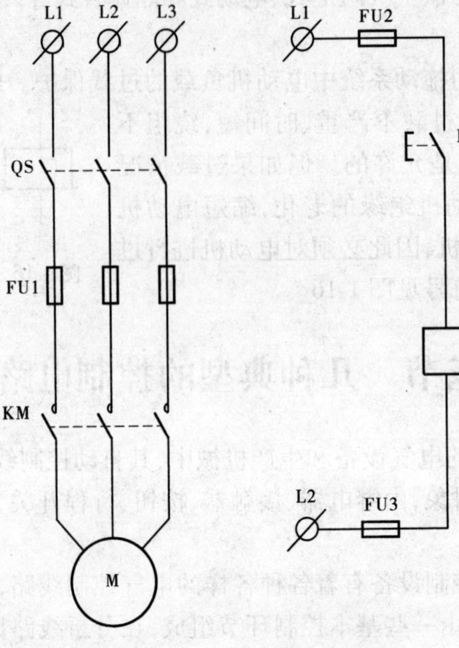

图 1-17　电动机的点动控制

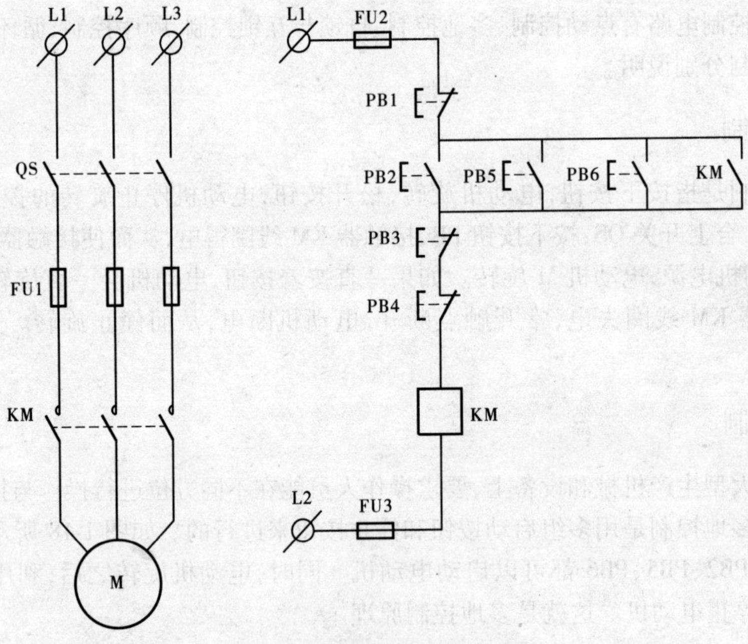

图 1-18　电动机的多地控制

KM2 线圈同时得电情况，保证了主电路不会出现相间短路。

自锁：按下按钮 PB1，PB1 常开触点闭合，KM1 线圈通电，KM1 辅助常开触点闭合，相当于 KM1 常开触点接通 KM1 线圈。KM2 和 KM1 类似。

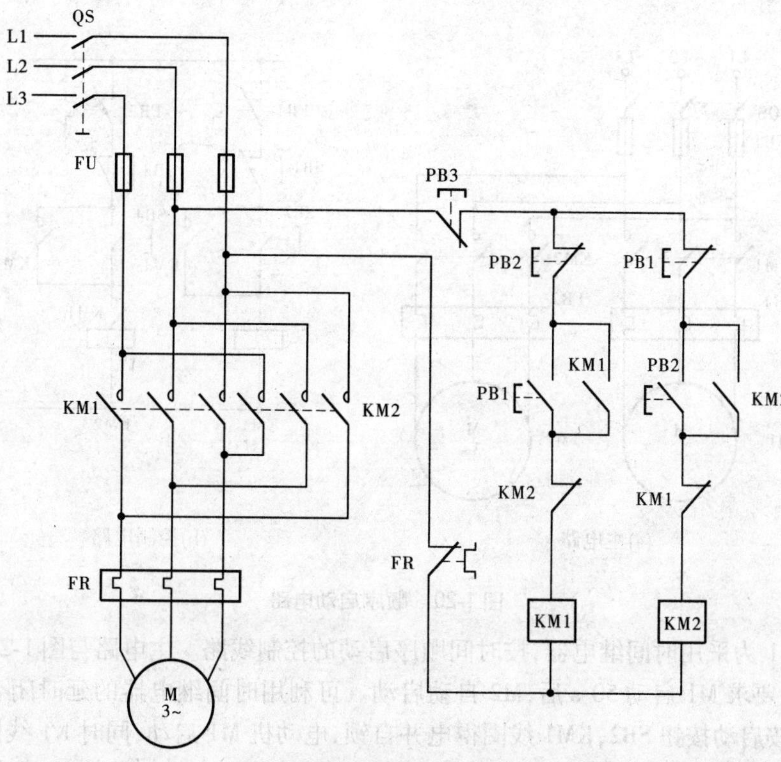

图 1-19　电动机的正反转控制

互锁:按下按钮 PB1,PB1 常开触点闭合,KM1 线圈通电,KM1 常闭触点断开 KM2 线圈。KM2 和 KM1 类似。

电动机正反转运行过程如下。

方法一:正转—停止—反转。按下按钮 PB1,PB1 常开触点闭合,KM1 线圈得电,KM1 辅助常开触点闭合,自锁 KM1 线圈,并且 KM1 主触点的常开触点闭合,接通电动机正转。按下按钮 PB3,PB3 常闭触点断开,KM1 线圈失电,电动机停止旋转。按下 PB2,PB2 常开触点闭合,KM2 线圈得电并且自锁,电动机反转。

方法二:正转—反转。电动机正转,不经过停止,直接切换到反转。按下按钮 PB1,PB1 常开触点闭合,KM1 线圈得电,KM1 辅助常开触点闭合,自锁 KM1 线圈,并且 KM1 主触点的常开触点闭合,接通电动机正转。按下 PB2,因为 PB2 是复合按钮,PB2 常闭触点断开,KM1 线圈失电,电动机不能持续正转。同时,PB2 常开触点闭合,KM2 线圈得电并且自锁,电动机反转。

4　顺序控制

在多机拖动系统中,各电动机所起的作用是不同的,有时需按一定的顺序启动,才能保证操作过程的合理性和工作的安全可靠。

例如,在图 1-20 中,要求 M1 启动后 M2 才允许启动。将控制电动机 M1 的接触器 KM1 的常开触点串入控制电动机 M2 的接触器 KM2 的线圈电路中,可实现按顺序工作的联锁要求。

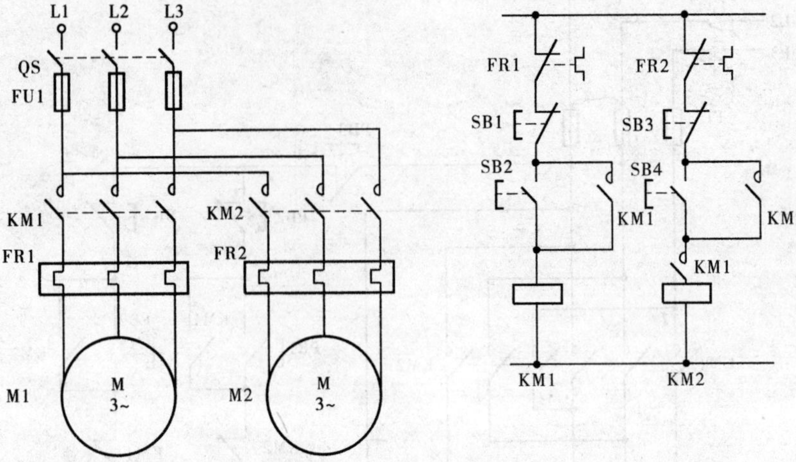

(a)主电路　　(b)控制电路

图 1-20　顺序启动电路

图 1-21 为采用时间继电器,按时间顺序启动的控制线路。主电路与图 1-20 的主电路相同,电路要求 M1 启动 50 s 后,M2 自动启动。可利用时间继电器的延时闭合常开触点来实现。按启动按钮 SB2,KM1 线圈得电并自锁,电动机 M1 启动,同时 KT 线圈得电。定时 50 s 到,时间继电器的延时闭合常开触点 KT 闭合,接触器 KM2 线圈得电并自锁,电动机 M2 启动,同时 KM2 常闭触点断开,切断 KT 线圈的电源。

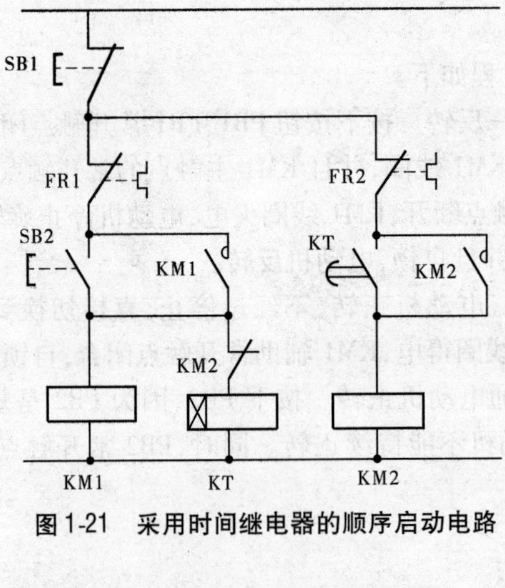

图 1-21　采用时间继电器的顺序启动电路

5　循环控制

有些生产机械,如龙门刨床、导轨磨床等,要求工作台在一定距离内能自动往复,不断循环,以使工件能连续加工,其控制电路如图 1-22 所示。

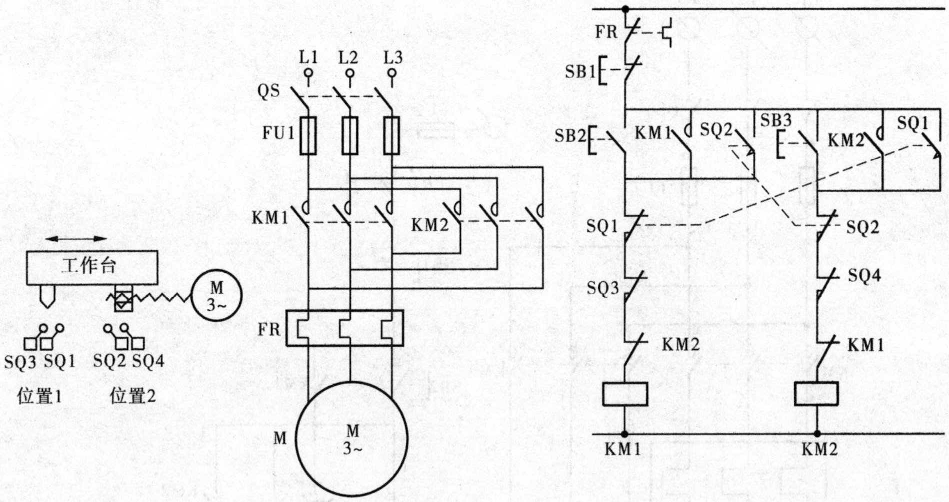

(a)主电路　　　　　　　　(b)控制电路

图 1-22　自动循环往复控制电路

电路工作过程是:合上 QS,按下 SB2,KM1 线圈得电并自锁,电动机 M 正转,通过机械传动装置拖动工作台向左移动,当工作台运动到一定位置时,挡铁碰撞行程开关 SQ1,使其常闭触点断开,KM1 线圈失电,KM1 主触点复位(开),电动机停止旋转,KM1 自锁触点复位(开)。随后 SQ1 常开触点闭合,KM2 线圈得电并自锁,电动机反转,拖动工作台向右移动,行程开关 SQ1 复位,为下次正转做准备。由于 KM2 已自锁,电动机继续拖动工作台向右移动,当工作台向右移动到一定位置时,另一个挡铁碰撞 SQ2,SQ2 常闭触点断开,使 KM2 线圈失电,KM2 主触点复位(开),电动机停止旋转,KM2 自锁触点复位(开)。随后 SQ2 常开触点闭合,使 KM1 再次得电,电动机又开始正转。如此往复循环,工作台在预定的行程内自动往复移动。

图 1-22 中 SQ3、SQ4 分别为左、右超极限限位保护用的行程开关。

6　三相异步电动机的启动控制电路

较大容量(大于 10 kW)的电动机直接启动时,其启动电流较大,为 4 ~ 7 倍的额定电流。过大的启动电流会对电网产生巨大冲击,影响同一电网中其他设备的正常工作,所以一般采用降压方式来启动。即启动时降低加在电动机定子绕组上的电压,启动后再将电压恢复到额定值,使之全压运行。

以图 1-23 为例说明。电路工作原理:合上电源开关 QS,按下启动按钮 SB2,KM1、KT、KM3 线圈同时接通并自锁,电动机三相定子绕组接成星形,接入三相交流电源进行减压启动,当电动机转速接近额定转速时,通电延时型时间继电器动作,KT 常闭触点断开,KM3 线圈断电释放;同时 KT 常开触点闭合,KM2 线圈通电吸合并自锁,电动机绕组接成三角形全压运行。当 KM2 通电吸合后,KM2 常闭触点断开,使 KT 线圈断电,避免时间继电器长期工作。KM2、KM3 常闭触点为互锁触点,以防同时接成星形和三角形造成电源短路。

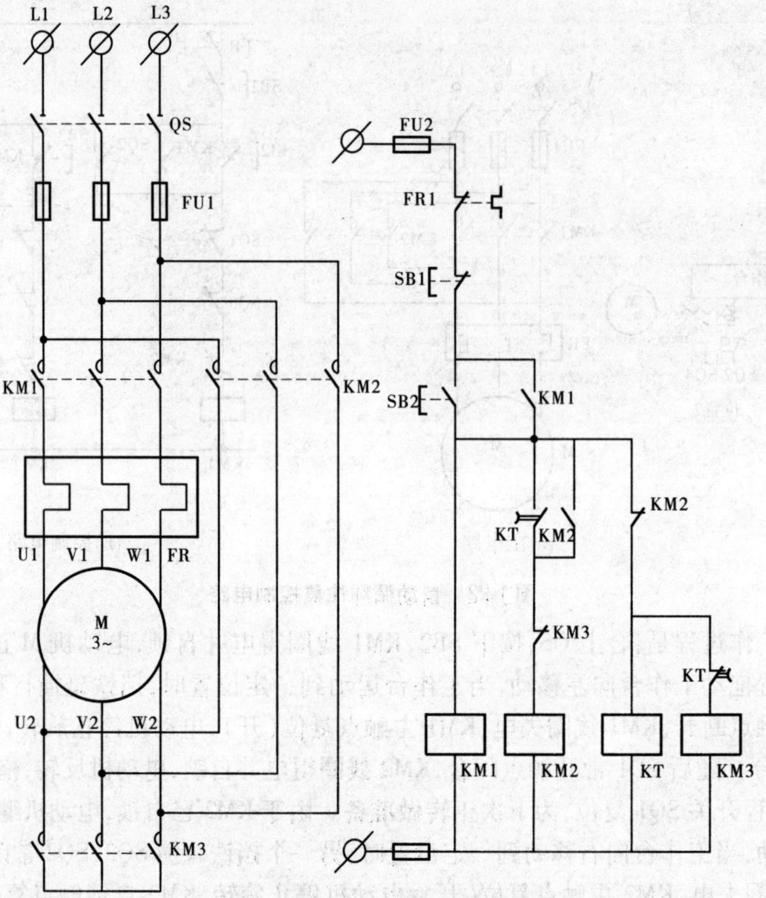

图 1-23　QX4 系列自动星形－三角形启动控制电路

本章小结

常用的控制电器种类繁多，按工作电压等级分为高压电器和低压电器；按动作原理分为手动电器和自动电器。低压电器能够依据操作信号或外界现场信号的要求，自动或手动改变电路的状态、参数，实现对电路或被控对象的控制、保护、测量、调节、指示、转换等。

本章主要介绍了刀开关、熔断器、按钮、限位开关、接近开关、接触器和继电器等控制电器的结构和工作原理。掌握这些控制电器的使用方法对从事控制工作的人员来说十分重要。

每一种电器都有一定的使用范围，要根据使用的具体条件正确选择。在选用电器时，其技术参数是主要的依据，其详细内容可以参阅电器产品的技术手册及产品说明书。

本章还介绍了各种控制电路，有点动控制、多地控制、自锁与互锁控制、顺序控制、循环控制等。电动机有各种控制规则，选择时不仅要依据其本身特性，还要考虑电机拖动所提出的基本要求及经济指标等。

电气控制系统必须在安全可靠的前提下来满足生产工艺要求，为此，在电气控制系统的设计与运行中,必须考虑系统发生各种故障和不正常工作情况的可能性,在控制系统中设置各种保护装置。

练 习 题

1-1 控制电器的种类有哪些?

1-2 接触器有哪些种类?其主要功能是什么?

1-3 继电器有哪些种类?

1-4 电流继电器由哪几部分组成?其主要功能是什么?

1-5 按钮由哪几部分组成?其动作方式是什么?

1-6 接触器的动作方式是什么?

1-7 详细解释限位开关和接近开关的工作原理。

1-8 低压断路器在电路中的作用是什么?

1-9 熔断器有哪几种?其工作原理是什么?

1-10 时间继电器的工作原理和功能是什么?

1-11 常见的控制电路有哪几种接线规律?

1-12 什么是自锁和互锁?

1-13 请分析电动机正反转的过程。

1-14 请在图纸中绘制出多地接线形式。

1-15 设计一个控制电路:3 台三相笼型异步电动机启动时,M1 先启动,经 10 s 后 M2 自行启动,运行 30 s 后 M1 停止并同时使 M3 自行启动,再运行 30 s 后其余 2 台电动机全部停止。请绘制出其接线图。

第二章　PLC 的基本组成及工作原理

【教学目标】

1. 详细介绍 PLC 的产生、定义、特点、类型和发展趋势。

2. 讲述 PLC 的基本组成及工作原理。

【学习要点】

1. 了解可编程控制器的结构等。

2. 掌握可编程控制器的工作原理。

第一节　PLC 的发展及定义

1　PLC 的产生

PLC(Programmable Logic Controller)即可编程序逻辑控制器,简称可编程控制器。世界上第一台 PLC 由美国数字设备公司(DEC)在 1969 年制成,并成功地应用到美国通用汽车公司(GM)的生产线上。第一台 PLC 满足了美国通用公司提出的以新型的控制装置代替传统继电器控制装置的各项技术要求,它具有如下特点:

(1)编程方便,现场可修改程序;

(2)维修方便,采用模块化结构;

(3)可靠性高于继电器控制装置;

(4)体积小于继电器控制装置;

(5)数据可直接送入管理计算机;

(6)用户程序存储器容量至少能扩展到 4 KB。

(7)输入可以是交流 115 V;

(8)输出为交流 115 V,2 A 以上,能直接驱动电磁阀、接触器等;

(9)通用性强,扩展方便;

(10)成本可与继电器控制装置竞争。

第一台 PLC 既有继电器控制系统的外部特性,又有计算机的可编程性、通用性和灵活性,开创了 PLC 的新纪元。

20 世纪 70 年代中期,随着大规模集成电路和微型计算机技术的发展,美国、日本、德国等把微处理器引入 PLC,使 PLC 在继电器控制和计算机控制的基础上,逐渐发展为以微处理器为核心,把自动化技术、计算机技术、通信技术融为一体的新型自动控制装置。而且,在编程方面采用了面向生产、面向用户的语言,打破了以往必须由具有计算机专业知识的人员使用计算机编程的限制,使广大工程技术人员和具有电工知识的人员乐于接受和应用,所以 PLC 得到了迅速而广泛的推广。

PLC 未来的发展不仅依赖于对新产品的开发,还在于 PLC 与其他工业控制设备和工厂管理技术的结合。无疑,PLC 在今后的工业自动化中将扮演重要角色。

2 PLC 的定义

在 PLC 的发展初期,不同的开发制造商对 PLC 有不同的定义。为使这一新型的工业控制装置规范化,国际电工委员会(IEC)于 1985 年 1 月制定了 PLC 的标准,并给它作了如下定义:

可编程控制器是一种数字运算操作的电子系统,专为在工业环境下应用而设计;它采用一类可编程的存储器,用于内部存储程序,执行逻辑运算、顺序控制、定时、计数和算术运算等面向用户的指令,并通过数字式或模拟式输入/输出模块控制各种类型的机械或生产过程。PLC 及其有关外部设备,都按易于与工业控制系统联成一个整体、易于扩充其功能的原则设计。

3 PLC 的发展

PLC 的发展大体上可分为 3 个阶段。

3.1 形成期(1970 ~ 1974 年)

在这一期间 PLC 以准计算的面貌与用户见面。在软件上采用机器码和汇编语言编写应用程序,在硬件上采用中小规模集成电路构成系统。其功能仅限于开关逻辑控制,且价格昂贵,只在一些大型生产设备和自动生产线上使用。

3.2 成熟期(1974 ~ 1978 年)

在这一时期,一方面随着大规模集成电路的出现,出现了以微处理器为核心的新一代 PLC,另一方面采用了梯形图语言,通俗易懂。PLC 技术也日趋完善。

3.3 大发展时期(1978 年至今)

由于 PLC 技术的发展始终保持两个特点:一是继承继电器控制系统的特点,二是应用了计算机技术,所以 PLC 的应用不断扩大,全面促进了 PLC 的生产和研究,产品的品种越来越多,需求量也越来越大,而且很受欢迎。PLC 已成为工业控制领域中占主导地位的基础自动化设备,PLC 也已成为重要产业。据不完全统计,世界 PLC 总销售额 1987 年为 25 亿美元,1988 年为 31 亿美元,比前一年增长 24%。1989 年为 36 亿美元,比上一年增长 16%。而且新的生产厂家不断涌现,产量产值大幅度增加,价格也普遍下降。

第二节 PLC 的特点及应用

1 PLC 的特点

PLC 是综合继电器、接触器控制的优点及计算机灵活、方便的优点而设计、制造并发展的,这就使得 PLC 具有许多其他控制器无法相比的特点。

1.1 可靠性高、抗干扰能力强

可靠性高、抗干扰能力强是 PLC 最重要的特点之一。PLC 的平均无故障时间可达几

十万个小时，之所以有这么高的可靠性，是由于它采用了一系列的硬件和软件方面的抗干扰措施。

(1)硬件方面。I/O 通道采用光电隔离，有效地抑制了外部干扰源对 PLC 的影响；对供电电源及线路采用多种形式的滤波，从而消除或抑制了高频干扰；对 CPU 等重要部件采用良好的导电、导磁材料进行屏蔽，以减少空间电磁干扰；对有些模块设置了联锁保护、自诊断电路等。

(2)软件方面。PLC 采用扫描工作方式，减少了由于外界环境干扰引起的故障；在 PLC 系统程序中设有故障检测和自诊断程序，能对系统硬件电路等故障实现检测和判断；当由外界干扰引起故障时，能立即将当前重要信息加以封存，禁止任何不稳定的读写操作，一旦外界环境正常后，便可恢复到故障发生前的状态，继续原来的工作。

1.2 编程简单、使用方便

目前，大多数 PLC 采用的编程语言是梯形图语言，它是一种面向生产、面向用户的编程语言。梯形图与电器控制线路图相似，形象、直观，不需要掌握计算机知识，很容易被广大工程技术人员掌握。当生产流程需要改变时，可以现场改变程序，使用方便、灵活。同时，PLC 编程器的操作和使用也很简单。这也是 PLC 获得普及和推广的主要原因之一。

许多 PLC 还针对具体问题，设计了各种专用编程指令及编程方法，进一步简化了编程过程。

1.3 控制功能强

PLC 除具有基本的逻辑运算、定时、计数、算术运算等功能外，配上特殊的功能模块还可实现位控制、PID 运算、过程控制、数字控制等功能。

PLC 可连接成为功能很强的网络系统，低速网络的传输距离达 500 ~ 2 500 m，高速网络的传输距离为 500 ~ 1 000 m，网上结点可达 1 024 个，并且高速网络和低速网络可以级联，兼容性好。

1.4 易于安装，便于维护

PLC 安装简单，其相对小的体积使之安装空间仅为通常继电器控制箱所需空间的一半。在从继电器控制系统改造到 PLC 系统的情况下，PLC 小的模块结构使之能安装在继电器控制箱附近并将连线接向已有接线端，而且改换很方便，只要将 PLC 的输入/输出端子连向已有的接线端子排即可。

在大型 PLC 系统的安装中，远程输入/输出(I/O)站安置在最优地点，远程 I/O 站通过同轴电缆和双绞线连向 CPU，这种配置大大减少了物料和劳力。由于采用远程子系统也意味着系统不同部分可在到达安装场地前由 PLC 工程商预先连好线，故这一方法大大减少了电气技术人员的现场安装时间。

1.5 体积小、重量轻、能耗低

由于 PLC 采用了集成电路，其结构紧凑、体积小、能耗低，因而是实现机电一体化的理想控制设备。

2 PLC 的分类

PLC 产品种类繁多，其规格和性能也各不相同。对 PLC 的分类，通常根据其 I/O 点数、结构形式、功能等进行大致分类。

2.1 按 I/O 点数分类

根据 PLC 的 I/O 点数的多少，可将 PLC 分为小型、中型和大型 3 类。

(1)小型 PLC。I/O 点数在 256 点以下的为小型 PLC。其中，I/O 点数小于 64 点的为超小型或微型 PLC。

(2)中型 PLC。I/O 点数在 256 点以上、2 048 点以下的为中型 PLC。

(3)大型 PLC。I/O 点数在 2 048 点以上的为大型 PLC。其中，I/O 点数超过 8 192 点的为超大型 PLC。

在实际中，一般 PLC 功能的强弱与其 I/O 点数的多少是相互关联的，即 PLC 的功能越强，其可配置的 I/O 点数越多。因此，通常我们所说的小型、中型、大型 PLC，除指其I/O 点数不同外，同时也表示其按功能分别属低档、中档、高档 PLC。

2.2 按结构形式分类

根据 PLC 的结构形式，可将 PLC 分为整体式和模块式 2 类。

(1)整体式 PLC。整体式 PLC 是将电源、CPU、I/O 接口等部件都集中装在一个机箱内，具有结构紧凑、体积小、价格低的特点。小型 PLC 一般采用这种整体式结构。整体式 PLC 由不同 I/O 点数的基本单元(又称主机)和扩展单元组成。基本单元内有 CPU、I/O 接口、与 I/O 扩展单元相连的扩展口，以及与编程器或 EPROM 写入器相连的接口等。扩展单元内只有 I/O 和电源等，没有 CPU。基本单元和扩展单元之间一般用扁平电缆连接。整体式 PLC 一般还可配备特殊功能单元，如模拟量单元、位置控制单元等，使其功能得以扩展。

(2)模块式 PLC。模块式 PLC 是将 PLC 各组成部分，分别做成若干个单独的模块，如 CPU 模块、I/O 模块、电源模块(有的含在 CPU 模块中)以及各种功能模块。模块式 PLC 由框架或基板和各种模块组成。模块装在框架或基板的插座上。这种模块式 PLC 的特点是配置灵活，可根据需要选配不同规模的系统，而且装配方便，便于扩展和维修。大型、中型 PLC 一般采用模块式结构。

还有一些 PLC 将整体式和模块式的特点结合起来，构成所谓叠装式 PLC。叠装式 PLC 的 CPU、电源、I/O 接口等也是各自独立的模块，但它们之间是靠电缆进行连接的，并且各模块可以一层层地叠装。这样，不但系统可以灵活配置，还可做到体积小巧。

2.3 按功能分类

根据 PLC 所具有的功能不同，可将 PLC 分为低档、中档、高档 3 类。

(1)低档 PLC。低档 PLC 具有逻辑运算、定时、计数、移位以及自诊断、监控等基本功能，还可有少量模拟量输入/输出、算术运算、数据传送和比较、通信等功能。其主要用于逻辑控制、顺序控制或少量模拟量控制的单机控制系统。

(2)中档 PLC。中档 PLC 除具有低档 PLC 的功能外，还具有较强的模拟量输入/输出、算术运算、数据传送和比较、数制转换、远程 I/O、子程序、通信联网等功能。有些中档 PLC 还可增设中断控制、PID 控制等功能，适用于复杂控制系统。

(3)高档 PLC。高档 PLC 除具有中档 PLC 的功能外，还增加了带符号算术运算、矩阵运算、位逻辑运算、平方根运算及其他特殊功能函数的运算、制表及表格传送功能等。高档 PLC 具有更强的通信联网功能,可用于大规模过程控制或构成分布式网络控制系统,实现工厂自动化。

3 PLC 的应用

PLC 是以微处理器为核心,综合了计算机技术、自动控制技术和通信技术的一种通用的工业自动控制装置,它具有可靠性高、体积小、功能强、程序设计简单、通用灵活、维护方便等一系列优点,因而在电力、机械、冶金、能源、化工、交通等领域中有着广泛的应用。PLC 已经成为现代工业三大支柱(PLC、机器人和 CAD/CAM)之一。PLC 的应用可以归纳为下面几种情况。

3.1 开关量逻辑控制

利用 PLC 最基本的逻辑运算、定时、计数等功能实现逻辑控制,可以取代传统的继电器控制,用于单机控制、多机群控制、生产自动线控制等,例如机床、注塑机、印刷机械、装配生产线、电镀流水线及电梯的控制等。这是 PLC 最基本的应用,也是 PLC 最广泛的应用领域。

3.2 闭环过程控制

闭环过程控制是指对温度、压力、流量等连续变化的模拟量的闭环控制。PLC 通过模拟量 I/O 模块,实现模拟量(Analog)和数字量(Digital)之间的 A/D 转换和 D/A 转换,并对模拟量实行 PID(比例 - 积分 - 微分)闭环控制。现代的大中型 PLC 一般都有 PID 闭环控制功能,这一功能可以用 PID 程序或专用的 PID 模块来实现。当过程控制中某个变量出现偏差时,PID 控制算法会计算出正确的输出,把变量保持在设定值上。PID 闭环控制功能已经得到广泛的应用。

3.3 数据处理

现代的 PLC 具有数学运算、数据传送、转换、排序和查表等功能,可以采集、分析和处理数据。在机械加工中,出现了把支持顺序控制的 PLC 和计算机数字控制(CNC)设备紧密结合的趋势。日本著名的 FANUC 公司推出的 System 10、11、12 系列,已将 CNC 功能作为 PLC 的一部分。该公司采用窗口软件,实现了 PLC 和 CNC 设备之间内部数据自由传递。美国 GE 公司的 NC 设备新机种也使用了具有数据处理功能的 PLC。

3.4 通信联网

PLC 的通信包括 PLC 与 PLC、PLC 与上位计算机、PLC 与其他智能设备之间的通信,PLC 系统与通用计算机可直接或通过通信处理单元、通信转换单元相连构成网络,以实现信息的交换,并可构成“集中管理、分散控制”的多级分布式控制系统,满足工厂自动化(FA)系统发展的需要。

第三节 PLC 的结构及编程语言

1 PLC 的硬件结构

PLC 的硬件主要由中央处理器(CPU)、存储器、输入/输出单元、电源单元、外围设备等部分组成，如图 2-1 所示。

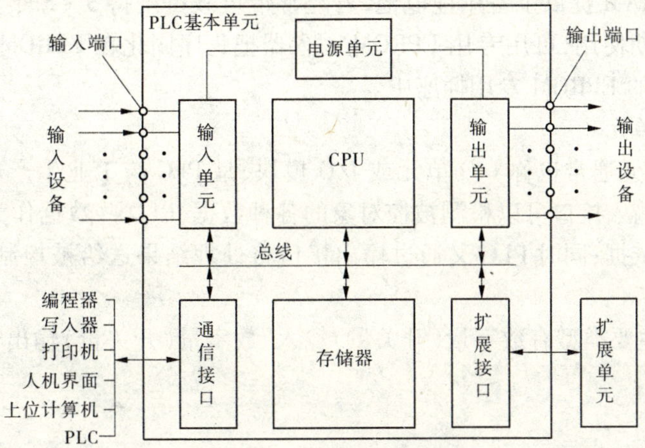

图 2-1　PLC 的硬件结构

1.1　中央处理器(CPU)

PLC 中所配置的 CPU 随机型不同而不同，其中常用的有 3 类：通用微处理器(如 Z80、8086、80286 等)、单片微处理器(如 8031、8096 等)和位片式微处理器(如 AMD29W 等)。小型 PLC 大多采用 8 位通用微处理器和单片微处理器；中型 PLC 大多采用 16 位通用微处理器和单片微处理器；大型 PLC 大多采用高速位片式微处理器。FX_2 系列的可编程控制器所使用的微处理器是 16 位的 8096 单片机。

CPU 的作用如下：

(1)按照系统程序赋予的功能接收并存储由编程器键入的用户程序和数据，诊断电源及 PLC 内部电路的工作状态和编程中出现的语法错误。

(2)用扫描方式工作，监视并接收现场输入信号，从存储器中逐渐读取并执行用户程序，完成用户程序所规定的逻辑或算术等操作，根据运算结果控制输出。

1.2　存储器

存储器主要有两种：一种是可读/写的随机存储器 RAM，另一种是只读存储器 ROM、PROM、EPROM 和 EEPROM。在 PLC 中，存储器主要用于存放系统程序、用户程序及工作数据。

1.2.1　只读存储器

只读存储器中一般存放系统程序。系统程序具有开机自检、工作方式选择、键盘输入处理、信息传递和对用户程序的翻译解释等功能。系统程序关系到 PLC 的性能，由制造厂家用微机的机器语言编写并在出厂时固化在 ROM 或 EPROM 芯片中，用户不能直接存取。

1.2.2　随机存储器

随机存储器又称可读/写存储器。读出时 RAM 中的内容保持不变。写入时，新写入的信息覆盖了原来的内容。因此，RAM 用来存放既可读出又需经常修改的内容。PLC 中的 RAM 一般存放用户程序、逻辑变量和其他一些信息。用户程序是在编程方式下，用户从键盘上输入并经过系统程序编译处理后放在 RAM 中的。RAM 中的内容在断电后会消失,所以 PLC 为 RAM 提供了备用锂电池,若经常带负载可维持 3 ~ 5 年。如果调试通过的用户程序要长期使用,可用专用 EPROM 写入器把程序固化在 EPROM 芯片中,再把该芯片插在 PLC 上的 EPROM 专用插座中。

1.3 输入/输出单元

输入/输出单元通常也称 I/O 单元或 I/O 模块,是 PLC 与工业生产现场之间的连接部件。PLC 通过输入接口可以检测被控对象的各种数据,以这些数据作为 PLC 对被控制对象进行控制的依据;同时 PLC 又通过输出接口将处理结果送给被控制对象,以实现控制目的。

I/O 接口的主要类型有数字量(开关量)输入、数字量(开关量)输出、模拟量输入、模拟量输出等。

1.4 电源单元

电源单元用于将交流电压信号转换成微处理器、存储器及输入、输出部件正常工作所需要的直流电源。由于 PLC 主要用于工业现场的自动控制,其直接处于工业干扰的影响之中,所以为了保证 PLC 内主机可靠工作,电源单元对供电电源采用了较多的滤波环节,还用集成电压调整器进行调整以适应交流电网的电压波动,对过电压和欠电压都有一定的保护作用。另外,采用了较多的屏蔽措施来防止工业环境中的空间电磁干扰。常用的电源电路有串联稳压电路、开关式稳压电路和设有变压器的逆变式电路。

供电电源有交流电源和直流电源。常见的电压等级:交流电源为 100 V、200 V;直流电源为 100 V、48 V、24 V 等。

1.5 外围设备

编程器是 PLC 最重要的外围设备。利用编程器可将用户程序送入 PLC 的存储器,还可以用编程器检查程序、修改程序;利用编程器还可以监视 PLC 的工作状态。编程器一般分为简易型编程器和智能型编程器。小型 PLC 常用简易型编程器,大中型 PLC 多用智能型 CRT 编程器。除此以外,在个人计算机上添加适当的硬件接口和软件包,即可用个人计算机对 PLC 编程。利用微机作为编程器,可以直接编制并显示梯形图。

PLC 还有其他一些外围设备,如写入器、打印机、上位计算机等,这些设备必须通过相应的接口电路与 PLC 连接。

2 PLC 系统的等效电路

PLC 系统的等效电路可分为 3 部分,即输入部分、内部控制电路和输出部分。输入部分采集输入信号,输出部分就是系统的执行部件,这两部分与继电器控制电路相同。内部控制电路是通过编程方法实现的控制逻辑,用软件编程代替继电器控制电路的功能。其等效工作电路如图 2-2 所示。

2.1 输入部分

输入部分由外部输入电路、PLC 输入端子和输入继电器组成。外部输入信号经 PLC 输入端子去驱动输入继电器的线圈,每个输入端子与其相同编号的输入继电器有着唯一确定的对应关系。当外部的输入元件处于接通状态时,对应的输入继电器线圈“得电”。

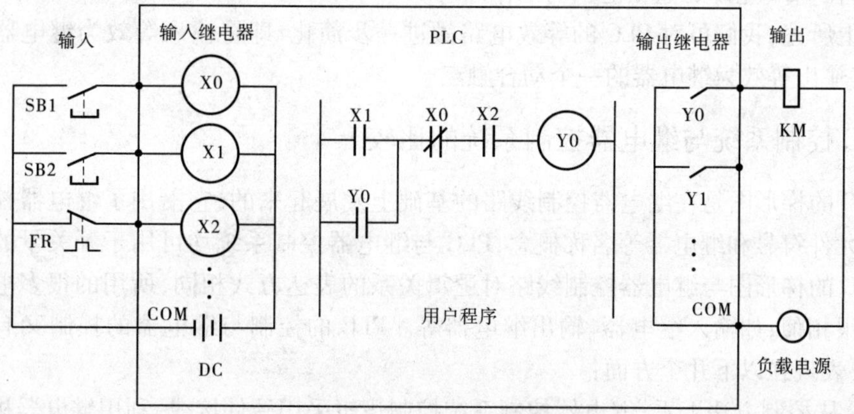

图 2-2 PLC 的等效电路

为使继电器的线圈“得电”，即让外部输入元件的接通状态写入与其对应的基本单元中去，输入回路要有电源。输入回路所使用的电源，可以是 PLC 内部提供的 24 V 直流电源，也可由 PLC 外部的独立的交流和直流电源供电。

图 2-2 中 PLC 用户程序要实现的是：如何用输入继电器 X0、X1、X2 来控制输出继电器 Y0。当控制要求复杂时，程序中还要采用 PLC 内部的其他类型的“软继电器”，如辅助继电器、定时器、计数器等，以达到控制要求。

要注意的是，PLC 等效电路中的继电器并不是实际的物理继电器，它实质上是存储器单元的状态。单元状态为“1”，相当于继电器接通；单元状态为“0”，则相当于继电器断开。因此，我们称这些继电器为“软继电器”。

2.2 内部控制电路

所谓内部控制电路，就是由用户程序形成的用“软继电器”来代替继电器的控制逻辑。它的作用是按照用户程序规定的逻辑关系，对输入信号和输出信号的状态进行检测、判断、运算和处理，然后得到相应的输出。

一般用户程序是用梯形图语言编制的，它看起来很像继电器控制线路图。在继电器控制线路中，继电器的触点可瞬时动作，也可延时动作，而 PLC 梯形图中的触点是瞬时动作的。如果需要延时，可由 PLC 提供的定时器来完成。延时时间可根据需要在编程时设定，其定时精度远远高于时间继电器。在 PLC 中还提供了计数器、辅助继电器（中间继电器）及某些特殊功能的继电器。PLC 的这些器件所提供的逻辑控制功能，可在编程时根据需要选用，且只能在 PLC 的内部控制电路中使用。

2.3 输出部分

输出部分由在 PLC 内部且与内部控制电路隔离的输出继电器的外部动合触点、输出端子和外部驱动电路组成，用来驱动外部负载。

PLC 的内部控制电路中有许多输出继电器，每个输出继电器除有为内部控制电路提供编程用的任意多个动合、动断触点外，还为外部输出电路提供了一个实际的动合触点与输出端子相连。

驱动外部负载电路的电源必须由外部电源提供，电源种类及规格可根据负载要求配置，只要在 PLC 允许的电压范围内工作即可。

综上所述，我们可对 PLC 的等效电路做进一步简化，即将输入等效为继电器的一个线圈，将输出等效为继电器的一个动合触点。

3 PLC 控制系统与继电器控制系统的比较

PLC 的梯形图是在继电器控制线路的基础上发展起来的，它沿用了继电器控制系统的电路元件符号和继电器等名称概念，PLC 与继电器控制系统均可用于开关量的逻辑控制。PLC 的梯形图与继电器控制线路对逻辑关系的表达方式相同，所用的很多电路元件符号也很相似，如输入继电器、输出继电器等。PLC 的控制与继电器的控制又有不同之处，主要表现在以下几个方面：

(1) 从控制方法上看，继电器控制系统控制逻辑采用硬件接线，利用继电器机械触点的串联或并联等组合成控制逻辑，其连线多且复杂、体积大、功耗大，系统构成后，想再改变或增加功能较为困难。另外，继电器的触点数量有限，所以继电器控制系统的灵活性和可扩展性受到很大限制。而 PLC 采用了计算机技术，其控制逻辑以程序的方式存放在存储器中，要想改变控制逻辑只需改变程序，因而很容易改变或增加系统功能，而且系统连线少、体积小、功耗小。另外，PLC 的“软继电器”实质上是存储器单元的状态，所以“软继电器”的触点数量是无限的，PLC 控制系统的灵活性和可扩展性好。

(2) 从工作方式上看，在继电器控制系统中，当电源接通时，电路中所有继电器都处于受制约状态，即该吸合的继电器都同时吸合，不该吸合的继电器受某种条件限制而不能吸合，这种工作方式称为并行工作方式。而 PLC 的用户程序是按一定顺序循环执行的，所以各“软继电器”都处于周期性循环扫描接通中，受同一条件制约的各个继电器的动作次序取决于程序扫描顺序，这种工作方式称为串行工作方式。

(3) 从控制速度上看，继电器控制系统依靠机械触点的动作以实现控制，工作频率低，机械触点还会出现抖动问题。而 PLC 是通过程序指令控制半导体电路来实现控制的，速度快，程序指令执行时间为微秒级，且不会出现触点抖动问题。

(4) 从定时和计数控制上看，继电器控制系统利用时间继电器的延时动作进行时间控制，时间继电器的延时时间易受环境和温度变化的影响，定时精度不高。而 PLC 采用半导体集成电路作定时器，时钟脉冲由晶体振荡器产生，精度高，定时范围宽，用户可根据需要在程序中设定定时值，且修改方便，不受环境的影响。PLC 具有计数功能，而继电器控制系统一般不具备计数功能。

(5) 从可靠性和可维护性上看，由于继电器控制系统使用了大量的机械触点，其存在机械磨损、电弧烧伤等，寿命短，系统的连线多，所以可靠性和可维护性较差。而 PLC 大量的开关动作由无触点的半导体电路来完成，其寿命长，可靠性高。PLC 还具有自诊断功能，能查出自身的故障，随时显示给操作人员，并能动态地监视控制程序的执行情况，为现场调试和维护提供了方便。

4 PLC 的软件系统

PLC 的软件系统由系统程序和用户程序组成。

系统程序是由 PLC 制造厂商设计编写的,并存入 PLC 的系统存储器中,用户不能直接读写与更改。系统程序一般包括系统诊断程序、输入处理程序、编译程序、信息传送程序、监控程序等。

用户程序是用户利用 PLC 的编程语言,根据控制要求编制的程序。

PLC 是专门为工业控制而开发的装置,其主要使用者是广大电气技术人员,为了满足他们的传统习惯,便于掌握和使用,PLC 的主要编程语言采用比计算机语言相对简单、易懂、形象的专用语言。

以下简要介绍几种常见的 PLC 编程语言。

4.1 梯形图(Ladder Diagram)

梯形图由触点、线圈和用方框表示的功能块组成。触点代表逻辑输入条件,如外部的开关、按钮和内部条件等。线圈通常代表逻辑输出结果,用来控制外部的指示灯、交流接触器和内部的输出条件等。功能块用来表示定时器、计数器或者数学运算等附加指令。

图 2-3 中的 I0.1 与 I0.2 的触点接通,或 M0.3 与 I0.2 的触点接通时,有一个假想的能流(Power Flow)流过 Q1.1 的线圈。利用能流这一概念,可以帮助我们更好地理解和分析梯形图。能流只能从左向右流动。

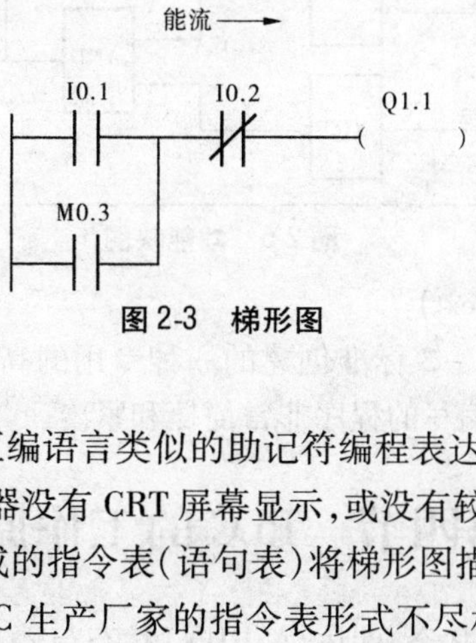

图 2-3 梯形图

4.2 指令表(Instruction List)

这种编程语言是一种与汇编语言类似的助记符编程表达方式。在 PLC 应用中,经常采用简易编程器,而这种编程器没有 CRT 屏幕显示,或没有较大的液晶屏幕显示。因此,就用一系列 PLC 操作命令组成的指令表(语句表)将梯形图描述出来,再通过简易编程器输入到 PLC 中。虽然各个 PLC 生产厂家的指令表形式不尽相同,但基本功能相差无几。以下是一个指令表示例:

步序号	指令	数据
0	LD	X1
1	OR	Y0
2	ANI	X2
3	OUT	Y0
4	LD	X3
5	OUT	Y1
6	END	

可以看出,语句是指令表程序的基本单元,每个语句由地址(步序号,可省略)、操作码(指令)和操作数(数据)3部分组成。

4.3 **顺序功能图**(Sequential Function Chart)

顺序功能图是位于其他编程语言之上的图形语言,用来编制顺序控制程序。顺序功能图提供了一种组织程序的图形方法,在顺序功能图中可以用别的语言嵌套编程。步、转换和动作是顺序功能图中的3种主要元件(见图2-4)。可以用顺序功能图来描述系统的功能,根据它可以很容易地画出梯形图程序。

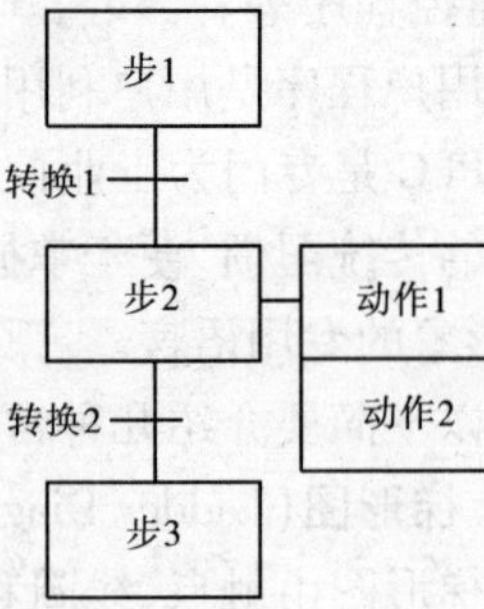

图2-4 顺序功能图

4.4 **功能块图**(Function Block Diagram)

该编程语言用类似与门、或门的方框来表示逻辑运算关系,方框的左侧为逻辑运算的输入变量,右侧为输出变量,输入、输出端的小圆圈表示"非"运算,方框被"导线"连接在一起,信号自左向右流动。功能块图如图2-5所示。

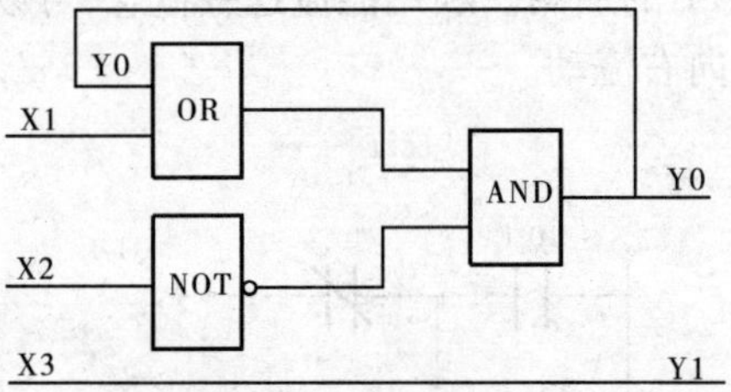

图2-5 功能块图

4.5 **结构文本**(Structured Text)

结构文本是为IEC 1131-3标准创建的一种专用的高级编程语言。与梯形图相比,它能实现复杂的数学运算,编写的程序非常简捷和紧凑。

第四节 PLC的工作原理

PLC有两种基本的工作状态,即运行(RUN)状态与停止(STOP)状态。在运行状态,PLC通过反映控制要求的用户程序来实现控制功能。为了使PLC的输出能及时地响应随时可能变化的输入信号,用户程序不是只执行一次,而是反复不断地重复执行,直至PLC停机或切换到STOP工作状态。

1 PLC的工作方式

PLC采用循环扫描的工作方式,其扫描工作过程如图2-6所示。

PLC的扫描工作过程除执行用户程序外,在每次扫描工作过程中还要完成内部处理、通信服务工作。图2-6表明整个扫描工作过程包括内部处理、通信服务、输入采样、程序执行、输出刷新5个阶段。整个过程执行一遍所需的时间称为扫描周期。扫描周期与CPU运行速度、PLC硬件配置及用户程序长短有关,典型值为1~100 ms。

1.1 PLC 的串行扫描特点

串行扫描是从第一条程序开始，在无中断或跳转控制的情况下，按程序存储顺序的先后，逐条执行用户程序，直到程序结束。然后再从头开始扫描执行，周而复始重复运行。

1.2 串行扫描与传统继电器控制的区别

继电器控制装置采用硬逻辑的并行工作方式，如果某个继电器的线圈通电或断电，那么该继电器的所有常开和常闭触点不论处在控制线路的哪个位置上，都会立即同时动作；而 PLC 采用扫描工作方式（串行工作方式），如果某个"软继电器"的线圈被接通或断开，其所有的触点不会立即动作，必须等扫描到它时才会动作。但由于 PLC 的扫描速度快，通常 PLC 与继电器控制装置在 I/O 的处理结果上并没有什么差别。

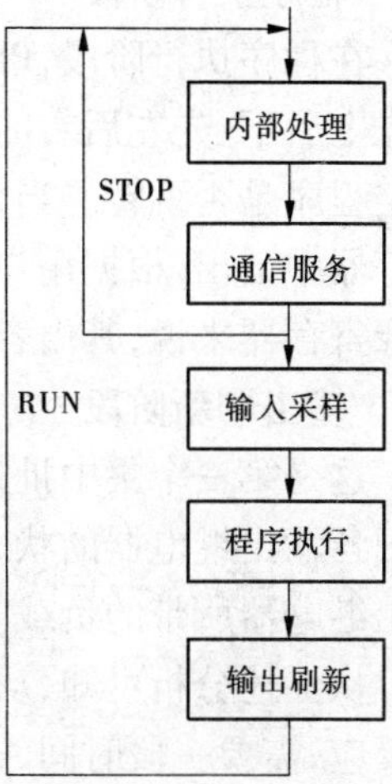

图 2-6　扫描工作过程示意图

2　PLC 执行程序的过程及特点

PLC 执行程序的过程分为 3 个阶段，即输入采样阶段、程序执行阶段、输出刷新阶段，如图 2-7 所示。

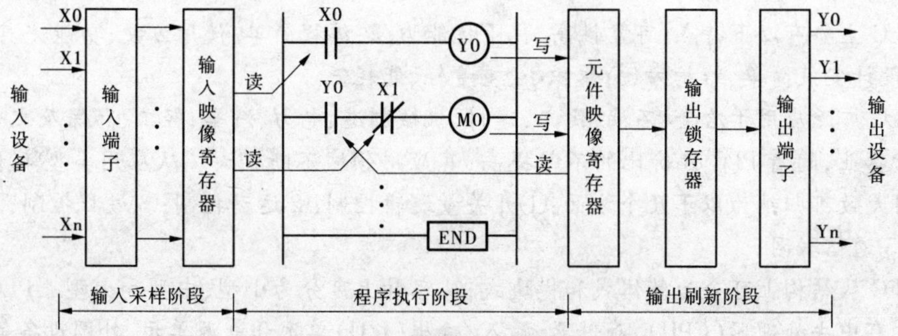

图 2-7　PLC 执行程序的过程示意图

2.1 输入采样阶段

这是第一个集中批处理过程。在这个阶段中，PLC 按顺序逐个采集所有输入端子上的信号，不论输入端子上是否接线，CPU 都按顺序读取全部输入端，将所有采集到的一批输入信号写入到输入映像寄存器中。在当前的扫描周期内，用户程序依据的输入信号的状态（ON 或 OFF），均从输入映像寄存器中去读取，而不管此时外部输入信号的状态是否变化。即使此时外部输入信号的状态发生了变化，也只能在下一个扫描周期的输入采样阶段去读取。对于这种采集输入信号的批处理，虽然严格上说每个信号被采集的时间有先有后，但由于 PLC 的扫描周期很短，这个差异对一般工程应用可忽略，可认为采集到的输入信息是同时的。

2.2 程序执行阶段

在程序执行阶段,PLC 对程序按顺序进行扫描执行。若程序用梯形图来表示,则总是按先上后下、先左后右的顺序进行。当遇到程序跳转指令时,则根据跳转条件是否满足来决定程序是否跳转。当指令中涉及输入、输出状态时,PLC 从输入映像寄存器和元件映像寄存器中读出,根据用户程序进行运算,运算的结果再存入元件映像寄存器中。对于元件映像寄存器来说,其内容会随程序执行的过程而变化。

2.3 输出刷新阶段

这是第三个集中批处理过程。当 CPU 对全部用户程序扫描结束后,将元件映像寄存器中各输出继电器的状态同时送到输出锁存器中,再由输出锁存器经输出端子去驱动各输出继电器所带的负载。在输出刷新阶段结束后,CPU 进入下一个扫描周期。

从上述分析可知,从 PLC 的输入端输入信号发生变化到 PLC 输出端对该输入变化作出反应,需要一段时间,这种现象称为 PLC 输入/输出响应滞后。对一般的工业控制,这种滞后是完全允许的。应该注意的是,这种响应滞后不只是由 PLC 的扫描工作方式造成的,更主要的是 PLC 输入接口的滤波环节带来的输入延迟,以及输出接口中驱动器件的动作时间带来的输出延迟,同时还与程序设计有关。滞后时间是设计 PLC 应用系统时应注意把握的一个参数。

本章小结

PLC 主要有以下特点:可靠性高、抗干扰能力强;编程简单、使用方便;功能完善、通用性强;设计安装简单、维护方便;体积小、重量轻、能耗低。

PLC 广泛应用于冶金、石油、化工、建材、机械制造、电力、汽车、轻工、环保及文化娱乐等各行各业,随着 PLC 性价比的不断提高,其应用领域不断扩大。从应用类型来看,PLC 的应用大致可归纳为以下几个方面:①开关量逻辑控制;②运动控制;③过程控制;④数据处理;⑤通信联网。

PLC 从结构上可分为整体式和模块式;从容量上可分为小型、中型和大型。PLC 的组成部件有中央处理器(CPU)、存储器、输入/输出(I/O)单元和电源单元、外围设备等。

PLC 采用集中采样、集中输出、按顺序循环扫描用户程序的方式工作。当 PLC 处于正常运行状态时,它将不断重复扫描过程,其工作过程的中心内容分为输入采样、程序执行和输出刷新 3 个阶段。

PLC 是为取代继电器控制系统而产生的,因而两者存在着一定的联系。PLC 与继电器控制系统有相同的逻辑关系,但 PLC 使用的是计算机技术,其逻辑关系是用程序实现的,而不是实际电路。PLC 的扫描工作方式与继电器控制系统的工作原理明显不同。继电器控制装置采用硬逻辑的并行工作方式,而 PLC 采用扫描工作方式(串行工作方式)。

可用多种形式的编程语言来编写 PLC 的用户程序,梯形图和指令表是两种最常用的 PLC 编程语言。

练　习　题

2-1　PLC 有什么特点？

2-2　PLC 与继电器控制系统相比有哪些异同？

2-3　构成 PLC 的主要部件有哪些？各部分的主要作用是什么？

2-4　与一般的计算机控制系统相比，PLC 有哪些优点？

2-5　PLC 可以用在哪些领域？

2-6　PLC 采用什么样的工作方式？有何特点？

2-7　什么是 PLC 的扫描周期？扫描过程分为哪几个阶段？各阶段分别完成什么任务？

2-8　PLC 扫描过程中输入映像寄存器和元件映像寄存器各起什么作用？

2-9　PLC 是如何分类的？按结构形式不同，PLC 可分为哪几类？各有什么特点？

2-10　为什么 PLC 具有高可靠性？

第三章　三菱 FX 系列 PLC

【教学目标】

1. 详细介绍三菱 FX 系列 PLC 的型号、各种软元件。
2. 阐述 FX 系列 PLC 基本指令系统的使用。
3. 详细介绍三菱 FX 系列 PLC 的编程方法。

【学习要点】

1. 掌握 FX 系列 PLC 各类软元件的使用方法等。
2. 重点学会用 FX 系列基本指令编程。

第一节　FX 系列 PLC 概述

FX 系列可编程控制器是当前社会上用得较多,具有特色与代表性的微型 PLC。它由日本三菱电机公司研制开发。FX 系列 PLC 中,除基本的指令表编程方式外,还可采用梯形图编程及对应机械动作流程进行顺序控制设计的 SFC 来编程,而且这些程序可以相互转换。FX 系列 PLC 中还设置了高速计数器,对来自特定的输入继电器的高频脉冲进行中断处理,扩大了 PLC 的应用领域。FX_{2N} PLC 还可以采用作为扩展设备的硬件计数器,可获取最高达 50 kHz 的高速脉冲。

1　FX 系列 PLC 型号的含义

FX 系列可编程控制器型号命名的基本格式如下:

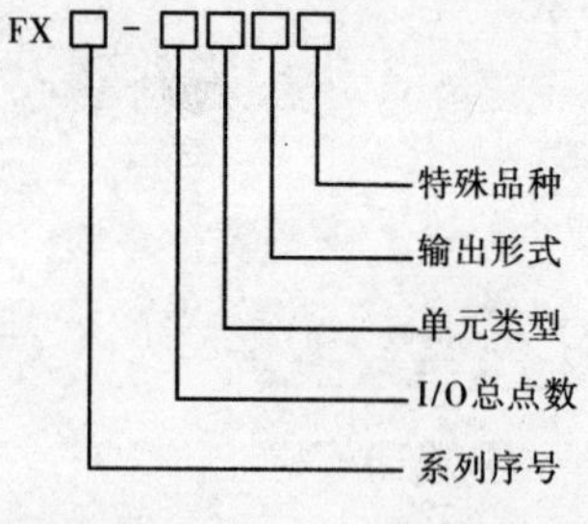

系列序号:0,0S,0N,1,2,2C,1S,2N,2NC(书写格式为下角)。

I/O 总点数:14 ~256。

单元类型:

M——基本单元;

E——输入/输出混合扩展模块;

EX——输入专用扩展模块;

EY——输出专用扩展模块。

输出形式：

R——继电器输出；

T——晶体管输出；

S——晶闸管输出。

特殊品种：

D——DC 电源，DC 输入；

A——AC 电源，AC 输入；

H——大电流输出扩展模块；

V——立式端子排扩展模块；

C——接插口输入/输出方式；

F——输入滤波器 1 ms 的扩展模块；

L——TTL 输入型扩展模块；

S——独立端子扩展模块。

若特殊品种一项无符号，说明通指 AC 电源，DC 输入，横式端子排；继电器输出，2A/1 点；晶体管输出，0.5A/1 点；晶闸管输出，0.3A/1 点。

例如，FX_{2N} -48MRD 的含义是：FX_{2N} 系列，输入/输出总点数为 48 点，继电器输出，DC 电源，DC 输入的基本单元。

又如，FX_0 -4EYSH 的含义是：FX_0 系列，输入点数为 0 点，输出点数为 4 点，晶闸管输出，大电流输出扩展模块。

FX 系列还有一些特殊模块，如模拟量输入/输出模块、通信接口模块及外围设备等，这些模块型号的含义可参考 FX 系列 PLC 产品手册。

2 FX 系列 PLC 的家族

FX 系列 PLC 为庞大的家族。基本单元（主机）有 FX_0、FX_{0S}、FX_{0N}、FX_1、FX_2、FX_{2C}、FX_{1S}、FX_{2N}、FX_{2NC} 9 个系列。每个系列又有 14、16、32、48、64、80、128 点等不同输入/输出总点数的机型，每个系列还有继电器输出、晶体管输出、晶闸管输出 3 种输出形式。除此之外，还提供扩展单元和扩展模块。不同的扩展单元与扩展模块，其输出形式不同，输入/输出点数也有变化。为了更宽广地适应多领域的需要，三菱公司还开发出了一些特殊输入/输出模块及通信接口。

3 FX 系列 PLC 的主要性能指标

PLC 的主要性能指标是衡量和选用 PLC 的重要依据，它由两大部分组成：硬件指标和软件指标。

3.1 硬件指标

可编程控制器对环境的要求不高，一般的工业现场都能满足这些要求。FX 系列可编程控制器的一般技术指标如表 3-1 所示。

表 3-1　FX 系列可编程控制器的一般技术指标

环境温度	0 ~ 55 ℃
环境湿度	35% ~89% RH(不结露)
抗振	JIS C0911 标准,3 轴方向各 2 h
抗冲击	JIS C0912 标准,3 轴方向各 3 次
抗噪声干扰	承受噪声仿真器的电压为 1 000 V,噪声脉冲宽度为 1 μs,频率为 30 ~100 Hz
耐压	AC 1 500 V,1 min
绝缘电阻	5 MΩ 以上
接地	第三种接地,不接地时可浮空
使用环境	无腐蚀性气体,无尘埃

表 3-1 中的指标是比较保守的,实测结果远远高于以上标准。随着设备元器件水平的提高,这些指标还在不断提高。

3.2　软件指标

软件指标包括运行方式、速度、程序容量、元件种类和数量、指令类型等。

机型不同,其软件指标相差非常悬殊。软件指标的高低反映可编程控制器的规模。软件指标的另一部分就是指令的类型,可编程控制器的各项功能都是由这些指令的种类和功能决定的。表 3-2 是 FX 系列 PLC 的基本性能指标。

表 3-2　FX 系列 PLC 的基本性能指标

项目		FX_{1S}	FX_{1N}	FX_{2N} 和 FX_{2NC}
运算控制方式		存储程序,反复运算		
I/O 控制方式		批处理方式,可以使用 I/O 刷新指令		
运算处理速度	基本指令	0.55 ~0.7 μs		0.08 μs
	应用指令	3.7 μs 至数百微秒		1.52 μs 至数百微秒
程序语言		逻辑梯形图和指令表,用步进梯形指令来生成顺序控制指令		
程序容量(EEPROM)		内置 2 KB 步	内置 8 KB 步	内置 8 KB 步,用存储盒可达 16 KB 步
指令数量	基本指令、步进指令	基本指令 27 条,步进指令 2 条		
	应用指令	85 条	89 条	128 条
I/O 设置		最多 30 点	最多 128 点	最多 256 点

第二节　FX 系列 PLC 的编程软元件

1　数据结构

1.1　数据类型

1.1.1　十进制数

十进制数在 PLC 中又称为字数据。它主要存在于定时器和计数器的设定值 K，辅助继电器、定时器、计数器、状态继电器等的编号，定时器和计数器的当前值等区域。

1.1.2　二进制数

十进制数、八进制数、十六进制数、BCD 码在 PLC 内部均是以二进制数存在的。但在使用外围设备进行系统运行监控显示时，会还原成原来的数制。

二进制数在 PLC 中又称为位数据。它主要存在于各类继电器、定时器、计数器的触点和线圈中。

1.1.3　八进制数

FX 系列 PLC 的输入继电器、输出继电器的地址编号采用八进制数。

1.1.4　十六进制数

十六进制数用于指定应用指令中的操作数或指定动作。

1.1.5　BCD 码

BCD 码是以 4 位二进制数表示十进制数各位 0 ~ 9 数值的方法。在 PLC 中，十进制数常以 BCD 码的形态出现，它还常用于 BCD 输出形式的数字式开关或七段码的显示器控制等方面。

1.1.6　常数 K、H

常数是 PLC 内部定时器、计数器、应用指令不可分割的一部分。如前所述，十进制常数 K 是定时器、计数器的设定值；十进制常数 K 与十六进制常数 H 也是应用指令的操作数。

1.2　位元件和字元件

FX 系列 PLC 有 4 种基本编程位元件，为了分辨各种编程位元件，给它们指定了专用的字母符号。

X：输入继电器，直接输入给 PLC 物理信号。

Y：输出继电器，从 PLC 直接输出物理信号。

M：辅助继电器，PLC 内部的运算标志。

S：状态继电器，PLC 内部的运算标志。

上述的各种元件称为位(bit)元件，它们只有两种不同的状态，即 ON 和 OFF，可以分别用二进制“1”和“0”来表示这两种状态。

FX 系列 PLC 还具有字元件。8 个连续的位组成一个字节(byte)，16 个连续的位组成一个字(word)，32 个连续的位组成一个双字(double word)。定时器和计数器的当前值和设定值均为有符号字，最高位(第十五位)为符号位，正数的符号位为 0，负数的符号位为 1。

2 软元件

2.1 输入继电器(X)

输入继电器是 PLC 接收外部输入开关量信号的内部虚拟继电器。

输入继电器可以接常开触点或常闭触点,也可以接多个触点组成的串并联电路或电子传感器(如接近开关)。在梯形图中,可以多次使用输入继电器的常开触点和常闭触点。

输入继电器的使用特征如下:

(1)X 采用八进制编号,如 X0 ~ X7,X10 ~ X17;

(2)X 编程时有常开触点┤├和常闭触点┤/├,没有线圈—○┤;

(3)X 端口可以接按钮以及开关的常开触点或常闭触点;

(4)X 的动作原理是若 X 端口所接触点闭合,则 X 软元件常开触点闭合,常闭触点断开。

2.2 输出继电器(Y)

输出继电器是 PLC 向外部负载发送信号的窗口。输出继电器用来将 PLC 的输出信号传送给输出模块,再由后者驱动外部负载。

输出继电器的使用特征如下:

(1)Y 采用八进制编号,如 Y0 ~ Y7,Y10 ~ Y17;

(2)Y 编程时有常开触点┤├和常闭触点┤/├,有线圈—○┤;

(3)Y 端口可以接接触器线圈、电磁铁、灯泡等负载;

(4)Y 的动作原理是若梯形图中 Y 线圈左侧线路接通,则 Y 线圈得电,Y 的常开触点闭合,常闭触点断开;反之,复位。

2.3 辅助继电器(M)

辅助继电器是用软件实现的,它不能接收外部的输入信号,也不能直接驱动外部负载,是一种内部的状态标志,相当于继电器控制系统中的中间继电器。辅助继电器主要包含以下 3 类。

2.3.1 通用辅助继电器

通用辅助继电器的使用特征如下:

(1)M 采用十进制编号,如 M0 ~ M9,M10 ~ M19;

(2)M 编程时有常开触点┤├和常闭触点┤/├,有线圈—○┤;

(3)FX_{2N}通用辅助继电器有 500 点,即 M0 ~ M499;

(4)M 的动作原理是若梯形图中 M 线圈左侧线路接通,则 M 线圈得电,M 的常开触点闭合,常闭触点断开;反之,复位。

2.3.2 锁存(断电保持)辅助继电器

锁存(断电保持)辅助继电器能够记忆电源中断瞬间的状态,重新通电后再现其状态。FX_{2N}锁存辅助继电器有 2 572 点,即 M500 ~ M3071。其用法与通用辅助继电器类似。但是在锁存辅助继电器线圈通电后,瞬间断电,其线圈和触点都保持通电时状态,等重新上电后仍然跟断电前一样继续维持原状态运行。

2.3.3 特殊辅助继电器

特殊辅助继电器共256点,它们用来表示PLC的某些状态,提供时钟脉冲和标志(如进位、借位标志),设定PLC的运行方式,或者用于步进顺序控制、禁止中断、设定计数器是加计数还是减计数等。特殊辅助继电器分为2类。

2.3.3.1 触点利用型

由PLC的系统程序来驱动触点利用型特殊辅助继电器的线圈,在用户程序中直接使用其触点,但是不能出现它们的线圈,下面是几个例子:

M8000(运行监视):当PLC执行用户程序时,M8000为ON;停止执行时,M8000为OFF(见图3-1)。

M8002(初始化脉冲):M8002仅在M8000由OFF变为ON状态的一个扫描周期内为ON(见图3-1),可以用M8002的常开触点来使有断电保持功能的元件初始化复位或给它们置初始值。

M8011~M8014分别是10 ms、100 ms、1 s和1 min时钟脉冲。

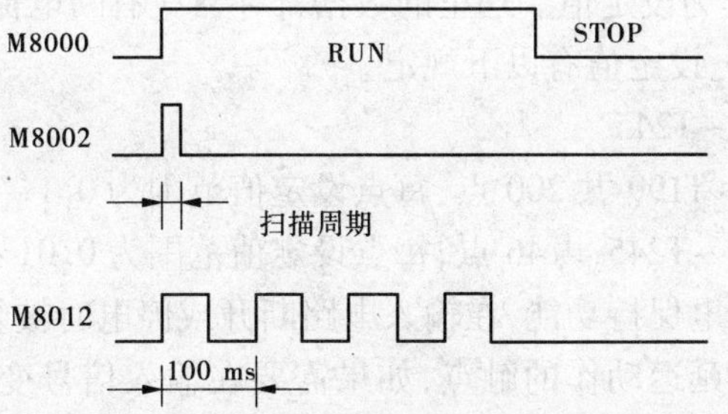

图3-1 脉冲图

M8005(锂电池电压降低):电池电压下降至规定值时变为ON,可以用它的触点驱动输出继电器和外部指示灯,提醒工作人员更换锂电池。

2.3.3.2 线圈驱动型

由用户程序来驱动线圈驱动型特殊辅助继电器的线圈,使PLC执行特定的操作,用户并不使用它的触点。例如:

M8030的线圈通电后,"锂电池电压降低"发光二极管熄灭;

M8033的线圈通电时,PLC进入STOP状态后,所有输出继电器的状态保持不变;

M8034的线圈通电时,禁止所有的输出;

M8039的线圈通电时,PLC以D8039中指定的扫描时间工作。

2.4 状态继电器(S)

状态继电器是用于编制顺序控制程序的一种编程元件(状态标志),常与STL指令(步进梯形指令)配合使用,主要用于编程过程中顺序控制状态的描述和初始化。它与STL指令组合使用,容易编制出易懂的顺序控制程序。当不对状态继电器使用步进梯形指令时,可以把它们当作普通辅助继电器(M)使用,其采用十进制编号。FX_{2N}系列PLC的状态继电器通常分为以下几类:

初始化用:S0~S9(10点);

返回原点用:S10 ~ S19(10 点);

通用型:S20 ~ S499(480 点);

断电保持型:S500 ~ S899(400 点);

报警型:S900 ~ S999(100 点)。

2.5 定时器(T)

定时器在 PLC 中的作用相当于一个时间继电器,它有一个设定值、一个当前值以及无限个触点。

定时器的使用特征如下:

(1)T 采用十进制编号,如 T0 ~ T10;

(2)T 编程时有常开触点 ┤├ 和常闭触点 ┤/├,有线圈 ─○┤;

定时器的动作方式在后文阐述。

定时器累计 PLC 内的 1 ms、10 ms、100 ms 等的时钟脉冲,当达到所定的设定值时,输出触点动作。定时器可以使用用户程序存储器内的常数 K 作为设定值,也可以用后述的数据寄存器 D 的内容作为设定值。这里的数据寄存器应有断电保持功能。

定时器的地址编号、设定值有以下规定。

2.5.1 通用定时器 T0 ~ T245

100 ms 定时器 T0 ~ T199 共 200 点,每点设定值范围为 0.1 ~ 3 276.7 s;

10 ms 定时器 T200 ~ T245 共 46 点,每点设定值范围为 0.01 ~ 327.67 s。

通用定时器没有断电保持功能,在输入电路断开或停电时被复位。FX 系列的定时器只能提供其线圈通电后延迟动作的触点,如果需要在输入信号变为 OFF 之后延迟动作,可以使用如图 3-2 所示的电路。

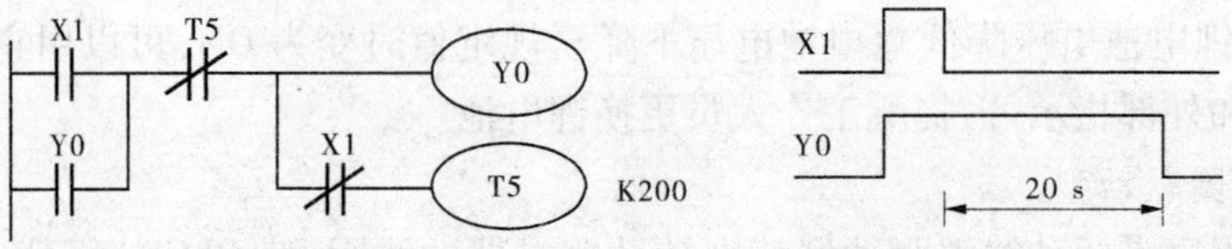

图 3-2 输入电路断开后的延时电路

2.5.2 积算定时器 T246 ~ T255

1 ms 积算定时器 T246 ~ T249 共 4 点,每点设定值范围为 0.001 ~ 32.767 s;

100 ms 积算定时器 T250 ~ T255 共 6 点,每点设定值范围为 0.1 ~ 3 276.7 s。

积算定时器的工作过程如图 3-3 所示。X1 的常开触点接通时,T250 的当前值计数器对 100 ms 时钟脉冲进行累加计数。X1 的常开触点断开或停电时停止定时,当前值保持不变。X1 的常开触点再次接通或重新上电时继续定时,累计时间为 1 055 × 100 ms = 105.5 s 时,T250 的触点动作。因为积算定时器的线圈断电时不会复位,需要用 X2 的常开触点使 T250 强制复位。

2.6 计数器(C)

计数器是 PLC 重要的内部元件,它是在执行扫描操作时对内部元件 XYMSTC 的信号进行计数。当计数次数达到计数器的设定值时,计数器触点动作,控制系统完成相应功能。

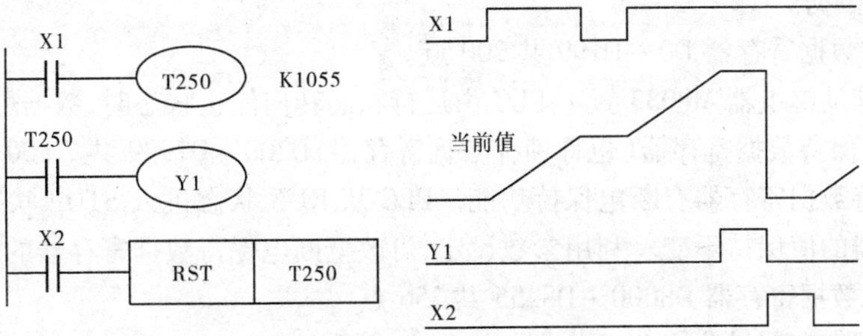

图 3-3　积算定时器的工作过程

计数器的使用特点如下：

(1)C 采用十进制编号，如 C0～C10；

(2)C 编程时有常开触点┤├和常闭触点┤/├，有线圈○┤。

计数器的动作方式在后文阐述。

低速计数器按其计数功能分为 4 类：

16 位通用加计数器：C0～C99(100 点)；

16 位锁存加计数器：C100～C199(100 点)；

32 位通用加/减双向计数器：C200～C219(20 点)；

32 位锁存加/减双向计数器：C220～C234(15 点)。

这里用 16 位通用加计数器 C0 来说明计数器的使用方法。

图 3-4 给出了 16 位通用加计数器的工作过程，图中 X10 的常开触点接通后，C0 被复位，它对应的位存储单元的内容被置 0，它的常开触点断开，常闭触点接通，同时计数器的当前值被置 0。X11 用来提供计数输入信号，当计数器的复位输入电路断开，计数输入电路由断开变为接通(即计数脉冲的上升沿)时，计数器的当前值加 1。在 5 个计数脉冲之后，C0 的当前值等于设定值 5，它对应的位存储单元的内容被置 1，其常开触点接通，常闭触点断开。再来计数脉冲时当前值不变，直到复位输入电路接通，计数器的当前值被置 0。计数器也可以通过数据寄存器来指定设定值。

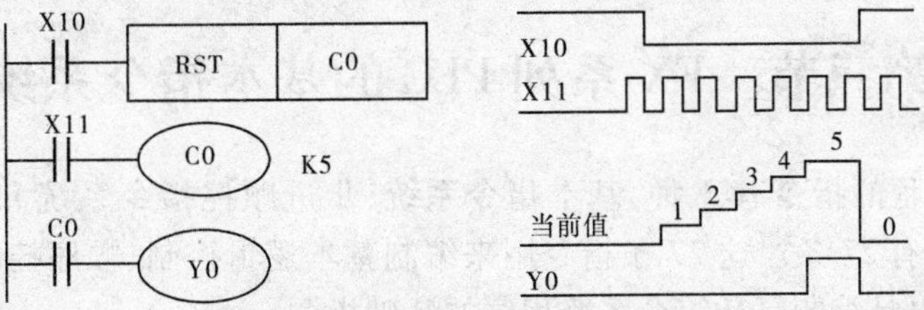

图 3-4　16 位通用加计数器的工作过程

2.7　数据寄存器(D)

可编程控制器用于模拟量控制、位置量控制、数据输入/输出时，需要许多数据寄存器存储参数及工作数据。这类寄存器的数量随机型的不同而不同。较简单的只能进行逻辑控制的机器没有此类寄存器，而高档机中，可达数千个。

每一个数据寄存器都是 16 位的(最高位为符号位)，可以用两个数据寄存器合并起来存放 32 位数据。

(1)通用数据寄存器 D0 ~ D199 共 200 点。

当特殊辅助继电器 M8033 置 1,PLC 由运行状态转向停止状态时,数据可以保持。

(2)断电保持数据寄存器(也称锁存数据寄存器)D200 ~ D7999 共 7 800 点。

断电保持数据寄存器有断电保持功能。PLC 从 RUN 状态进入 STOP 状态时,断电保持数据寄存器的值保持不变。利用参数设定,可改变断电保持数据寄存器的范围。

(3)特殊数据寄存器 D8000 ~ D8255 共 256 点。

这些数据寄存器供监视 PLC 中器件运行方式用。

(4)文件寄存器 D1000 ~ D7999 共 7 000 点。

2.8 变址寄存器(V、Z)

变址寄存器除和通用数据寄存器有相同的使用方法外,还常用于修改器件的地址编号。V、Z 都是 16 位寄存器,可进行数据的读写。当进行 32 位操作时,将 V、Z 合并使用,指定 Z 为低位。

2.9 跳步指针(P/I)

跳步指针是 PLC 在执行程序时用来改变执行流向的元件。它有分支指令用指针 P 和中断用指针 I 两类。分支指令用指针 P0 ~ P62、P64 ~ P127 共 127 点。指针 P0 ~ P62、P64 ~ P127 为标号,用来指定条件跳转、子程序调用等分支指令的跳转目标。P63 为结束跳转用。

2.10 常数(K、H)

常数 K 用来表示十进制常数,16 位常数的范围为 -32 768 ~ +32 767,32 位常数的范围为 -2 147 483 648 ~ +2 147 483 647。

常数 H 用来表示十六进制常数,十六进制包括 0 ~ 9 和 A ~ F 这 16 个字符,16 位常数的范围为 0 ~ FFFF,32 位常数的范围为 0 ~ FFFFFFFF。

PLC 内部的编程元件都有确定的地址编号,不同厂家、不同型号的 PLC,其编程元件的数量、种类、地址编号都不一样,这对编程者是很重要的。本书后的附表 1 便是以 FX_{2N} 系列 PLC 为例,列出了相关的编程元件。

第三节 FX 系列 PLC 的基本指令系统

PLC 用于编程的指令有 3 种,基本指令系统、步进顺控指令系统和功能指令系统。FX_{2N} 的基本指令有 27 条。这 27 条指令用来编制基本逻辑控制、顺序控制等中等规模的用户程序,同时也是编制复杂综合系统程序的基础指令。

FX_{2N} 的 27 条基本指令如下:

LD　LDI　OUT

AND　ANI　OR　ORI

ANB　ORB

LDP　LDF　ANDP　ANDF　ORP　ORF

PLS　PLF

MPS　MRD　MPP
MC　MCR
SET　RST
END　INV　NOP

1　逻辑取及线圈输出指令(LD、LDI、OUT)

LD、LDI、OUT 指令的名称、功能、电路表示及操作元件、所占的程序步如表 3-3 所示。

表 3-3　逻辑取与线圈输出指令

指令名称	功能	电路表示及操作元件	程序步
LD(取)	常开触点逻辑运算起始		1
LDI(取反)	常闭触点逻辑运算起始	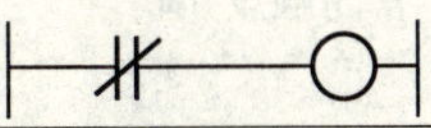	1
OUT(输出)	线圈驱动	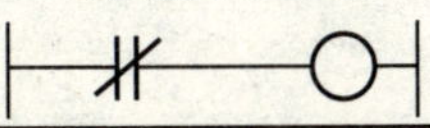	Y、M:1,特殊 M:2 T:3,C:3 ~5

说明:
(1)LD、LDI 指令用于将触点接到母线上;
(2)OUT 指令是对线圈驱动;
(3)并行输出指令可以多次使用;
(4)X、Y、M、S、T、C 表示各种继电器。
举例说明:
LD、LDI、OUT 指令使用如图 3-5 所示。

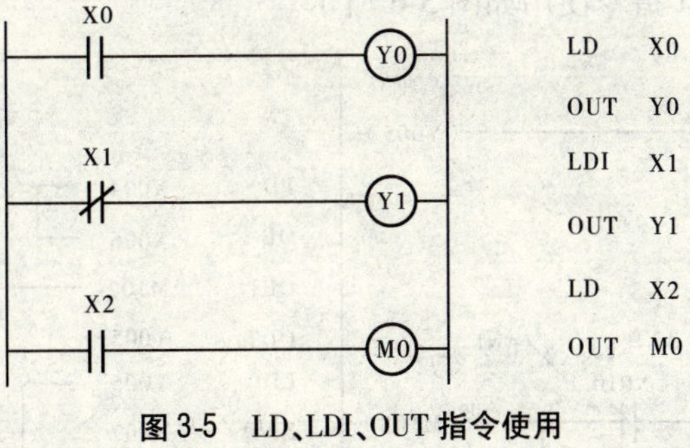

图 3-5　LD、LDI、OUT 指令使用

2　触点串并联指令(AND、ANI、OR、ORI)

AND、ANI、OR、ORI 指令的名称、功能、电路表示及操作元件、所占的程序步如表 3-4 所示。

表 3-4　触点串并联指令

指令名称	功能	电路表示	程序步
AND(与)	常开触点串联	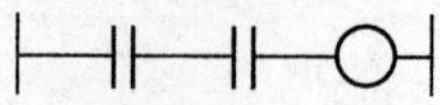	1
ANI(与非)	常闭触点串联	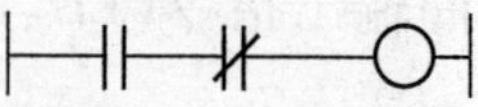	1
OR(或)	常开触点并联	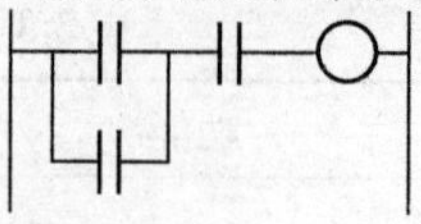	1
ORI(或非)	常闭触点并联	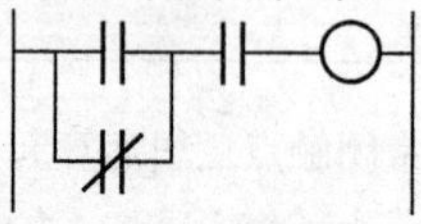	1

说明：

(1)AND 为常开触点串联连接指令，ANI 为常闭触点串联连接指令；OR 为常开触点并联连接指令，ORI 为常闭触点并联连接指令。4 条指令后面必须有被操作元件名称及元件号。

(2)在编程时考虑到图形编程器和打印机功能有限，AND、ANI 使用次数一行尽量不超过 9 次，OR、ORI 并联连接次数不超过 24 次。

(3)上述 4 个指令仅用于单个触点与前面电路连接，不适用于电路块与前面电路连接。

举例说明：

AND、ANI、OR、ORI 指令使用如图 3-6 所示。

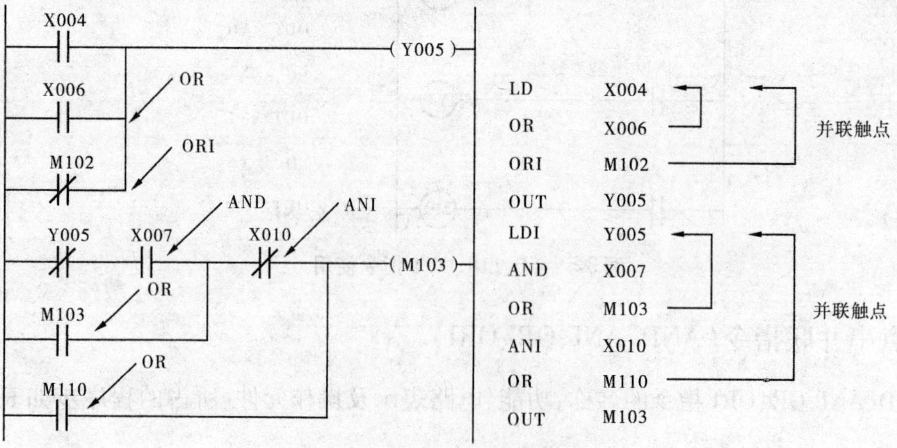

图 3-6　AND、ANI、OR、ORI 指令使用

3　电路块串并联指令(ANB、ORB)

ANB、ORB 指令的名称、功能、电路表示及操作元件、所占的程序步如表 3-5 所示。

表 3-5　电路块串并联指令

指令名称	功能	电路表示及操作元件	程序步
ORB(电路块或)	串联电路块的并联连接	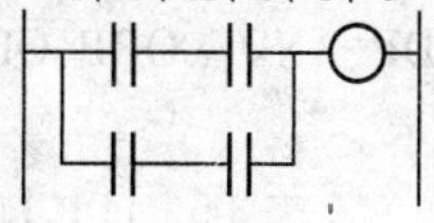	1
ANB(电路块与)	并联电路块的串联连接	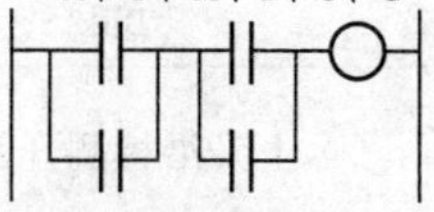	1

说明:

(1)两个或两个以上的触点串联连接的电路称为串联电路块。串联电路块并联连接时,分支的开始用 LD、LDI 指令,分支的结束用 ORB 指令。

(2)两个或两个以上的触点并联连接的电路称为并联电路块。并联电路块串联连接时,分支的开始用 LD、LDI 指令,分支的结束用 ANB 指令。

举例说明:

ANB、ORB 指令使用如图 3-7 所示。

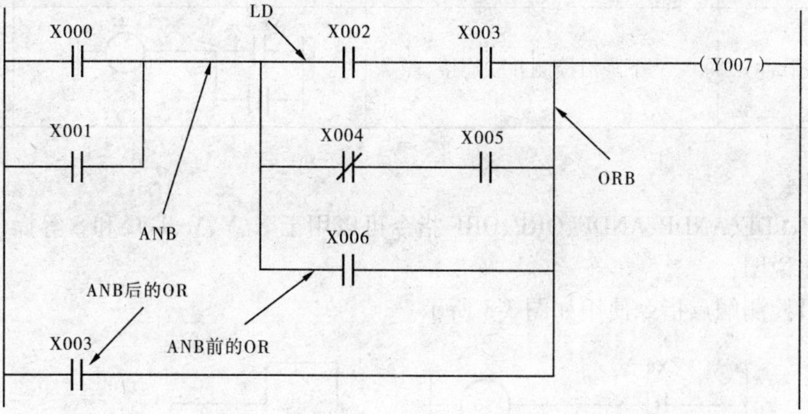

LD	X000	ORB		← 串联电路块并联
OR	X001	OR	X006	
LD	X002 ← 分支起点	ANB		← 与前面电路块串联
AND	X003	OR	X003	
LDI	X004	OUT	Y007	
AND	X005			

图 3-7　ANB、ORB 指令使用

4 边沿检测触点指令(LDP、LDF、ANDP、ANDF、ORP、ORF)

LDP、ANDP、ORP是用作上升沿检测的触点指令,触点的中间有一个向上的箭头,对应的触点仅在指定位元件的上升沿(由OFF变为ON)时接通一个扫描周期。LDF、ANDF和ORF是用作下降沿检测的触点指令,触点的中间有一个向下的箭头,对应的触点仅在指定位元件的下降沿(由ON变为OFF)时接通一个扫描周期。

LDP、LDF、ANDP、ANDF、ORP、ORF指令的名称、功能、电路表示及操作元件、所占的程序步如表3-6所示。

表3-6 LDP、LDF、ANDP、ANDF、ORP、ORF指令

指令名称	功能	电路表示及操作元件	程序步
LDP(取脉冲)	上升沿检测开始	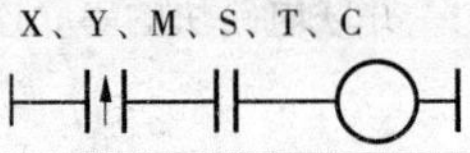	2
LDF(取脉冲)	下降沿检测开始	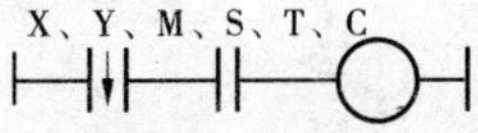	2
ANDP(与脉冲)	上升沿检测串联连接	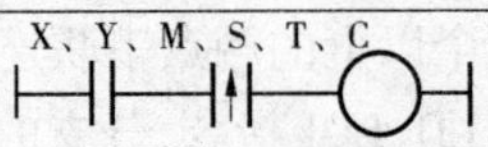	2
ANDF(与脉冲)	下降沿检测串联连接	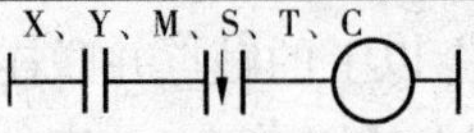	2
ORP(或脉冲)	上升沿检测并联连接	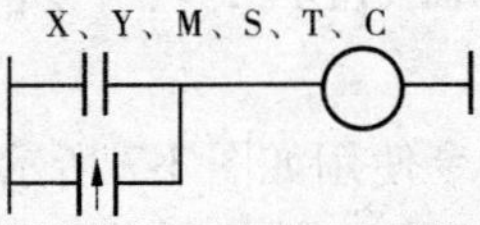	2
ORF(或脉冲)	下降沿检测并联连接	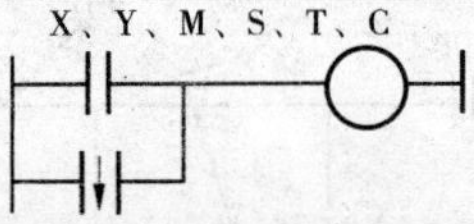	2

说明:

LDP、LDF、ANDP、ANDF、ORP、ORF指令可以用于X、Y、M、T、C和S等操作元件。

举例说明:

边沿检测触点指令使用如图3-8所示。

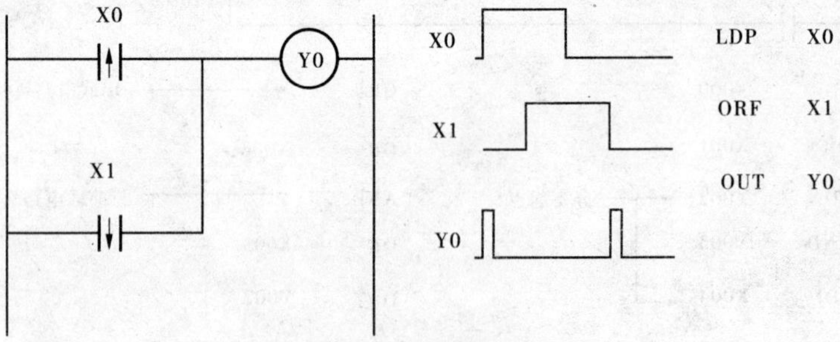

图3-8 边沿检测触点指令使用

5　PLS 和 PLF 指令

5.1　指令功能

PLS:上升沿微分输出指令。

PLF:下降沿微分输出指令。

5.2　指令格式

PLS、PLF 指令的名称、功能、电路表示及操作元件、所占的程序步如表 3-7 所示。

表 3-7　PLS 和 PLF 指令

指令名称	功能	电路表示及操作元件	程序步
PLS	上升沿微分输出	PLS　Y、M	2
PLF	下降沿微分输出	PLF　Y、M	2

说明:

PLS 和 PLF 指令只能用于输出继电器和辅助继电器(不包括特殊辅助继电器)。

举例说明:

图 3-9 中的 M0 仅在 X0 的常开触点由断开变为接通(即 X0 的上升沿)时的一个扫描周期内为 ON,M1 仅在 X0 的常开触点由接通变为断开(即 X0 的下降沿)时的一个扫描周期内为 ON。

当 PLC 从 RUN 到 STOP,然后又由 STOP 进入 RUN 状态时,其输入信号仍然为 ON,指令 PLS M0 将输出一个脉冲。然而,如果用电池后备(锁存)的辅助继电器代替 M0,PLS 指令在这种情况下不会输出脉冲。

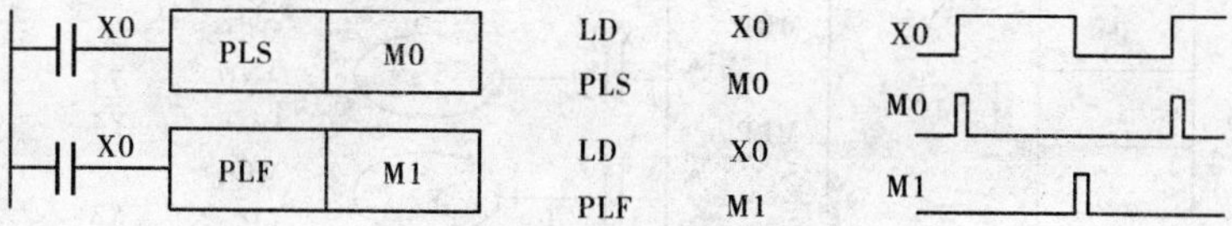

图 3-9　脉冲输出指令

6　MPS、MRD、MPP 指令

6.1　指令功能

MPS:进栈指令。

MRD:读栈指令。

MPP:出栈指令。

6.2　指令格式

MPS、MRD、MPP 指令的名称、功能、电路表示及操作元件、所占的程序步如表 3-8 所示。

表 3-8　MPS、MRD、MPP 指令

指令名称	功能	电路表示及操作元件	程序步
MPS	进栈	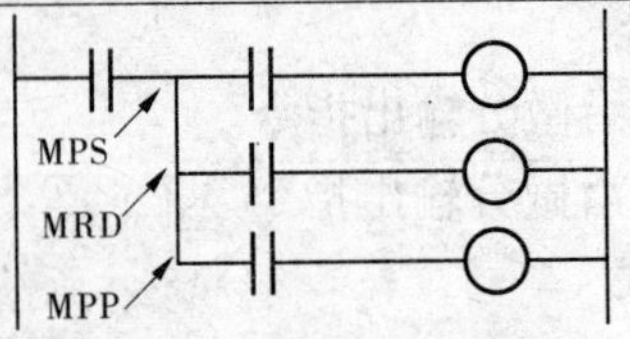	1
MRD	读栈		1
MPP	出栈		1

6.3　使用注意事项

(1) MPS 指令可将多重电路触点或电路块先存储起来，以便后面多重支路输出使用。

(2) 第一条支路前使用 MPS 进栈指令，多重电路中间支路前使用 MRD 读栈指令，多重电路最后一条支路使用 MPP 出栈指令。

(3) 处理最后一条支路必须使用 MPP 指令，且 MPS 与 MPP 的使用不能超过 11 次，并且要成对出现。

说明：

FX 系列有 11 个存储中间运算结果的堆栈存储器（见图 3-10），堆栈采用先进后出的数据存取方式。MPS 指令用于存储电路中分支点处的逻辑运算结果，以便以后处理有线圈的支路时可以调用该运算结果。使用一次 MPS 指令，当时的逻辑运算结果被压入堆栈的第一层，堆栈中原来的数据依次向下一层推移。

MRD 指令用于读取存储在堆栈最上层的电路中分支点处的运算结果，将下一个触点强制性地连接到该点。读数后堆栈内的数据不会上移或下移。

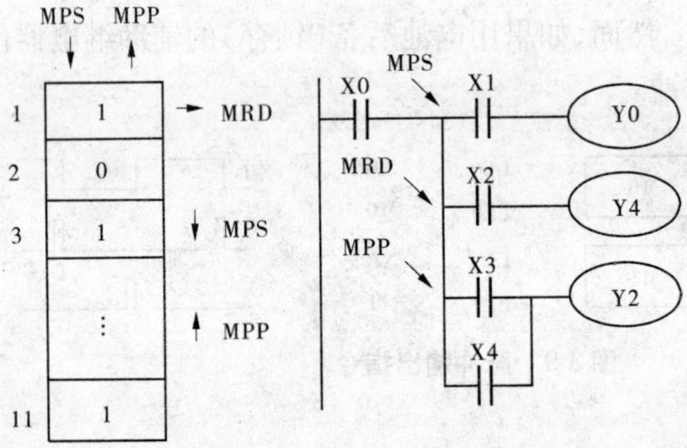


```
LD    X0
MPS
AND   X1
OUT   Y0
MRD
AND   X2
OUT   Y4
MPP
LD    X3
OR    X4
ANB
OUT   Y2
```

图 3-10　堆栈存储器与多重输出指令使用

MPP 指令用于弹出（调用并去掉）存储的电路中分支点处的运算结果，首先将下一触点连接到该点，然后从堆栈中去掉该点的运算结果。使用 MPP 指令时，堆栈中各层的数据向上移动一层，最上层的数据在读出后从堆栈内消失。

举例说明：

图 3-10 给出了使用一层栈的例子。每一条 MPS 指令必须有一条对应的 MPP 指令，处理最后一条支路时必须使用 MPP 指令，而不是 MRD 指令。在一个独立电路中，用进栈指令时同时保存在堆栈中的运算结果不能超过 11 个。

7 MC、MCR 指令

7.1 指令功能

MC:主控指令,或公共触点串联连接指令,用于表示主控区的开始。

MCR:主控指令 MC 的复位指令,用来表示主控区的结束。

7.2 指令格式

MC、MCR 指令的名称、功能、电路表示及操作元件、所占的程序步如表 3-9 所示。

表 3-9 MC、MCR 指令

指令名称	功能	电路表示及操作元件	程序步
MC(主控)	公共串联接点连接	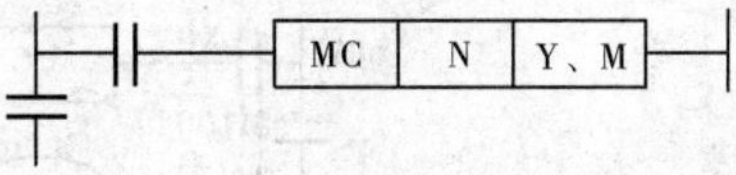	3
MCR(主控复位)	公共串联接点连接清除	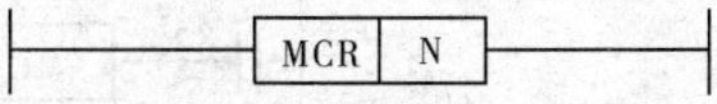	2

7.3 使用注意事项

(1)N 为嵌套层数,MC 与 MCR 必须成对使用。

(2)MCR、MC 只适用于 Y 或 M(不包括特殊 M)。

说明:

在编程时,经常会遇到许多线圈同时受一个或一组触点控制的情况,如果在每个线圈的控制电路中都串入同样的触点,将占用很多存储单元,主控指令可以解决这一问题。使用主控指令的触点称为主控触点,它在梯形图中与一般的触点垂直。主控触点是控制一组电路的总开关。

与主控触点相连的触点必须用 LD 或 LDI 指令,换句话说,执行 MC 指令后,母线移到主控触点的后面去了,MCR 指令使母线(LD 点)回到原来的位置。

举例说明:

图 3-11 中 X0 的常开触点接通时,执行从 MC 到 MCR 之间的指令;MC 指令的输入电路断开时,不执行上述区间的指令,其中的积算定时器、计数器、用复位/置位指令驱动的软元件保持其当时的状态,其余的元件被复位,非积算定时器和用 OUT 指令驱动的元件变为 OFF,图 3-11 中的 SP 为手持式编程器的空格键。

在 MC 指令区内使用 MC 指令称为嵌套(见图 3-12)。MC 和 MCR 指令中包含的嵌套层数为 N0 ~ N7,其中 N0 为最高层,N7 为最低层。在没有嵌套结构时,通常用 N0 编程,N0 的使用次数没有限制。在有嵌套结构时,MCR 指令将同时复位低的嵌套层,例如指令 MCR N2 将复位 N2 ~ N7 层。

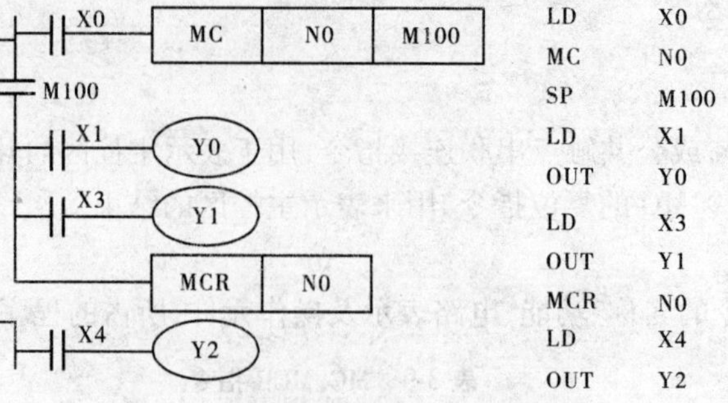

图 3-11　主控与主控复位指令使用

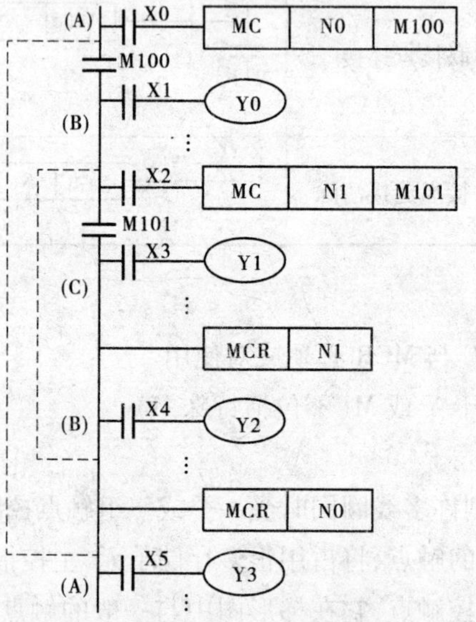

图 3-12　多重嵌套主控指令使用

8　置位和复位指令(SET、RST)

8.1　指令功能

SET:置位指令,使操作保持 ON 的指令。

RST:复位指令,使操作保持 OFF 的指令。

8.2　指令格式

SET、RST 指令的名称、功能、电路表示及操作元件、所占的程序步如表 3-10 所示。

8.3　使用注意事项

(1)SET 指令可用于 Y、M 和 S,RST 指令可用于复位 Y、M、S、T、C,或将字元件 D、V 和 Z 清零。

(2)SET 不仅能使元件置 ON,而且当 SET 信号消失时,元件不能保持 ON 状态,与 RST 指令功能类似。

表 3-10　SET、RST 指令

指令名称	功能	电路表示及操作元件	程序步
SET(置位)	元件自保持 ON	SET　Y、M、S	Y、M:1， S、特殊 M:2
RST(复位)	清除动作保持 寄存器清零	RST　Y、M、S、T、C、D、V、Z	T、C:2， D、V、Z、 特殊 D:3

(3)对同一元件多次使用 SET、RST 指令，顺序可任意，但对外部输出时，只有最后一系列指令有效。

举例说明：

如果图 3-13 中 X0 的常开触点接通，Y0 变为 ON 并保持该状态，即使 X0 的常开触点断开，它也仍然保持 ON 状态。当 X1 的常开触点闭合时，Y0 变为 OFF 并保持该状态，即使 X1 的常开触点断开，它也仍然保持 OFF 状态(见图 3-13 中的波形图)。

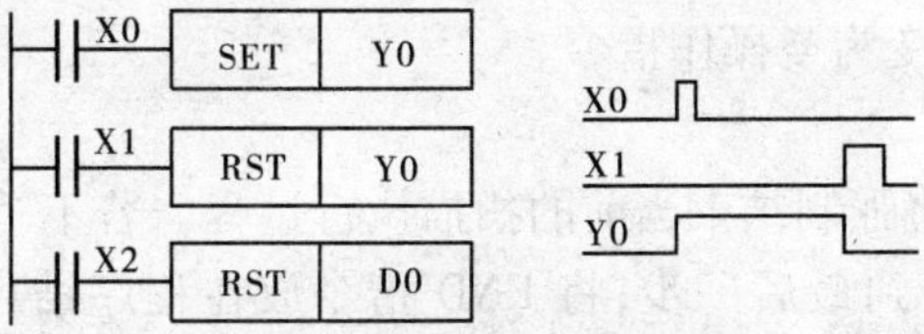

图 3-13　置位复位指令使用

图 3-14 中 X0 的常开触点接通时，积算定时器 T246 复位，X3 的常开触点接通时，计数器 C200 复位，它们的当前值被清 0，常开触点断开，常闭触点闭合。

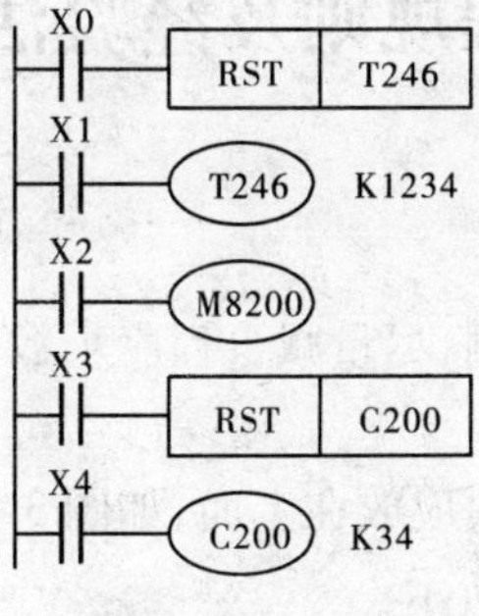


```
LD    X0
RST   T246
LD    X1
OUT   T246
      K1234
LD    X2
OUT   M8200
LD    X3
RST   C200
LD    X4
OUT   C200
      K34
```

图 3-14　定时器与计数器的复位

9　取反、空操作、结束指令(INV、NOP、END)

9.1　取反指令

INV 为取反指令，在梯形图中用一条 45°的短斜线来表示，它将执行该指令之前的运算结果取反，运算结果如为 0 则将它变为 1，运算结果如为 1 则将它变为 0。INV 指令的名称、功能、电路表示及操作元件、所占的程序步见表 3-11。

表 3-11　INV 指令

指令名称	功能	电路表示及操作元件	程序步
INV(取反)	运算结果的取反	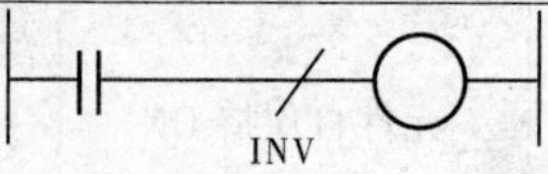	1

举例说明：

在图 3-15 中，如果 X0 和 X1 同时为 ON，则 Y0 为 OFF；反之，则 Y0 为 ON。INV 指令也可以用于 LDP、LDF、ANDP 等脉冲触点指令。

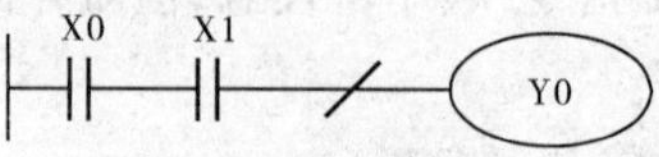


```
LD    X0
AND   X1
INV
OUT   Y0
```

图 3-15　INV 指令

9.2　空操作指令

NOP 为空操作指令，使该步作空操作。执行完清除用户程序存储器的操作后，用户程序存储器的内容全部变为空操作指令。

9.3　结束指令

END 为结束指令，将强制结束当前的扫描执行过程。若不写 END 指令，将从用户程序存储器的第一步执行到最后一步；将 END 指令放在程序结束处，则只执行第一步至 END 这一步之间的程序。使用 END 指令可以缩短扫描周期。

在调试程序时，可以将 END 指令插在各段程序之后，从第一段开始分段调试，调试好以后必须删去程序中间的 END 指令，这种方法对程序的查错也很有用处。

第四节　梯形图编程规则及经验法程序设计

1　梯形图编程规则

(1)按自上而下、从左至右的方式编制，尽量减少程序步数。

(2)触点在左边，线圈放在触点右边。

(3)触点串联块并联时，触点较多的块应放在上面，如图 3-16 所示。触点并联块串联时，触点较多的块应放在左边，如图 3-17 所示。

(4)不允许双线圈(出现两个 Y0 的线圈)输出。

2　编程步骤

编制一个 PLC 应用程序的基本步骤如下：

(1)根据被控对象对控制系统的要求，确定控制系统需要完成的动作及输入、输出设备，并由此确定 PLC 的输入、输出点数。

(2)进行 PLC 的输入、输出分配，也就是把输入、输出分配到具体的 I/O 位。

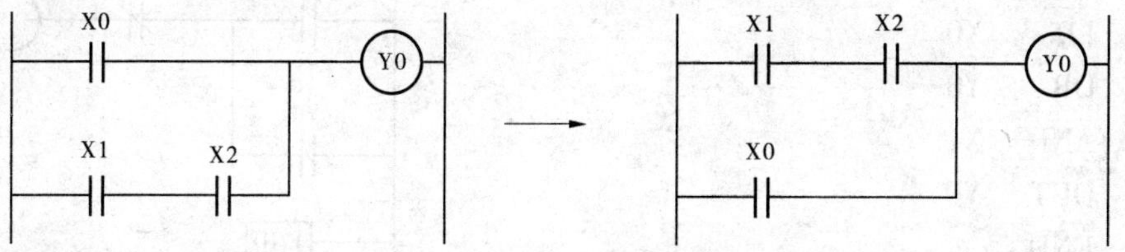

图 3-16　串联多的电路编程

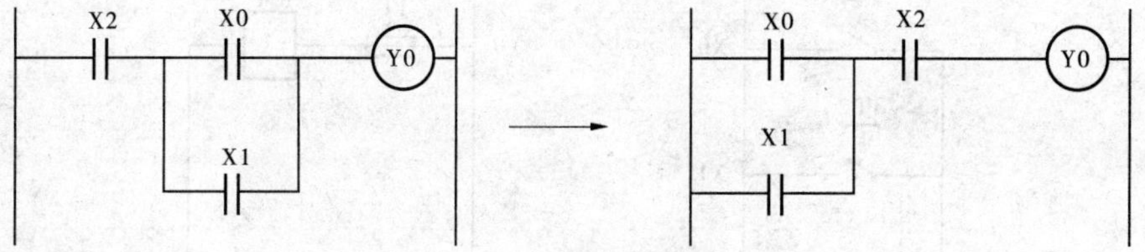

图 3-17　并联多的电路编程

(3)绘制 PLC 的输入、输出接线图。

(4)编写梯形图(梯形图右侧母线可省略)。

(5)把梯形图程序转换成指令表语句。

(6)用编程器将程序输入到 PLC 中,并检查输入的程序是否正确。

(7)对程序进行修改和调试,直到满足控制要求。

3　经验法程序设计

经验法编程步骤如下:

(1)找出有几个输出。

(2)找到每一个输出的启动、保持、停止(简称启保停)信号。

(3)根据启保停的梯形图编程。

一个完整的程序设计包括以下 4 个部分:

(1)I/O 分配表;

(2)梯形图;

(3)指令表;

(4)PLC 外部接线图。

例 1　电动机的设计(启保停电路)。

控制要求:按下按钮 1,电动机运转。按下按钮 2,电动机停止运转。

(1)I/O 分配表:

X0:PB1 启动按钮;

X1:PB2 停止按钮;

Y0:KM 线圈。

(2)梯形图:见图 3-18。

(3)指令表：

```
LD   X0
OR   Y0
ANI  X1
OUT  Y0
END
```

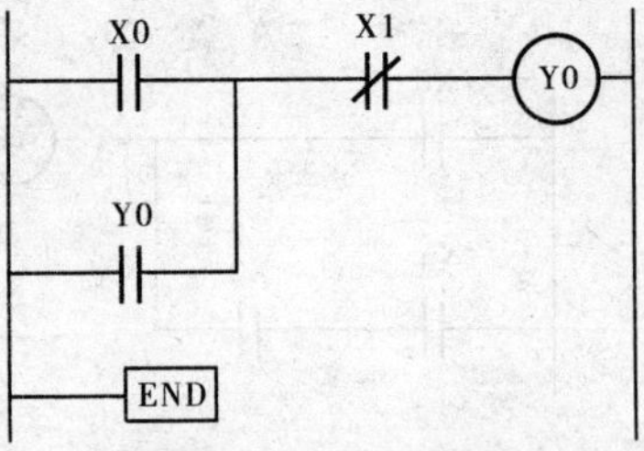

图 3-18　例 1 梯形图

(4)PLC 外部接线图：见图 3-19。

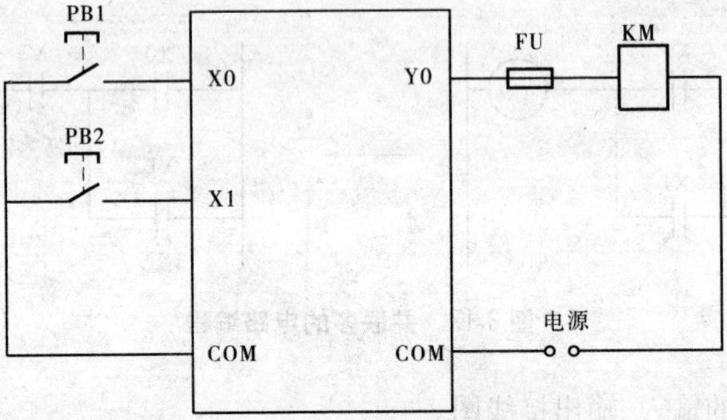

图 3-19　例 1 PLC 外部接线图

例 2　根据图 3-20 设计程序，绘制出梯形图。

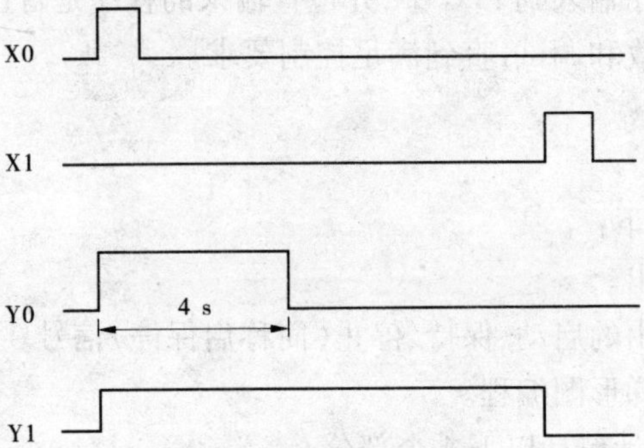

图 3-20　例 2 控制要求

(1)I/O 分配表：

X0：PB1 启动按钮；

X1：PB2 停止按钮；

Y0：L1；

Y1：L2。

(2)梯形图：见图 3-21。

例 3　定时器编程，要求按 1 次亮 1 min，绘制出梯形图。

(1)I/O 分配表：

X0：PB1 启动按钮；

Y0：L1。

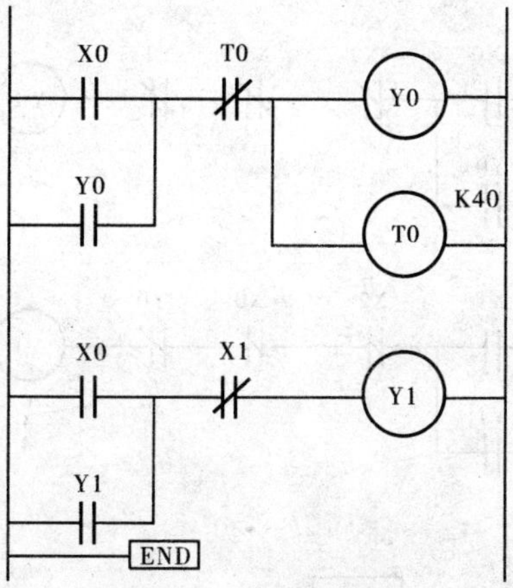

图 3-21　例 2 梯形图

(2)梯形图:见图 3-22。

例 4　计数器编程,要求按 3 次才亮,绘制出梯形图。

(1)I/O 分配表:

X0:PB1 启动按钮;

Y0:L1。

(2)梯形图:见图 3-23。

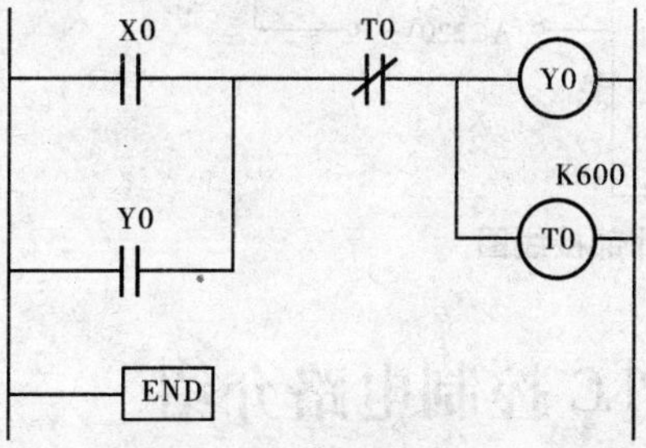

图 3-22　例 3 梯形图

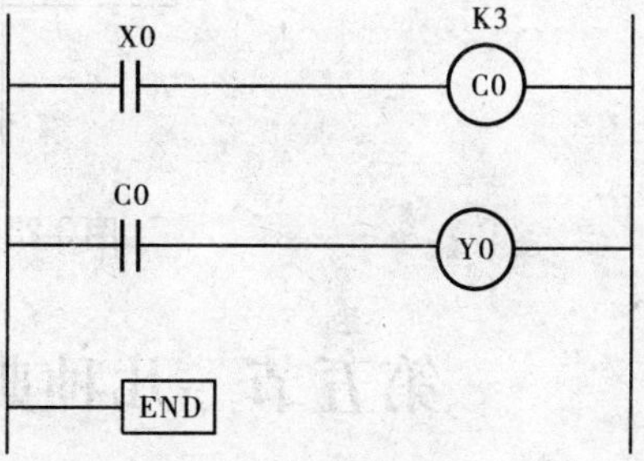

图 3-23　例 4 梯形图

例 5　电动机正反转设计(自锁与互锁电路)。

(1)I/O 分配表:

X0:SB1 正转启动按钮;

X1:SB2 反转启动按钮;

X2:SB3 停止按钮;

Y0:KM1 正转接触器线圈;

Y1:KM2 反转接触器线圈。

(2)梯形图:见图 3-24。

(3)指令表:略。

(4)PLC 外部接线图:见图 3-25。

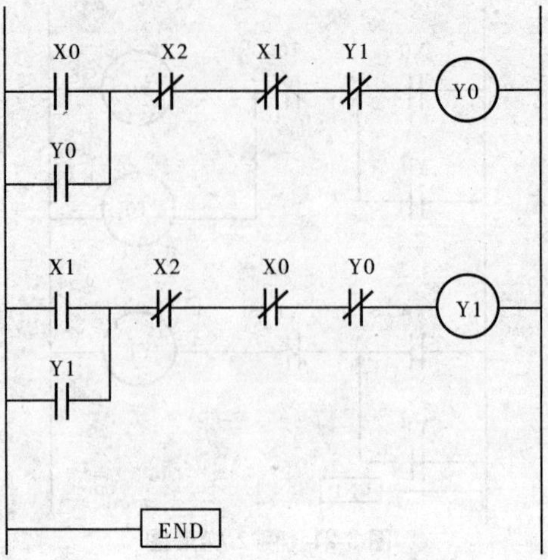

图 3-24　例 5 梯形图

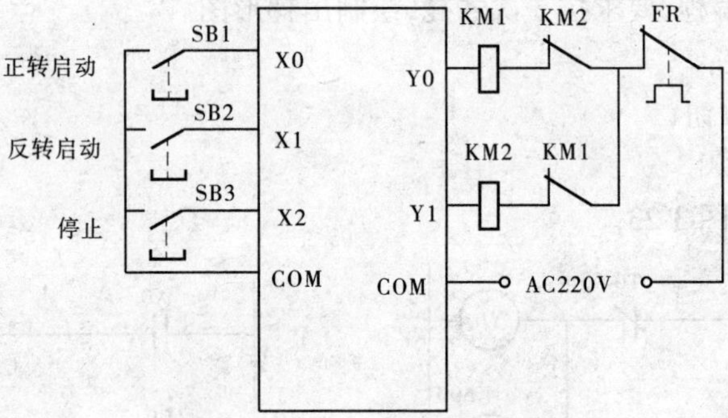

图 3-25　例 5 PLC 外部接线图

第五节　几种典型的 PLC 控制电路介绍

1　停止优先与启动优先的启保停电路

停止优先与启动优先的启保停电路梯形图如图 3-26 所示。

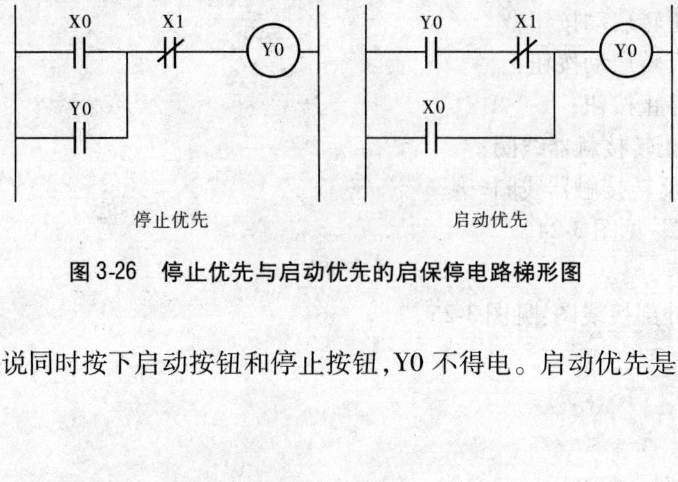

图 3-26　停止优先与启动优先的启保停电路梯形图

说明：

停止优先是说同时按下启动按钮和停止按钮，Y0 不得电。启动优先是说同时按下启动按钮和停止按钮,Y0 得电。一般启保停电路在编程中都用停止优先的电路。

2　自锁与互锁电路

自锁与互锁电路梯形图如图 3-27 所示。

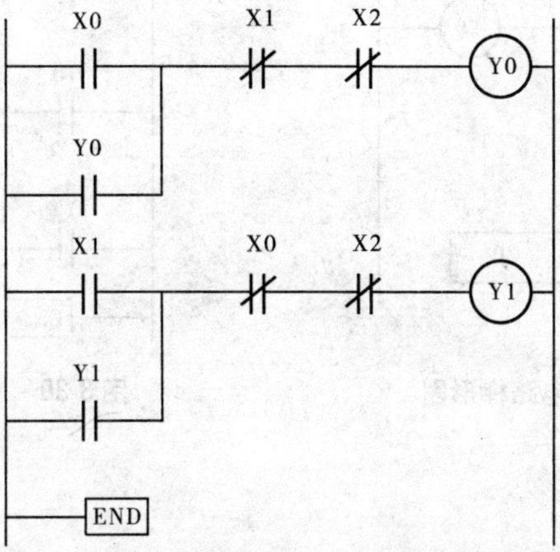

图 3-27　自锁与互锁电路梯形图

说明:

自锁 1——Y0 线圈得电,Y0 常开触点闭合并且给 Y0 线圈供电。

自锁 2——Y1 线圈得电,Y1 常开触点闭合并且给 Y1 线圈供电。

互锁 1——按下 X0 所接的按钮,X0 常开触点闭合并且给 Y0 线圈通电,同时 X0 常闭触点断开,Y1 线圈断电。

互锁 2——按下 X1 所接的按钮,X1 常开触点闭合并且给 Y1 线圈通电,同时 X1 常闭触点断开,Y0 线圈断电。

3　二分频电路

二分频电路控制要求如图 3-28 所示,Y0 输出波形频率为 X0 输入波形频率的 1/2。

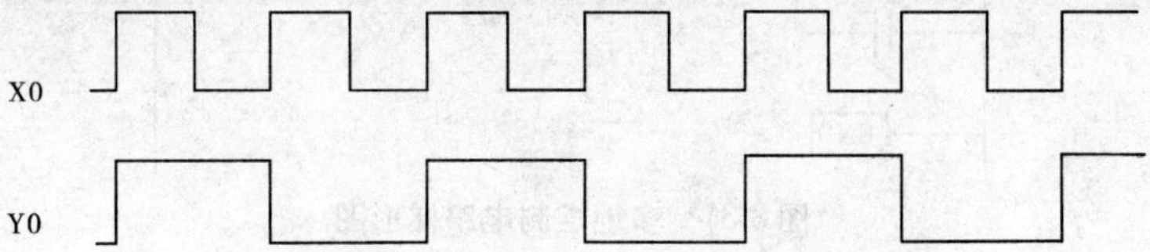

图 3-28　二分频电路控制要求

二分频电路梯形图如图 3-29 所示。二分频有多种方法可以实现,图 3-29 只是其中一种。

4　顺序启动电路

顺序启动电路控制要求:按下启动按钮,电动机 1 运转。当电动机 1 运转 5 s 后,电动机 2 运转。按下停止按钮,电动机 1 和电动机 2 同时停止。

顺序启动电路梯形图如图 3-30 所示。

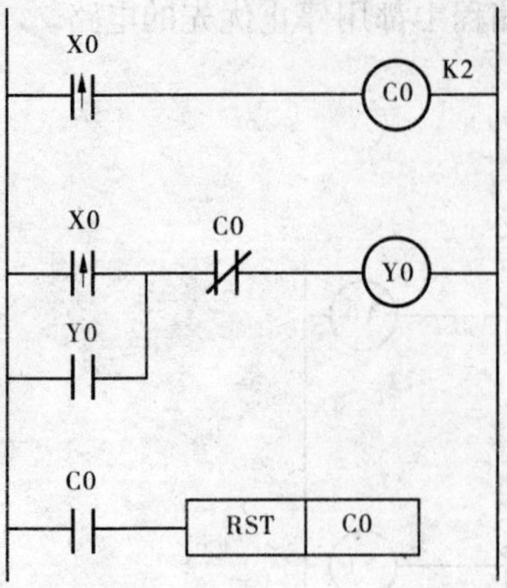

图 3-29　二分频电路梯形图

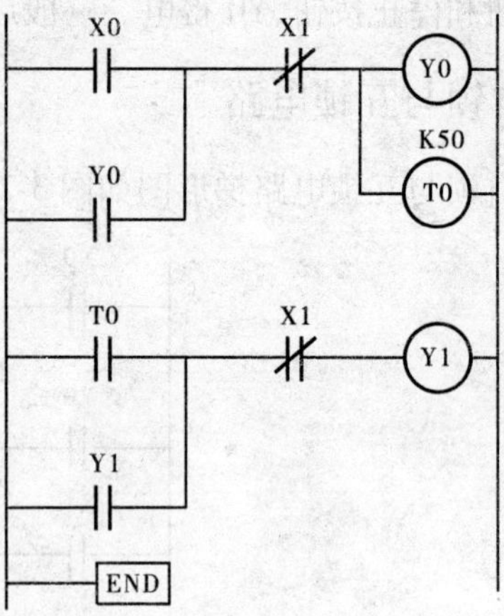

图 3-30　顺序启动电路梯形图

5　多地控制电路

多地控制电路控制要求:启动按钮有 3 个,停止按钮也有 3 个,都可以启动和停止电动机。

在多地控制电路中,启动信号用常开触点,并联在一起。停止信号用常闭触点,串联在一起。这种电路接线用在有多个按钮控制的场合。

多地控制电路梯形图如图 3-31 所示。

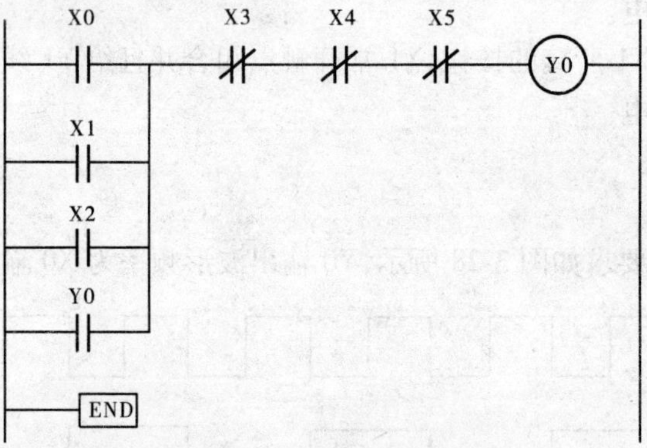

图 3-31　多地控制电路梯形图

6　闪烁电路一(先高电平,再低电平)

闪烁电路控制要求如图 3-32 所示。

闪烁电路梯形图如图 3-33 所示。

7　闪烁电路二(先低电平,再高电平)

闪烁电路控制要求如图 3-34 所示。

闪烁电路梯形图如图 3-35 所示。

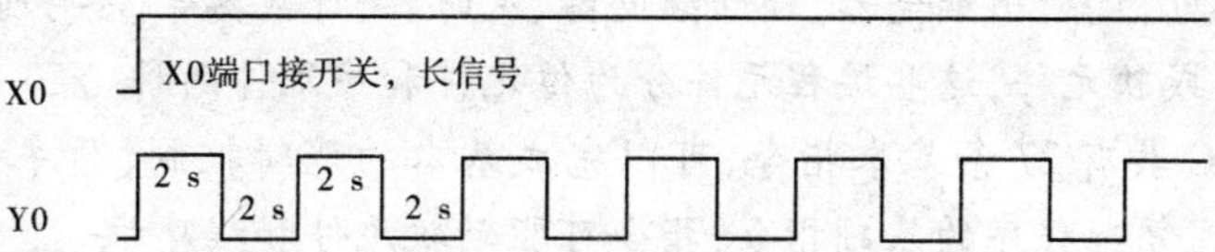

图 3-32　闪烁电路控制要求一

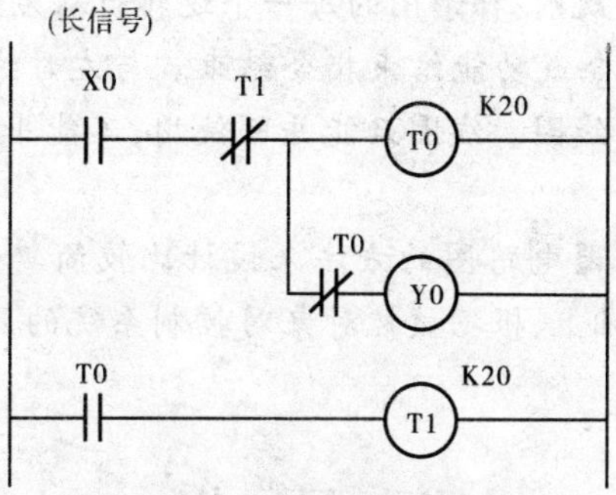

图 3-33　闪烁电路梯形图一

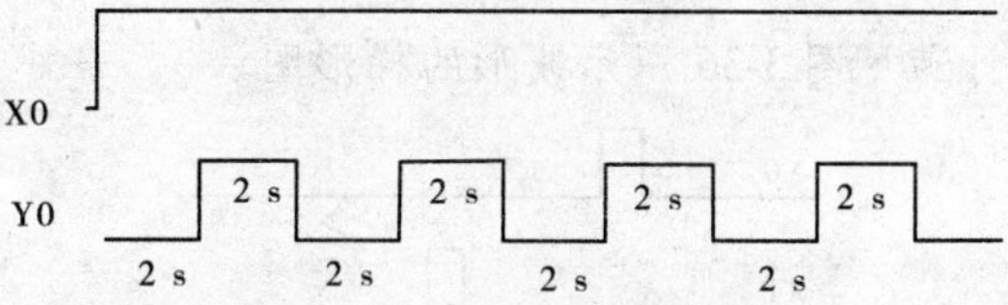

图 3-34　闪烁电路控制要求二

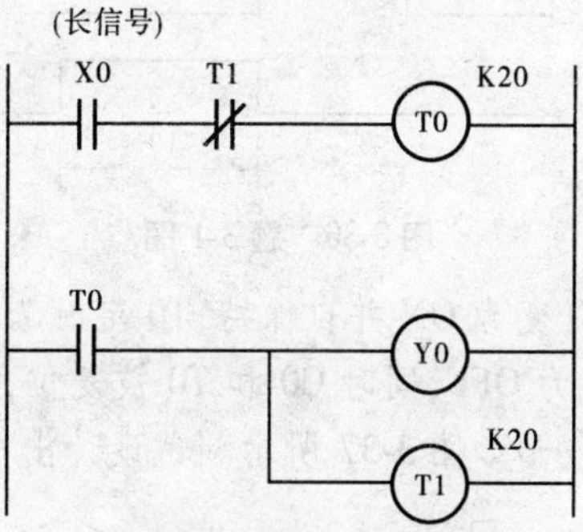

图 3-35　闪烁电路梯形图二

本章小结

本章重点介绍了 FX 系列 PLC 的编程基础。包括 X、Y、M、T、C、S、D 各种软元件，FX 系列 27 条基本指令，还介绍了用经验法编程的步骤。最后例举了几种常见的控制电路。

FX 系列 PLC 为庞大的家族。基本单元(主机)有 FX_0、FX_{0S}、FX_{0N}、FX_1、FX_2、FX_{2C}、FX_{1S}、FX_{2N}、FX_{2NC} 9 个系列。每个系列又有 14、16、32、48、64、80、128 点等不同输入/输出总点数的机型，每个系列还有继电器输出、晶体管输出、晶闸管输出 3 种输出形式。

FX 系列 PLC 内部的编程元件从物理实质上来说是电子电路及存储器，按通俗叫法分别称为输入继电器、输出继电器、辅助继电器、定时器、计数器等,鉴于它们的物理属性,称之为软继电器或软元件,这些编程元件分为位元件和字元件两种。

FX 系列 PLC 共有 27 条基本指令,可以完成基本的逻辑控制、顺序控制等程序的编写,同时也是编写复杂程序的基础指令,指令可驱动软元件和程序步。

编制一个 PLC 应用程序有其基本步骤,梯形图语言是 PLC 最常见的编程语言。应用梯形图语言编程应遵循以下规则:梯形图的每一个逻辑行从左母线开始,以 LD 或 LDI 指令开始,到右母线以 OUT 指令或功能结束指令结束。与左母线相连的元件只能是触点,与右母线相连的元件只能是线圈。线圈只能并联使用,不能串联使用。同一个编号的线圈不能重复使用。

经验法是采用设计继电器电路图的方法来设计比较简单的开关量控制系统的梯形图,即在一些典型电路的基础上,根据被控对象对控制系统的具体要求,不断地修改和完善梯形图。

练 习 题

3-1 用经验法设计满足图 3-36 所示波形的梯形图。

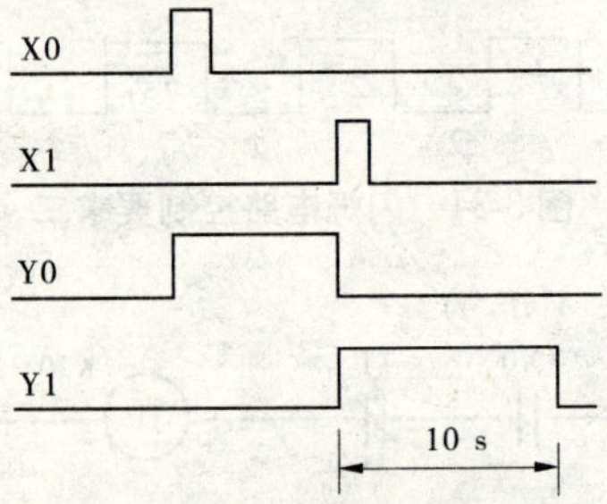

图 3-36 题 3-1 图

3-2 按下按钮 X0 后,Y0 变为 ON 并自保持,T0 定时 7 s 后,用 C0 对 X1 输入的脉冲计数,计满 4 个脉冲后,Y0 变为 OFF,同时 C0 和 T0 被复位,在 PLC 刚开始执行用户程序时,C0 也被复位。输入输出波形如图 3-37 所示。试设计出梯形图。

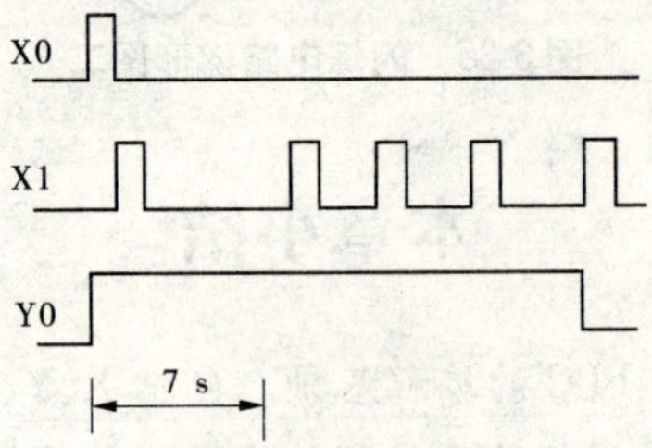

图 3-37 题 3-2 图

3-3 用经验法设计满足图 3-38 所示输入输出波形的梯形图。

3-4 送料小车用异步电动机拖动,按钮 X0 和 X1 分别用来启动小车右行和左行。小车在限位开关 X3 处装料,Y0 为 ON;10 s 后装料结束,开始右行,碰到 X4 后停下来卸

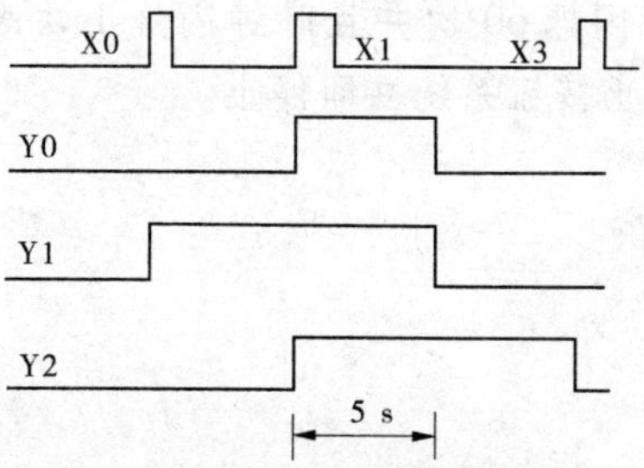

图 3-38　题 3-3 图

料，Y1 为 ON，15 s 后左行，碰到 X3 后又停下来装料，这样不停地循环工作，直到按下停止按钮 X2 后停止运行。画出 PLC 外部接线图，用经验法设计小车送料控制系统的梯形图。

3-5　根据本章例举的二分频电路设计一个四分频电路和八分频电路。

3-6　设计满足图 3-39 所示输入输出波形的梯形图(至少设计 3 种梯形图)。

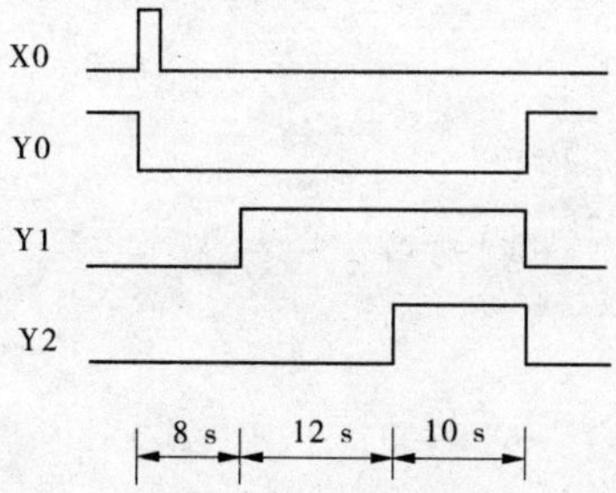

图 3-39　题 3-6 图

3-7　有一个 3 台皮带运输机传输系统，分别用电动机 M1、M2、M3 带动，控制要求如下：按下启动按钮，先启动最末一台电动机 M3，经 5 s 后启动第二台电动机，再经过 5 s 后启动第三台电动机。按下停止按钮时，先停止最前一台电动机 M1，待送料完毕后再依次停止其他电动机。试写出 I/O 分配表，并画出梯形图。

3-8　编写 2 台电动机的控制程序(参考使用置位、复位指令)。

控制方式一：启动时，电动机 M1 先启动，才能启动电动机 M2，停止时，电动机 M1、M2 同时停止。

控制方式二：启动时，电动机 M1、M2 同时启动，停止时，只有电动机 M2 停止，电动机 M1 才能停止。

3-9　设计 3 台电动机的启停顺序控制程序。

控制方式如下：

启动操作：按启动按钮 SB1，电动机 M1 启动，10 s 后电动机 M2 自动启动，又经过8 s，电动机 M3 自动启动。

停止操作：按停止按钮 SB2，电动机 M3 立即停止，5 s 后，电动机 M2 自动停止，又经过 4 s，电动机 M1 自动停止。

3-10　设计一个控制电路，要求：按下按钮立即亮，亮 5 s 后熄灭 2 s，然后又亮 5 s，又熄灭 2 s，如此循环，直到按下停止按钮。

3-11　设计一个时钟电路，控制要求：秒钟闪烁 1 次表示 1 s，秒钟闪烁 60 次并且分钟闪烁 1 次表示 1 min,分钟闪烁 60 次并且时钟闪烁 1 次表示 1 h,时钟闪烁 24 次表示 1 d。如此循环,直到按下停止按钮系统立即停止。

I/O 分配表:

X0:启动按钮;

X1:停止按钮;

Y0:秒钟;

Y1:分钟;

Y2:时钟;

Y3:天数。

第四章　FX 系列 PLC 步进指令系统

【教学目标】

1. 阐述 FX 系列 PLC 的步进编程系统、状态转移图。

2. 详细介绍步进指令及其应用。

【学习要点】

1. 掌握状态转移图的绘制。

2. 学会根据状态转移图画出步进梯形图和写出指令表。

第一节　步进编程介绍

步进编程经常用于 PLC 的顺序控制系统。每个控制过程有若干个状态，对每一个状态设计好程序，就能使 PLC 控制具有简捷、清楚等优点，便于监控与调试程序。步进编程用到两条指令，即 STL 和 RET，这两条指令在本章第二节介绍。步进编程首先要绘制出状态转移图（也称为顺序功能图）。一个控制过程的每一个阶段称为一个状态，每个状态之间由转换分隔。相邻的状态具有不同的动作，当相邻两状态之间的转换条件得到满足时，就实现转换，即当前状态动作结束而下一个状态动作开始。可用状态转移图描述控制系统的控制过程。状态转移图具有直观、简单的特点，是设计 PLC 顺序控制程序的一个方便工具。

1　状态继电器

1.1　状态继电器的编号

状态继电器是构成状态转移图的基本元件。FX_{2N} 系列 PLC 有状态继电器 1 000 点（S0 ~ S999）。一般情况下状态继电器有如下分类：

初始化状态继电器	S0 ~ S9	10 点
返回状态继电器	S10 ~ S19	10 点
通用状态继电器	S20 ~ S499	480 点
锁存状态继电器	S500 ~ S899	400 点
信号报警器	S900 ~ S999	100 点

1.2　状态继电器的线圈与触点

通用状态继电器的用法与通用辅助继电器的用法相同，有线圈、有触点，线圈得电，常开触点闭合，常闭触点断开，线圈断电复位。在步进顺序控制使用时，状态继电器常开触点有以下两种表示法：

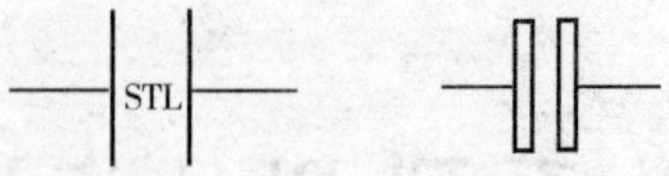

2 状态转移图

状态转移图又叫状态流程图或顺序功能图,简称功能图,它是专用于工业顺序控制程序设计的一种功能说明性语言,是描述控制系统的控制过程、功能和特性的一种图形，是分析、设计 PLC 顺序控制程序的一种有力工具,具有简单、直观等特点。

在中小型可编程控制器程序设计时,采用状态转移图法,首先要根据控制系统的工艺流程设计状态转移图,再将状态转移图人工转化为梯形图程序。大型或部分中型可编程控制器,有的可直接采用状态转移图进行编程。

下面举例说明状态转移图,图 4-1 是坐标式机械手工作示意图。

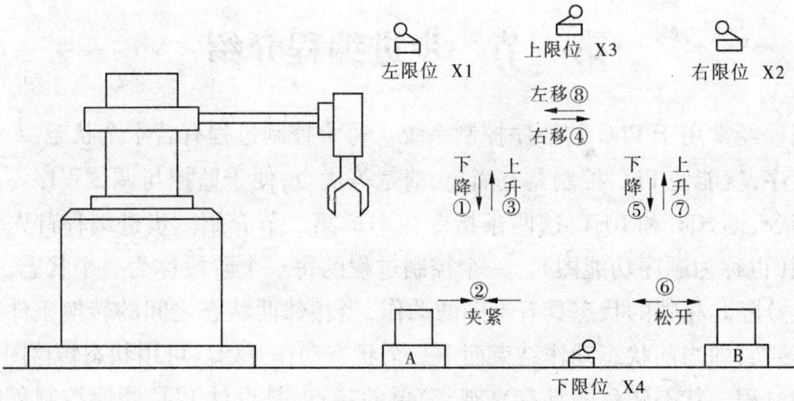

图 4-1 坐标式机械手工作示意图

机械手的目的是按一定的工作顺序将工件从位置 A 搬到位置 B。

机械手的工作顺序是:机械手从原位下降到位,从 A 处夹紧工件上升到位,右移到位后,机械手下降,下降到位后,将物体放在位置 B,然后上升到位,左移到位停在原点,一次循环结束。

整个系统由液压驱动,上升、下降、左移、右移由双向电磁阀控制(Y0 接通为上升,Y1 接通为下降,Y3 接通为左移,Y4 接通为右移),夹紧用单向电磁阀控制(Y2 接通为夹紧,Y2 断电为松开),左、右、上、下限位开关分别为 X1、X2、X3、X4。

图 4-2 为机械手工作的状态转移图。

初状态:PLC 通电后,M8002 接通,使初始状态 S0 被激活。

状态 1:当左限位 X1 和上限位 X3 接通时,机械手处于原位,按下自动按钮 X6,M6 接通,M6 · X1 · X3 的逻辑值为 1,状态 S21 被激活,电磁阀 Y1 接通,机械手开始下降。

状态 2:当下降到位后,X4 接通,状态 S22 被激活,电磁阀 Y2 被置为 1,夹紧动作开始;经过 2 s 后,夹紧动作完成。

状态 3:夹紧动作完成后,状态 S23 被激活,电磁阀 Y0 接通,机械手夹紧工件开始上升。

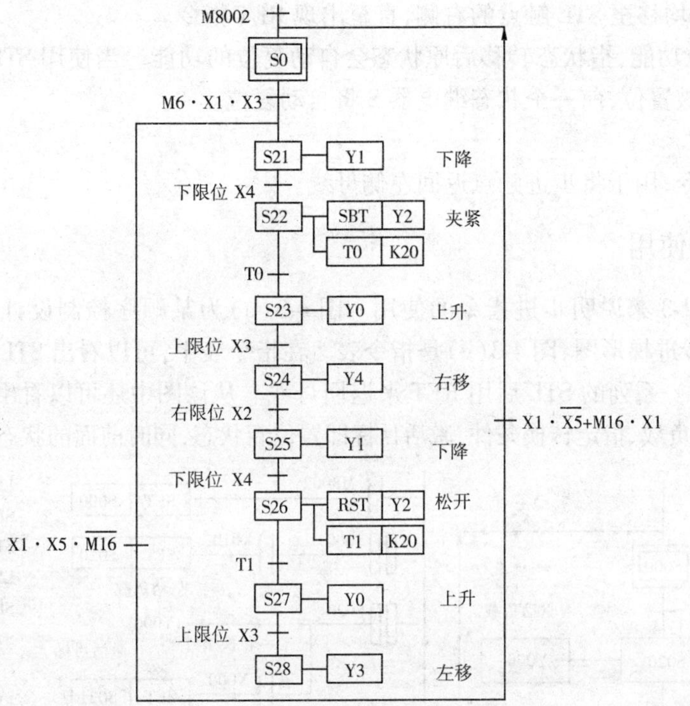

图 4-2　机械手工作的状态转移图

状态 4：上升到位后，X3 接通，状态 S24 被激活，电磁阀 Y4 接通，机械手开始右移。

状态 5：右移到位后，X2 接通，状态 S25 被激活，电磁阀 Y1 接通，机械手开始下降。

状态 6：下降到位后，X4 接通，状态 S26 被激活，电磁阀 Y2 被复位，机械手开始松开工件。

状态 7：机械手抓住的工件完全松开后，状态 S27 被激活，电磁阀 Y0 接通，机械手开始上升。

状态 8：上升到位后，X3 接通，状态 S28 被激活，电磁阀 Y3 接通，机械手开始左移。

状态 9：左移到位后，X1 · X5的逻辑值为 1，机械手返回到初始状态 S0，一个单循环的动作结束，停止工作，等待下一次启动命令。

在机械手工作的状态转移图中，每一个状态继电器对应一个 S，每一个 S 都有每步的工作程序，顺序清楚，不会混淆。这是状态转移图的优点。

第二节　步进指令

1　步进指令 STL 与 RET 的功能

1.1　STL 的功能

(1)STL 指令用来将状态继电器 S 的触点与母线相连并提供主控功能。主控功能是指当使用 STL 指令时，与 STL 触点相连的起始触点要使用 LD(LDI)指令。使用 STL 指令后,LD(LDI)触点均移至 STL 触点的右侧,直至出现 RET 指令。

(2)自动复位功能,指状态转移后原状态会自动复位的功能。当使用 STL 指令时,新的状态继电器 S 被置位,前一个状态继电器 S 将自动复位。

1.2 RET 的功能

步进返回指令,用于将步进触点返回左侧母线。

2 步进指令的使用

下面通过图 4-3 来说明步进指令的使用。图 4-3(a)为某顺序控制设计的状态转移图,图 4-3(b)是步进梯形图,图 4-3(c)是指令表。在指令表中,可以看出 STL 指令用于步进触点 S000 等。一系列的 STL 后用 RET 来返回母线。从该图中还可以看出每一状态提供 3 个功能:驱动负载、指定转换条件、激活目标即置位新状态,同时前面的状态自动复位。

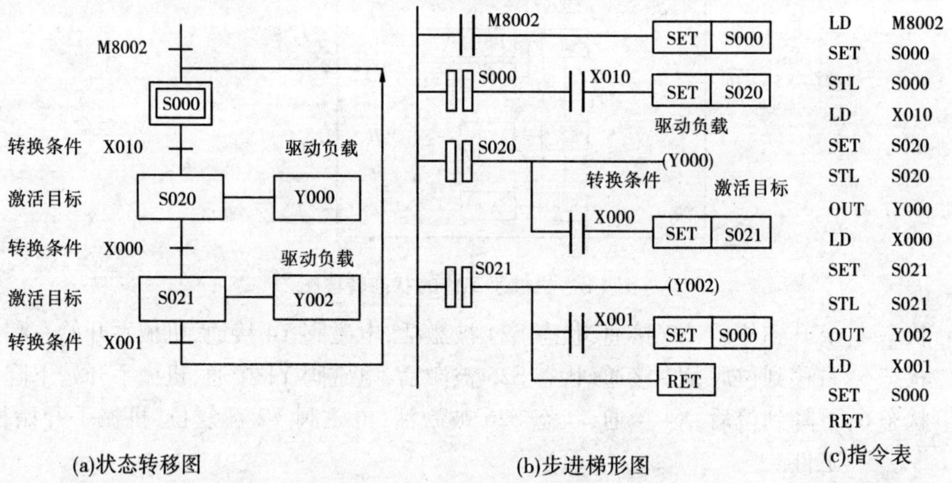

图 4-3 步进指令使用说明

第三节 步进编程实例

1 循环闪烁灯的控制

控制要求:按下启动按钮,红灯亮 2 s 熄灭,然后黄灯亮 2 s 熄灭,最后绿灯亮 2 s 熄灭,系统自动停止。

我们可以采用经验法编程,同时也可以采用步进方法编程。

(1)I/O 分配:

X0:PB1 启动按钮;

Y0:红灯;

Y1:黄灯;

Y2:绿灯。

(2)状态转移图:见图4-4。

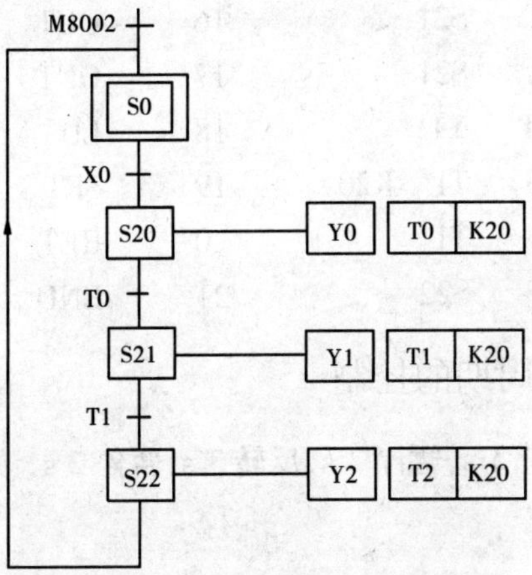

图4-4 循环闪烁灯控制的状态转移图

(3)步进梯形图:见图4-5。

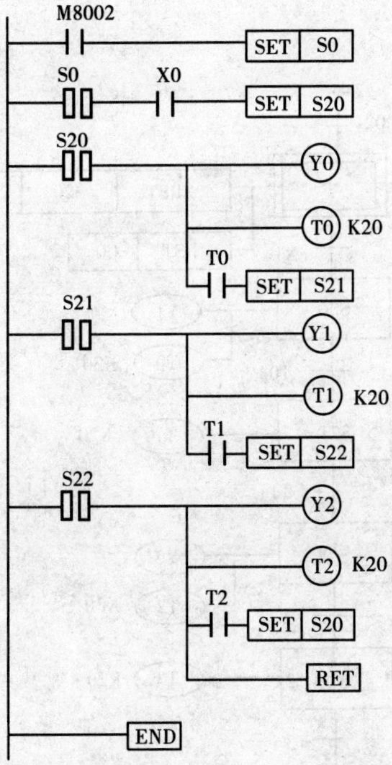

图4-5 循环闪烁灯控制的步进梯形图

(4)指令表:

0	LD	M8002	4	SET	S20	
1	SET	S0	5	STL	S20	
2	STL	S0	6	OUT	Y0	
3	LD	X0	7	OUT	T0	K20

8	LD	T0		15	STL	S22	
9	SET	S21		16	OUT	Y2	
10	STL	S21		17	OUT	T2	K20
11	OUT	Y1		18	LD	T2	
12	OUT	T1	K20	19	SET	S20	
13	LD	T1		20	RET		
14	SET	S22		21	END		

2 电动机正反转5个周期的控制

控制要求：电动机正转3 s，暂停2 s，反转3 s，暂停2 s，如此循环5个周期，然后自动停止。

(1)I/O分配：

X0：PB1启动按钮；

Y1：KM1正转；

Y2：KM2反转。

(2)状态转移图：见图4-6。

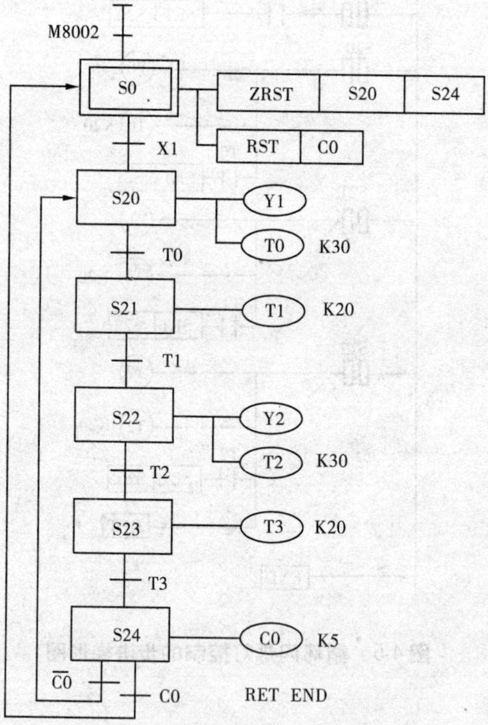

图4-6 电动机正反转5个周期控制的状态转移图

3 液体混合装置的控制

液体混合装置如图4-7所示，上限位、下限位和中限位液位传感器被液体淹没时为

ON,阀门 A、阀门 B 和阀门 C 为电磁阀,线圈通电时打开,线圈断电时关闭。开始时容器是空的,各个阀门均关闭,各传感器为断电状态。

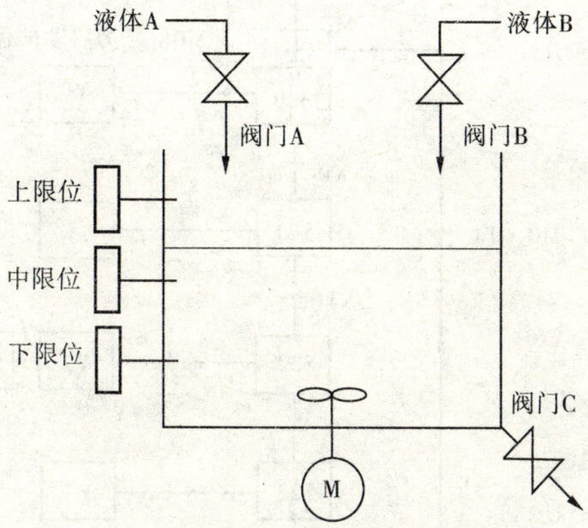

图 4-7　液体混合装置示意图

3.1　控制要求

(1)按下启动按钮后,打开阀门 A,液体 A 流入容器,中限位开关变为 ON 时,关闭阀门 A,打开阀门 B,液体 B 流入容器。

(2)当液面到达上限位开关时,关闭阀门 B,电动机 M 开始运行,搅动液体,6 s 后停止搅动,打开阀门 C,放出混合液。

(3)当液面下降至下限位开关之后再过 2 s,容器放空,关闭阀门 C,打开阀门 A,又开始下一周期的操作。

(4)按下停止按钮,在当前工作周期的操作结束后,才停止在初始状态。

3.2　程序设计

(1)I/O 分配:

X3:PB1 启动按钮(启动系统,放出液体 A);

X4:PB2 停止按钮(停止系统);

X0:SQ1 中限位(停止阀门 A,打开阀门 B);

X1:SQ2 上限位(停止阀门 B,电动机开始搅拌);

X2:SQ3 下限位(监测混合液体放出量);

Y0:阀门 A(控制液体 A 的释放);

Y1:阀门 B(控制液体 B 的释放);

Y2: 电动机 M (搅拌混合液体);

Y3:阀门 C(放出混合液体)。

(2)状态转移图:见图 4-8。

(3)步进梯形图:见图 4-9。

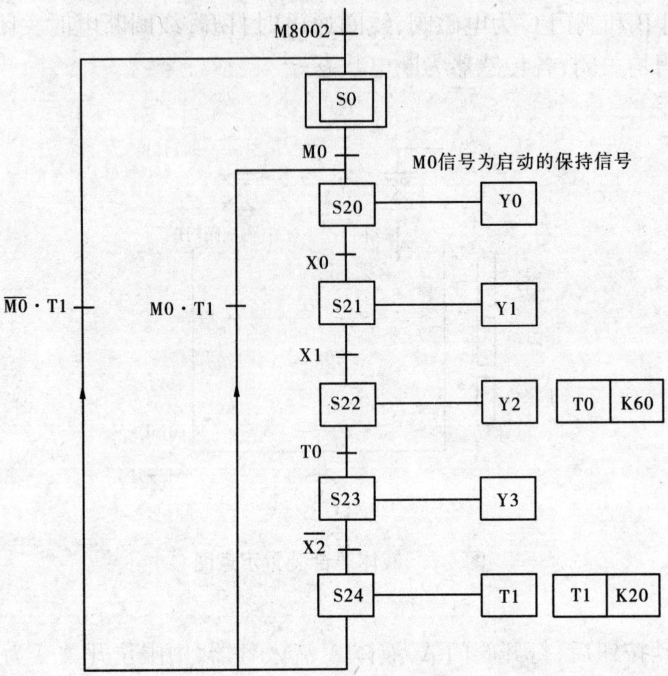

图 4-8　液体混合装置控制的状态转移图

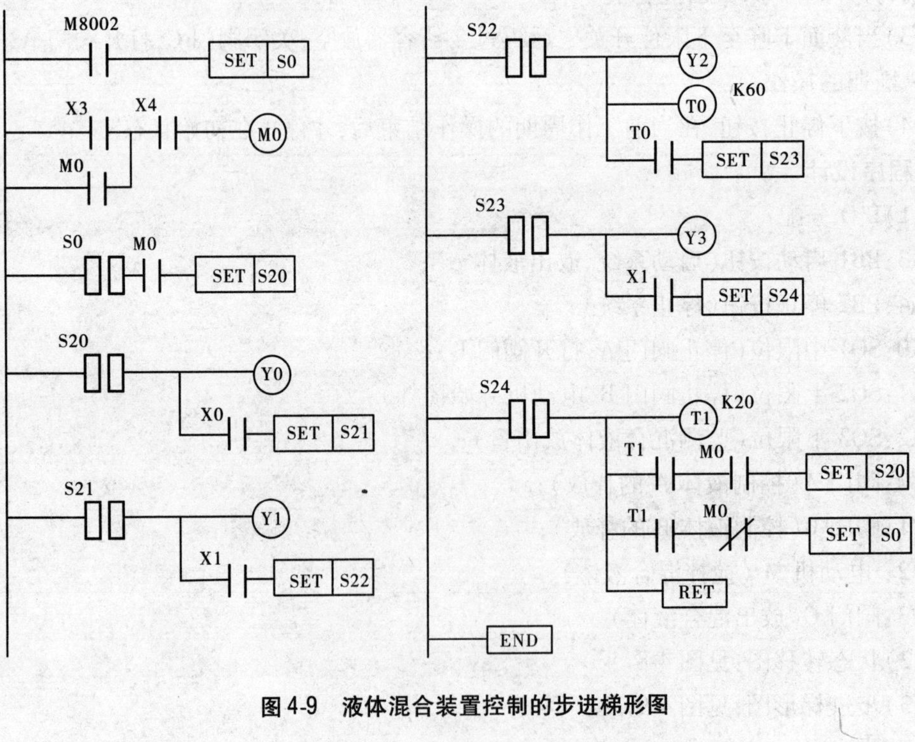

图 4-9　液体混合装置控制的步进梯形图

4　自动剪板机控制系统

4.1　自动剪板机的工作情况

图4-10是自动剪板机工作示意图。初始状态时，压钳和剪刀在上限位置，限位开关X1和X3接通，按下启动按钮X0，首先板料右行（Y0接通）；右行到位后，限位开关X5动作，然后压钳下行（Y1接通并保持）；下行到位后，压钳下限位开关X2动作，压钳保持压紧，剪刀开始下行（Y2接通）；下行到位后，剪刀下限位X4接通，说明板料被剪断，压钳和剪刀同时上行（Y1和Y2断开，Y3和Y4接通），当碰到限位开关X1和X3后，分别停止上行，又开始下一周期的工作，当剪完10块板料后，剪板机停止工作并返回到初始状态，等待下一次启动。

该剪板机的送料由接触器KM控制的电动机驱动（由可编程控制器Y0接点控制），压钳的下行和上行由液压电磁阀YV1和YV3控制（分别由可编程控制器Y1接点和Y3接点控制），剪刀的下行和上行由液压电磁阀YV2和YV4控制（分别由可编程控制器Y2接点和Y4接点控制），X1～X5分别为限位开关，X0为启动按钮。自动剪板机外部接线图如图4-11所示。

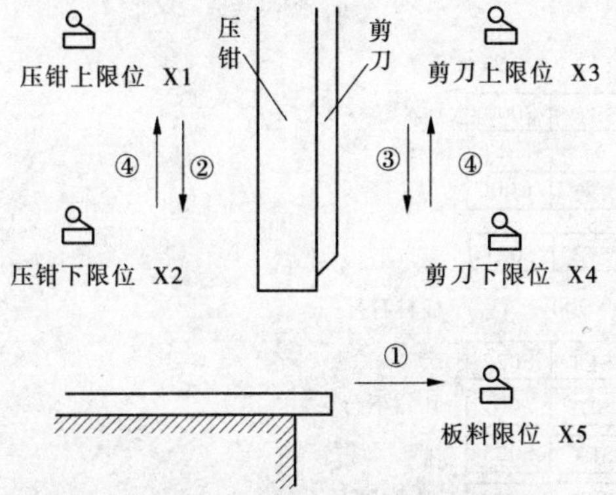

图4-10　自动剪板机工作示意图

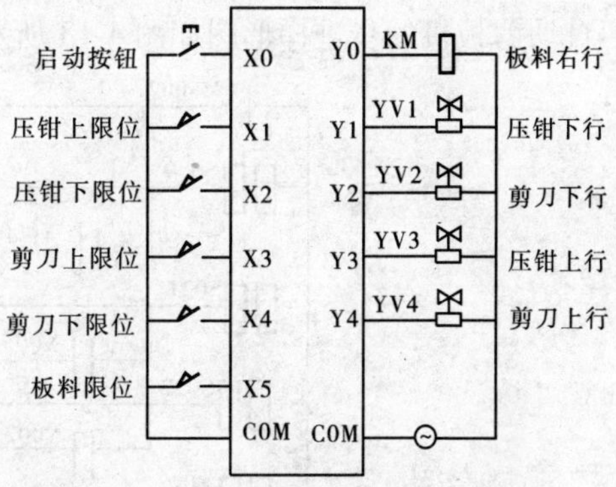

图4-11　自动剪板机外部接线图

4.2　自动剪板机的程序设计

根据自动剪板机的工作顺序设计出自动剪板机的状态转移图，再画出步进梯形图。状态继电器S0（即图4-12中S000的简称，以下类似）为初始状态，由特殊继电器M8002来激活，并对计数器C0进行复位。按下启动按钮X0，自动剪板机开始按下列顺序动作：板料右行—压钳下行—剪刀下行—压钳和剪刀上行—计数器C0开始计数。每剪完一块板料，计数器C0的当前值加1，没有剪到10块板料时，C0的当前值小于10，C0的常闭触点闭合，转移条件$\overline{C0}$满足，由步S25返回到步S21继续剪板动作；当剪完10块板料后，C0的当前值等于设定值10，转移条件C0满足（C0=1），由步S25返回到S0初始状态，等待下次启动的命令。这里的C0和$\overline{C0}$相当于条件分支的开始处的选择转移条件，决定是否循环。

4.3　自动剪板机的状态转移图

自动剪板机的状态转移图见图4-12。

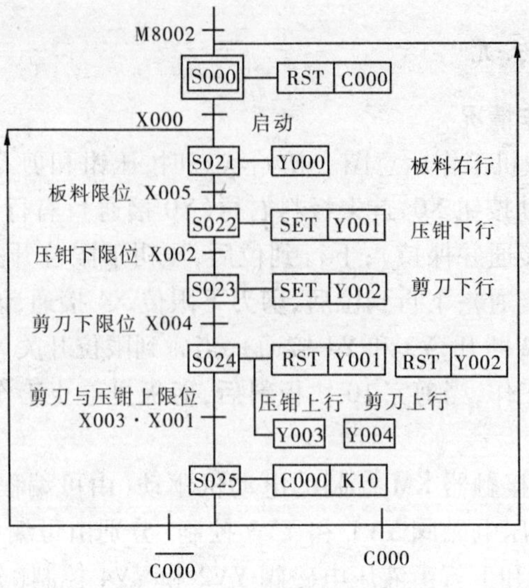

图 4-12　自动剪板机的状态转移图

4.4　自动剪板机的步进梯形图

自动剪板机的步进梯形图如图 4-13 所示。

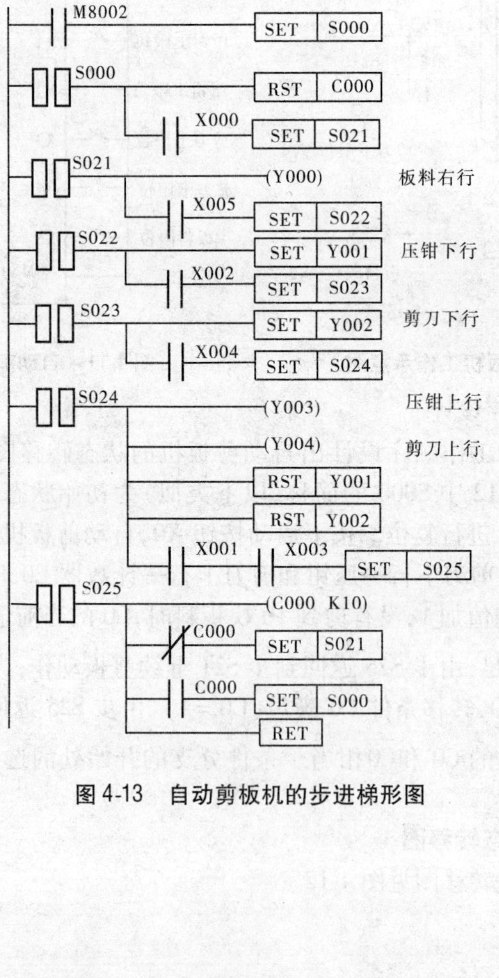

图 4-13　自动剪板机的步进梯形图

本章小结

本章主要介绍了步进指令、状态转移图、步进梯形图，以及用步进指令编程的方法，最后列举了几种步进编程经典题型。

顺序控制是按顺序一步一步来进行控制的，是否进入下一步取决于转换条件是否满足。转换条件可以是时间条件，也可以是被控过程中的反馈信号，实际生产中往往是两者的紧密结合。顺序控制与逻辑控制不同，逻辑控制主要描述输入、输出信号间的静态关系，而顺序控制则主要描述输入、输出信号间的时间关系。所以，顺序控制的基本结构可以用状态转移图来描述。

状态转移图又叫状态流程图或顺序功能图，简称功能图，它是专用于工业顺序控制程序设计的一种功能说明性语言，是描述控制系统的控制过程、功能和特性的一种图形，是分析、设计 PLC 顺序控制程序的一种有力工具，具有简单、直观等特点。状态转移图法是 PLC 程序设计的一种很重要、很有效的编程方法。

用于顺序控制的指令有两条：STL 指令、RET 指令。STL 指令只可对状态继电器 S 的触点使用，因此 STL 指令又称为步进触点指令。RET 为步进返回指令，用于将步进触点返回左侧母线。

练　习　题

4-1　试设计出图 4-14 所示状态转移图的梯形图。

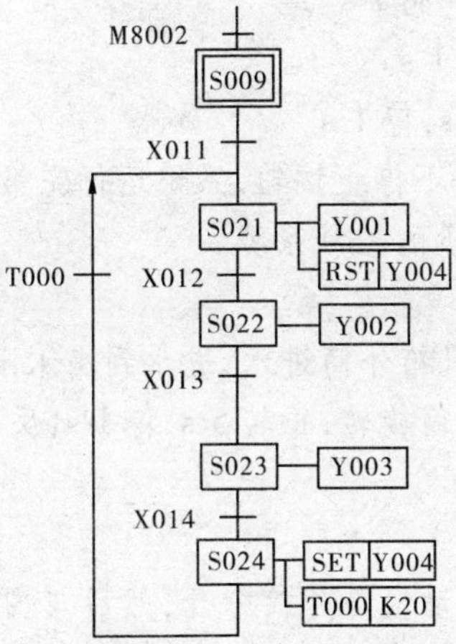

图 4-14　题 4-1 图

4-2　冲床运动示意图如图 4-15 所示，在初始状态时，机械手在最左边，X4 为 ON；冲头在最上面，X3 接通；机械手松开（Y0 断开）。按下启动按钮 X0 后，Y0 接通，工件被夹紧并保持，夹紧时间为 1 s，1 s 后 Y1 接通，机械手右移，直到碰到 X1，以后将完成以下动作：冲头下降—冲头上升—机械手左移—机械手松开，延时 1 s 后，系统返回初始状态。

各限位开关的动作是各步之间的转移条件。试画出控制系统的状态转移图和步进梯形图。

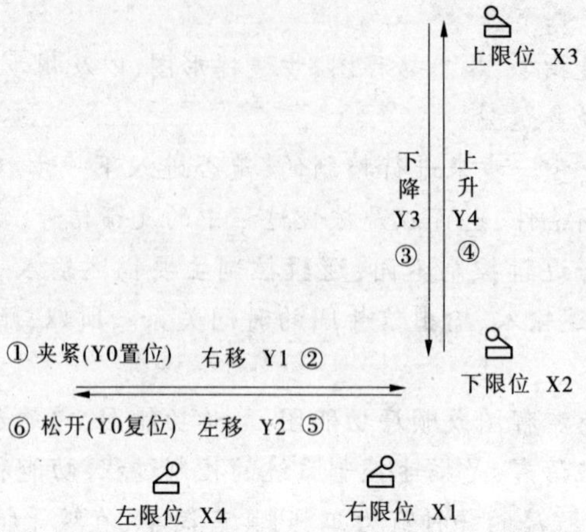

图 4-15 题 4-2 图

4-3 设计一个彩色霓虹灯控制系统。

彩色霓虹灯控制系统由红、橙、黄、绿、青、蓝、紫七色灯组成。

控制要求如下:

(1)红—紫 7 个灯逐一亮 1 s。

(2)紫—红 7 个灯逐一亮 1 s。

(3)红—紫 7 个灯全部亮 1 s,停 1 s,再亮 1 s,再停 1 s。

(4)红、黄、蓝、紫 4 个灯逐一亮 1 s。

(5)青、绿、橙 3 个灯逐一亮 1 s。

(6)红—紫 7 个灯统一亮 1 s,停 1 s。

循环第(1) ~(6)步,直到按下停止按钮,系统运行完第(6)步才停止。

4-4 设计一个全自动洗衣机的控制系统。

控制要求如下:

(1)按下启动按钮,洗衣机机箱外筒进水,进水到满水限位开关处停止。

(2)洗衣机的电动机带动外筒旋转,正转 5 s,停 1 s,反转 5 s,停 1 s,如此循环 10 min(50 个周期)进行清洗。

(3)排水到低水位限位开关。

(4)排完水后电控系统将电动机与外筒分开,然后与内筒合上,2 s 之后自动脱水,内筒旋转脱水 3 min。

(5)第一次脱水完毕后系统自动进水,重复清洗与脱水过程。总过程有 3 次循环。

(6)3 次循环后系统报警 5 s,同时电动机停止旋转。

(7)在任何过程中都可以按手动停止按钮进行停止。

第五章　FX 系列 PLC 功能指令系统

【教学目标】

1. 详细介绍 FX 系列 PLC 的功能指令形式、指令分类。
2. 重点阐述 PLC 功能指令的用法。

【学习要点】

1. 掌握 FX 系列 PLC 功能指令的形式、含义等。
2. 学会用 PLC 功能指令编写程序。

可编程控制器的基本指令基于继电器、定时器和计数器类软件，主要用于逻辑功能处理。步进指令用于顺序逻辑控制系统。但在工业自动化控制领域中，许多场合需要数据运算和特殊处理。因此，PLC 制造商逐步在 PLC 中引入了功能指令，或称为应用指令。功能指令主要用于数据的传送、运算、变换及程序控制等。

第一节　功能指令的表现形式和含义

1　功能指令的表现形式

功能指令和基本指令不同，功能指令类似于一个子程序，直接由助记符（功能代号）表达本条指令要做什么。FX 系列 PLC 在梯形图中使用功能框表示功能指令。功能指令用编号 FNC00 ~ FNC294 表示。例如 FNC45 的助记符是 MEAN（平均），若使用简易编程器可键入 FNC45，若采用智能编程器或在计算机上编程也可键入助记符 MEAN。

图 5-1 是功能指令的梯形图形式。图中 X0 是执行该条指令的条件，其后的方框为功能框，分别含有功能指令的名称和参数，参数可以是相关数据、地址或其他数据。这种表达方式直观清楚。图中 X0 合上后，数据存储器 D0 的内容加上 123（十进制），然后送入数据寄存器 D2 中。

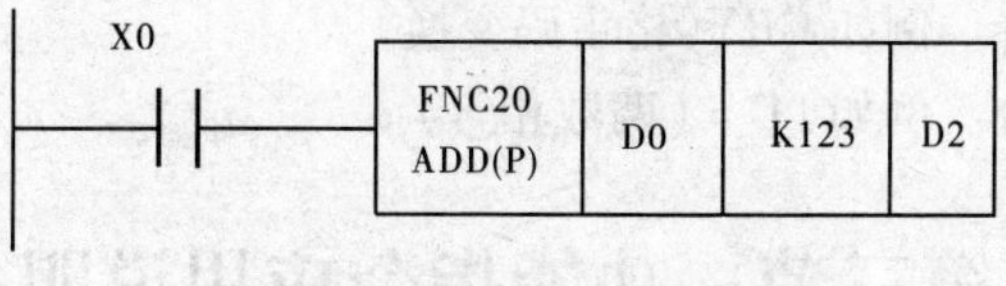

图 5-1　功能指令的梯形图形式

2　功能指令的含义

以图 5-2 为例说明功能指令的含义。

1：功能代号。如 FNC00、FNC20 等。

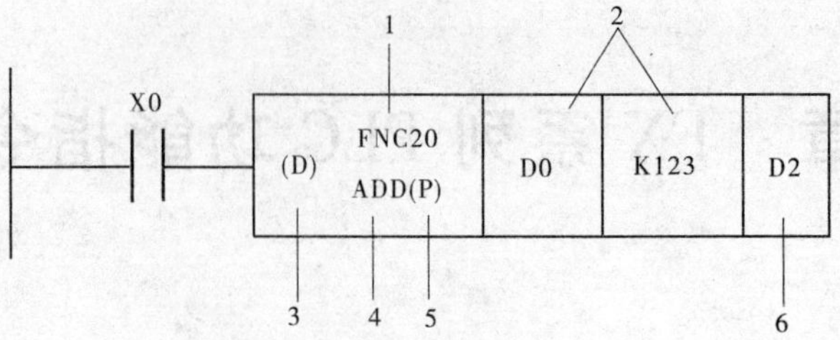

图 5-2　功能指令的含义

2:源操作数。功能指令所涉及的参数。指令执行后,源操作数的内容不改变。

3:数据长度指示。有 D 表示 32 位数据长度,无 D 表示 16 位数据长度。

4:助记符。即该条指令的英文缩写,表示其具体功能的意思。

5:脉冲/连续执行标志。有 P 表示只执行一个扫描周期,没有 P 则表示连续执行。

6:目标操作数。指令执行后,内容改变的操作数。

第二节　功能指令分类

FX 系列 PLC 的功能指令有 14 类:

(1)程序流程指令。例如 CJ(条件跳转),CALL(子程序调用)。

(2)比较与传送指令。例如 CMP(比较),ZCP(区间比较)。

(3)数据运算指令。例如 ADD(二进制加法),SUB(二进制减法)。

(4)循环移位指令。例如 ROR(循环右移),ROL(循环左移)。

(5)数据处理指令。例如 ZRST(区间复位),DECO(译码)。

(6)高速处理指令。例如 REF(输入/输出刷新)。

(7)方便指令。例如 IST(初始化),SER(数据搜索)。

(8)外部 I/O 设备指令。例如 TKY(数字键 0~9 输入)。

(9)外围设备(SER)指令。例如 RS(串行数据传送)。

(10)浮点数运算指令。例如 EADD(二进制浮点加法)。

(11)定位指令。例如 ABS(当前值读取)。

(12)时钟指令。例如 TCMP(时钟数据比较)。

(13)外围设备指令。例如 GRY(格雷码变换)。

(14)触点比较指令。例如 LD =(两数相等)。

第三节　功能指令应用说明

1　程序流程指令

1.1　条件跳转指令

条件跳转指令 CJ(P)的编号为 FNC00,操作数为指针标号 P0 ~ P127,其中 P63 为

END 所在步序,不需标记。指针标号允许用变址寄存器修改。CJ 和 CJP 都占用 3 个程序步,指针标号占 1 步。

如图 5-3 所示,当 X20 接通时,则由 CJ P9 指令跳到标号为 P9 的指令处开始执行,跳过了程序的一部分,减少了扫描周期。如果 X20 断开,跳转不会执行,则程序按原顺序执行。

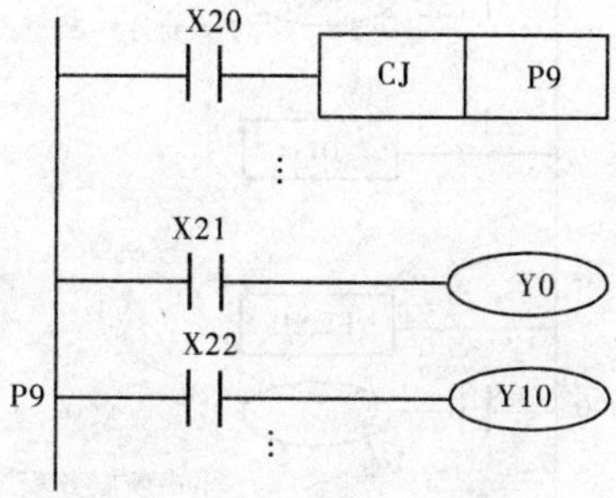

图 5-3　条件跳转指令的使用

1.2　子程序调用与子程序返回指令

子程序调用指令 CALL 的编号为 FNC01,操作数为 P0 ~ P127,此指令占用 3 个程序步。

子程序返回指令 SRET 的编号为 FNC02,无操作数,占用 1 个程序步。

如图 5-4 所示,如果 X0 接通,则转到标号 P10 处去执行子程序。当执行 SRET 指令时,返回到 CALL 指令的下一步执行。

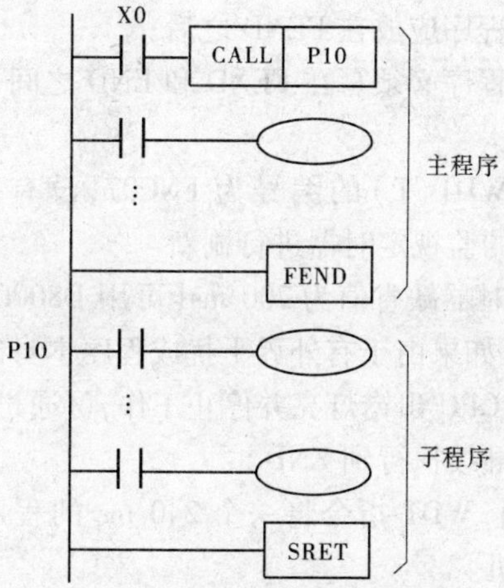

图 5-4　子程序调用与子程序返回指令的使用

1.3　与中断有关的指令

与中断有关的 3 条功能指令是:中断返回指令 IRET,编号为 FNC03;中断允许指令 EI,编号为 FNC04;中断禁止指令 DI,编号为 FNC05。它们均无操作数,占用 1 个程序步。

PLC 通常处于禁止中断状态,由 EI 和 DI 指令组成允许中断范围。在执行到该区间时,如有中断源产生中断,CPU 将暂停主程序执行转而执行中断服务程序。当遇到 IRET 时返回断点继续执行主程序。

如图 5-5 所示,允许中断范围中若中断源 X0 有一个下降沿,则转入以 I000 为标号的中断服务程序,但 X0 可否引起中断还受 M8050 控制,当 X20 有效时则 M8050 控制 X0 无法中断。

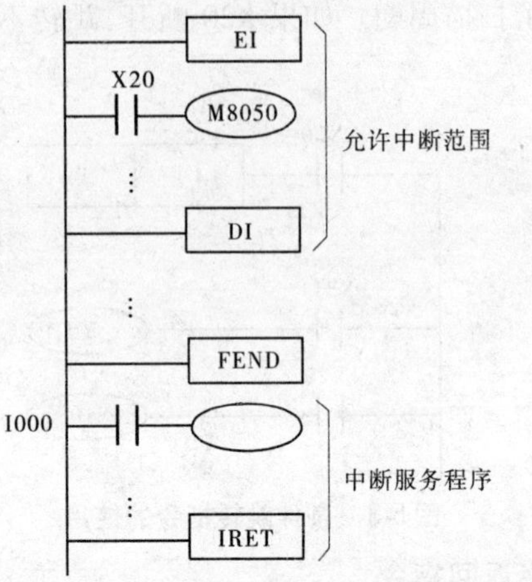

图 5-5　中断指令的使用

1.4　主程序结束指令

主程序结束指令 FEND 的编号为 FNC06,无操作数,占用 1 个程序步。FEND 表示主程序结束,当执行到 FEND 时,PLC 进行输入/输出处理,监视定时器刷新,完成后返回。

使用 FEND 指令时应注意:

(1)子程序和中断服务程序应放在 FEND 之后;

(2)子程序和中断服务程序必须写在 FEND 和 END 之间,否则出错。

1.5　监视定时器刷新指令

监视定时器刷新指令 WDT(P)的编号为 FNC07,没有操作数,占用 1 个程序步。WDT 指令的功能是对 PLC 的监视定时器进行刷新。

FX 系列 PLC 的监视定时器缺省值为 200 ms(可用 D8000 来设定),正常情况下 PLC 扫描周期小于此定时时间。如果由于有外界干扰或程序本身的原因使扫描周期大于监视定时器的设定值,使 PLC 的 CPU 出错灯亮并停止工作,可通过在适当位置加 WDT 指令复位监视定时器,以使程序能继续执行到 END。

如图 5-6 所示,利用一个 WDT 指令将一个 240 ms 的程序一分为二,使它们都小于 200 ms,则不会出现报警停机。

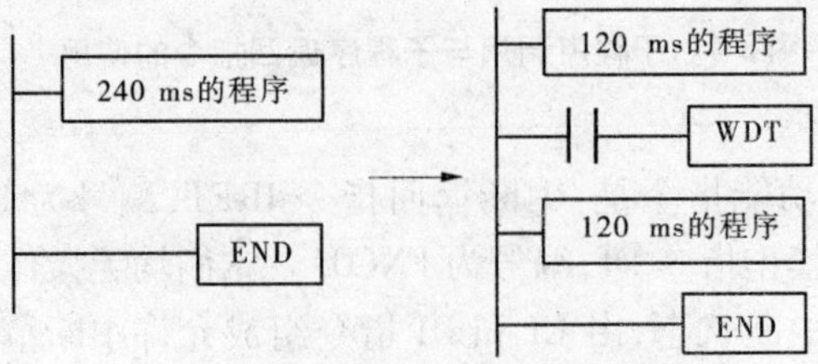

图 5-6　监控定时器指令的使用

1.6 循环指令

循环指令共有两条:循环起点指令 FOR,编号为 FNC08,占用 3 个程序步;循环结束指令 NEXT,编号为 FNC09,无操作数,占用 1 个程序步。

在程序运行时,位于 FOR ~ NEXT 间的程序反复执行 n 次(由操作数决定)后再继续执行后续程序。循环的次数 n = 1 ~ 32 767。如果 n = －32 767 ~ 0,则当作 n = 1 处理。

如图 5-7 所示为一个二重嵌套循环,外层执行 5 次。如果 D0Z0 中的数为 6,则外层 A 每执行一次内层 B 将执行 6 次。

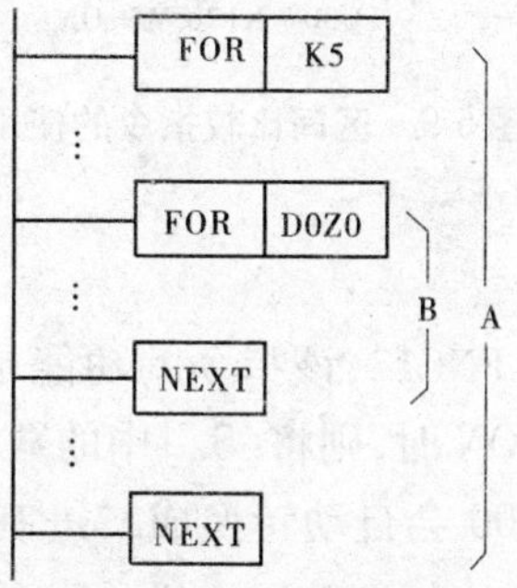

图 5-7　循环指令的使用

2　比较与传送指令

2.1　比较指令

比较指令包括 CMP(比较)和 ZCP(区间比较)两条。

2.1.1　比较指令 CMP

(D)CMP(P)指令的编号为 FNC10,是将源操作数[S1.]和源操作数[S2.]的内容进行比较,比较结果用目标元件[D.]的状态来表示。如图 5-8 所示,当 X1 为 ON 时,把常数 K100 与 C20 当前值进行比较,将比较的结果送入 M0 ~ M2 中。当 X1 为 OFF 时,指令不执行,M0 ~ M2 的状态也保持不变。

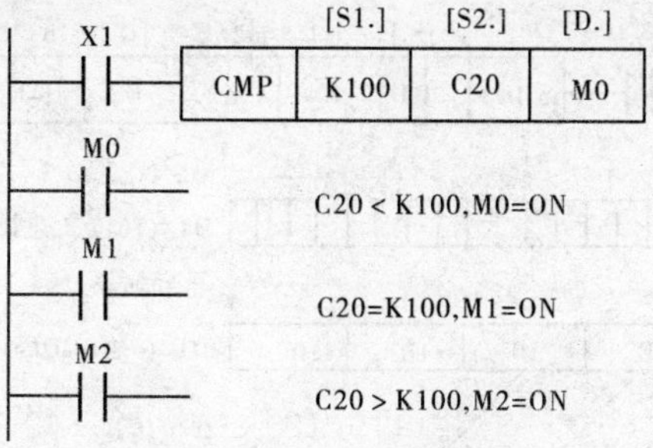

图 5-8　比较指令的使用

2.1.2　区间比较指令 ZCP

(D)ZCP(P)指令的编号为 FNC11,指令执行时将源操作数[S.]与[S1.]和[S2.]的内容进行比较,并将比较结果送到目标元件[D.]中。如图 5-9 所示,当 X0 为 ON 时,把 C30 当前值与 K100 和 K120 相比较,将结果送到 M3、M4、M5 中。当 X0 为 OFF 时,则指令不执行,M3、M4、M5 的状态保持不变。

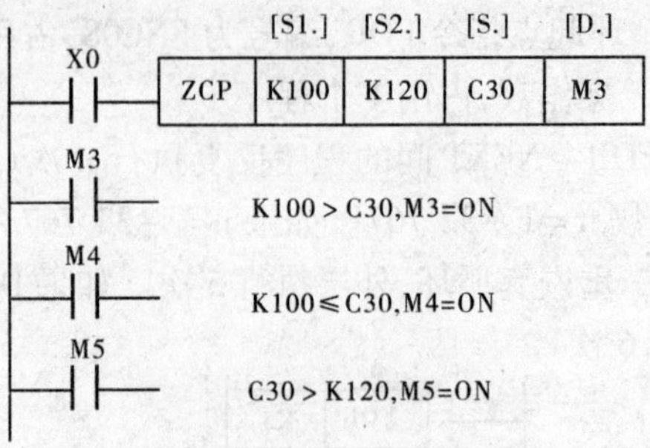

图 5-9 区间比较指令的使用

2.2 传送指令

2.2.1 传送指令 MOV

(D)MOV(P)指令的编号为 FNC12,该指令的功能是将源数据传送到指定的目标元件中。如图 5-10 所示,当 X0 为 ON 时,则将[S.]中的数据 K100 传送到目标元件[D.]即 D10 中。在指令执行时,常数 K100 会自动转换成二进制数。当 X0 为 OFF 时,则指令不执行,数据保持不变。

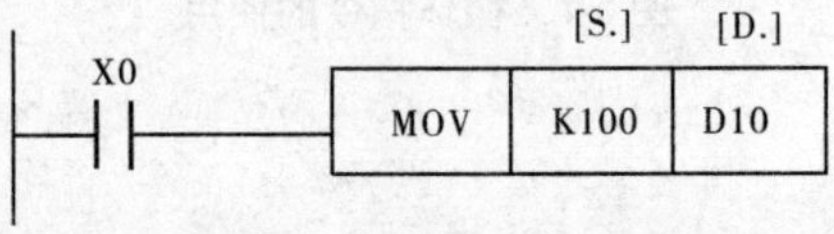

图 5-10 传送指令的使用

2.2.2 移位传送指令 SMOV

SMOV(P)指令的编号为 FNC13,该指令的功能是将源数据(二进制)自动转换成 4 位 BCD 码,再进行移位传送,传送后的目标操作数元件的 BCD 码自动转换成二进制数。如图 5-11 所示,当 X0 为 ON 时,将 D1 中右起第 4 位(m1 =4)开始的 2 位(m2 =2) BCD 码移到 D2 的右起第 3 位(n =3)和第 2 位。然后 D2 中的 BCD 码会自动转换为二进制数,而 D2 中的第 1 位和第 4 位 BCD 码不变。

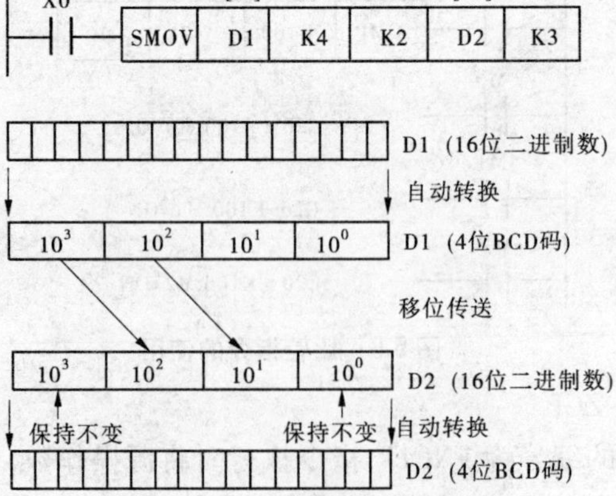

图 5-11 移位传送指令的使用

2.2.3 取反传送指令 CML

(D)CML(P)指令的编号为 FNC14,是将源操作数元件的数据逐位取反并传送到指定目标。如图 5-12 所示,当 X0 为 ON 时,执行 CML,将 D0 的低 4 位取反后传送到 Y3 ~ Y0 中。

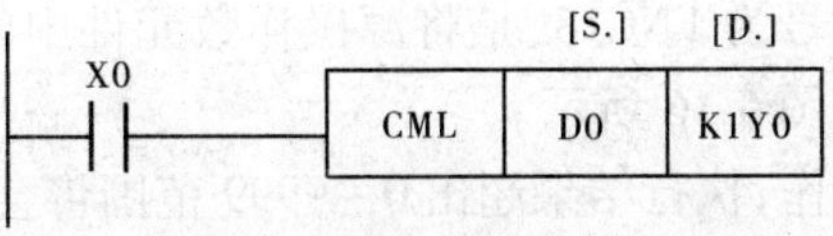

图 5-12 取反传送指令的使用

2.2.4 块传送指令 BMOV

BMOV(P)指令的编号为 FNC15,是将源操作数指定元件开始的 n 个数据组成数据块传送到指定的目标。如图 5-13 所示,传送顺序既可从高元件号开始,也可从低元件号开始,传送顺序自动决定。若用到需要指定位数的位元件,则源操作数和目标操作数的指定位数应相同。

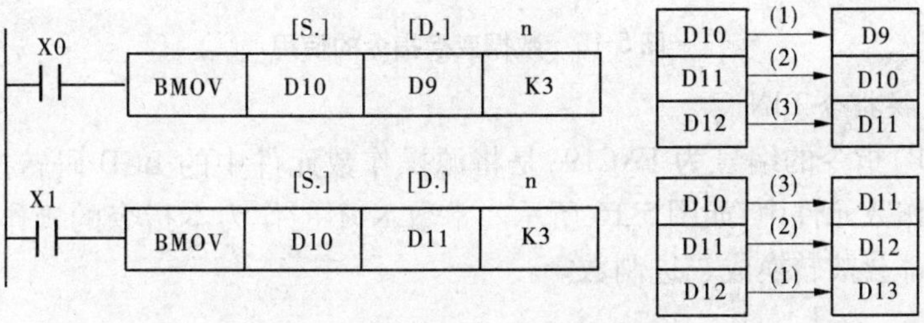

图 5-13 块传送指令的使用

2.2.5 多点传送指令 FMOV

(D)FMOV(P)指令的编号为 FNC16,它的功能是将源操作数中的数据传送到指定目标开始的 n 个元件中,传送后 n 个元件中的数据完全相同。如图 5-14 所示,当 X0 为 ON 时,把 K0 传送到 D0 ~ D9 中。

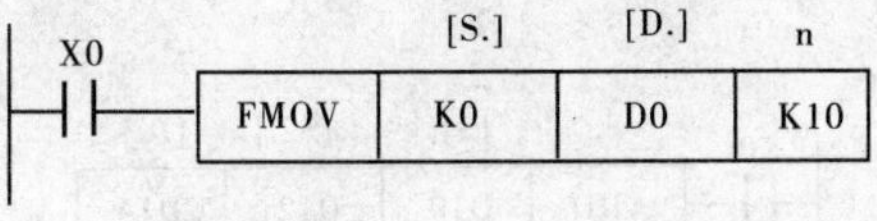

图 5-14 多点传送指令应用

2.3 数据交换指令

数据交换指令(D)XCH(P)的编号为 FNC17,是将数据在指定的目标元件之间交换。如图 5-15 所示,当 X0 为 ON 时,将 D1 和 D19 中的数据相互交换。

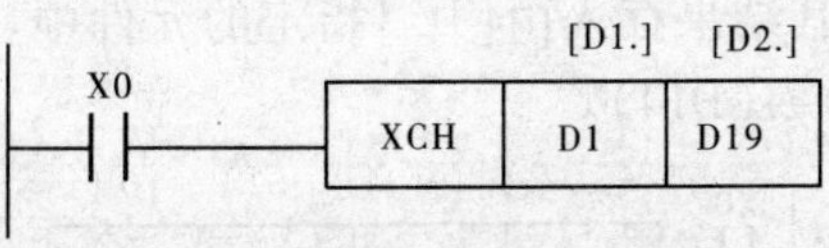

图 5-15 数据交换指令的使用

使用数据交换指令时应注意:

(1)操作数元件可取 KnY、KnM、KnS、T、C、D、V 和 Z。

(2)数据交换指令一般采用脉冲执行方式,否则在每一个扫描周期都要交换一次。

(3)16 位运算时占用 5 个程序步,32 位运算时占用 9 个程序步。

2.4 数据变换指令

2.4.1 BCD 变换指令 BCD

(D)BCD(P)指令的编号为 FNC18,是将源操作数元件中的二进制数转换成 BCD 码送到目标操作数元件中,如图 5-16 所示。

如果指令进行 16 位操作,执行结果超出 0~9999 范围将会出错;如果指令进行 32 位操作,执行结果超出 0~99999999 范围也将出错。PLC 中内部的运算为二进制运算,可用 BCD 指令将二进制数变换为 BCD 码输出到七段显示器。

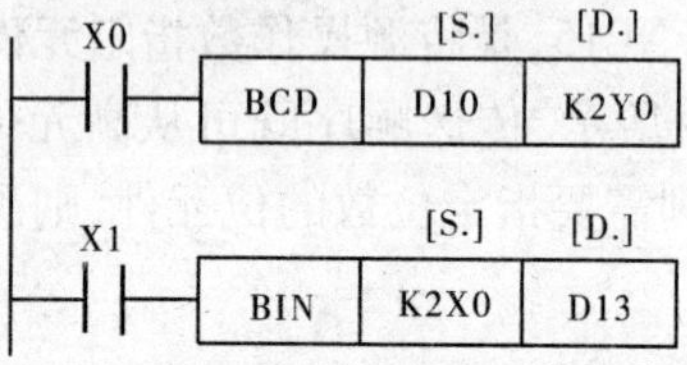

图 5-16 数据变换指令的使用

2.4.2 BIN 变换指令 BIN

(D)BIN(P)指令的编号为 FNC19,是将源操作数元件中的 BCD 码转换成二进制数据送到目标操作数元件中,如图 5-16 所示。常数 K 不能作为本指令的操作数,因为在任何处理之前它都会被转换成二进制数。

3 数据运算指令

3.1 算术运算指令

3.1.1 加法指令 ADD

(D)ADD(P)指令的编号为 FNC20,是将指定的源操作数元件中的二进制数相加,并将结果送到指定的目标操作数元件中去。如图 5-17 所示,当 X0 为 ON 时,执行(D10)+(D12)→(D14)。

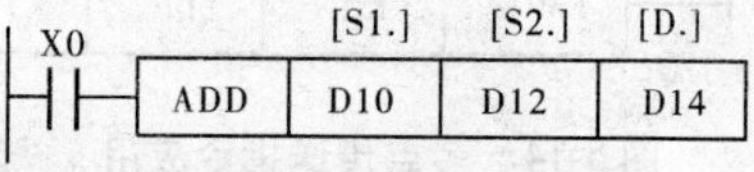

图 5-17 加法指令的使用

3.1.2 减法指令 SUB

(D)SUB(P)指令的编号为 FNC21,是将[S1.]指定元件中的内容以二进制形式减去[S2.]指定元件中的内容,其结果存入由[D.]指定的元件中。如图 5-18 所示,当 X0 为 ON 时,执行(D10)-(D12)→(D14)。

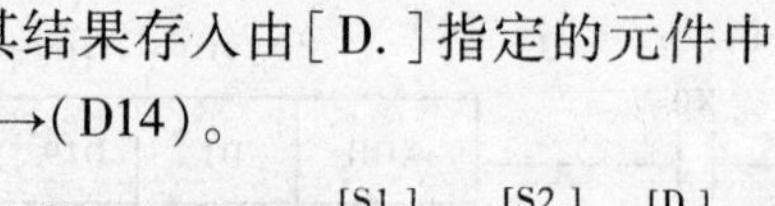

图 5-18 减法指令的使用

3.1.3 乘法指令 MUL

(D)MUL(P)指令的编号为 FNC22。数据均为有符号数。如图 5-19 所示,当 X0 为 ON 时,将二进制 16 位数[S1.]、[S2.]相乘,结果送到[D.]中。D 为 32 位,当 X0 为 ON 时,(D0)×(D2)→(D5,D4)(16 位乘法);当 X1 为 ON 时,(D1,D0)×(D3,D2)→(D7,D6,D5,D4)(32 位乘法)。

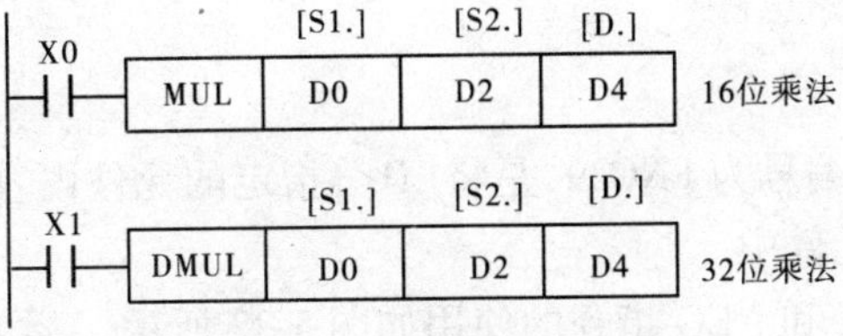

图 5-19 乘法指令的使用

3.1.4 除法指令 DIV

(D)DIV(P)指令的编号为 FNC23,是将[S1.]指定为被除数,[S2.]指定为除数,将除得的商送到[D.]指定的目标元件中,余数送到[D.]的下一个元件中。如图 5-20 所示,当 X0 为 ON 时,(D0)÷(D2)→(D4)商,(D5)余数(16 位除法);当 X1 为 ON 时,(D1,D0)÷(D3,D2)→(D5,D4)商,(D7,D6)余数(32 位除法)。

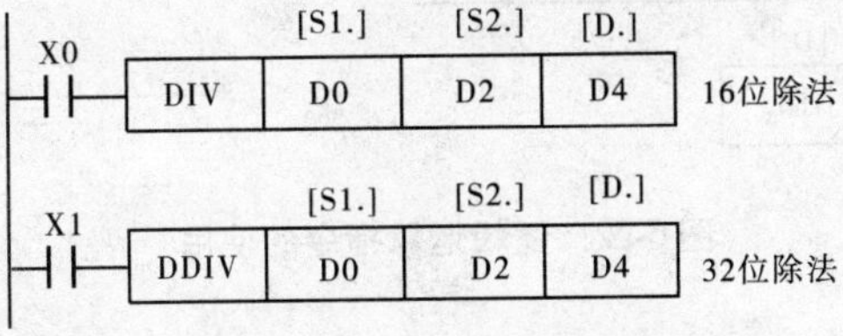

图 5-20 除法指令的使用

3.1.5 加 1 和减 1 指令

加 1 指令(D)INC(P)的编号为 FNC24;减 1 指令(D)DEC(P)的编号为 FNC25。INC 和 DEC 指令分别是当条件满足则将指定元件的内容加 1 或减 1。如图 5-21 所示,当 X0 为 ON 时,(D10)+1→(D10);当 X1 为 ON 时,(D11)-1→(D11)。若指令是连续指令,则每个扫描周期均作一次加 1 或减 1 运算。

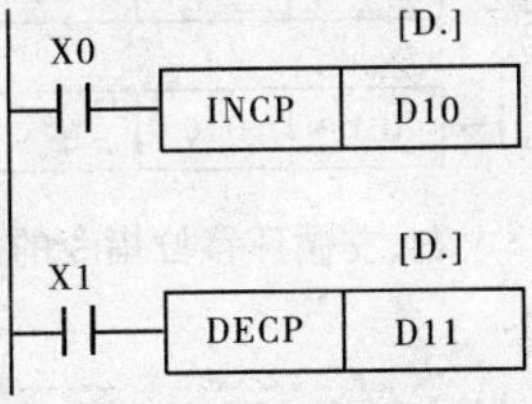

图 5-21 加 1 和减 1 指令的使用

3.2 逻辑运算指令

3.2.1 逻辑与指令 WAND

(D)WAND(P)指令的编号为 FNC26,是将两个源操作数按位进行逻辑与运算,将结果送到指定元件中。

3.2.2　逻辑或指令 WOR

(D)WOR(P)指令的编号为 FNC27,是将两个源操作数按位进行逻辑或运算,将结果送到指定元件中。

3.2.3　逻辑异或指令 WXOR

(D)WXOR(P)指令的编号为 FNC28,是将两个源操作数按位进行逻辑异或运算,将结果送到指定元件中。

3.2.4　求补指令 NEG

(D)NEG(P)指令的编号为 FNC29,是将[D.]指定的元件内容的各位先取反再加 1,将其结果再存入原来的元件中。

WAND、WOR、WXOR 和 NEG 指令的使用如图 5-22 所示。

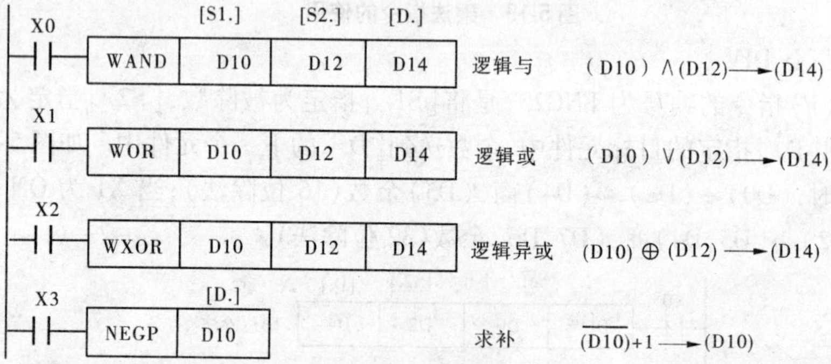

图 5-22　逻辑运算指令的使用

4　循环移位指令

4.1　右、左循环移位指令

右、左循环移位指令(D)ROR(P)和(D)ROL(P)的编号分别为 FNC30 和 FNC31。执行这两条指令时,各位数据向右(或向左)循环移动 n 位,最后一次移出来的那一位同时存入进位标志 M8022 中,如图 5-23 所示。

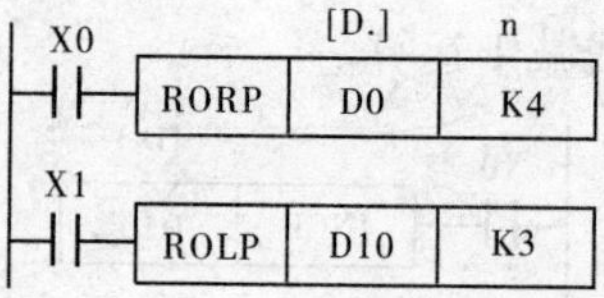

图 5-23　右、左循环移位指令的使用

4.2　带进位的左、右循环移位指令

带进位的左、右循环移位指令(D)RCR(P)和(D)RCL(P)的编号分别为 FNC32 和 FNC33。执行这两条指令时,各位数据连同进位(M8022)向右(或向左)循环移动 n 位,如图 5-24 所示。

4.3　位右移和位左移指令

位右移、位左移指令 SFTR(P)和 SFTL(P)的编号分别为 FNC34 和 FNC35。它们使位元件中的状态成组地向右(或向左)移动。n1 指定位元件的长度,n2 指定移位位数,n1 和

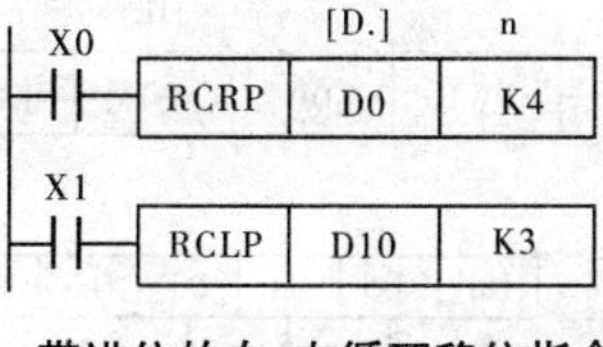

图 5-24 带进位的右、左循环移位指令的使用

n2 的关系及范围因机型不同而有差异，一般为 n2≤n1≤1 024。位右移指令使用如图 5-25所示。

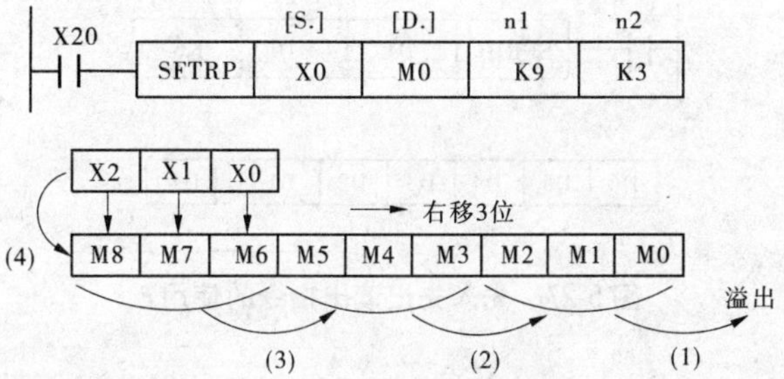

图 5-25 位右移指令的使用

4.4 字右移和字左移指令

字右移和字左移指令 WSFR(P)和 WSFL(P)的编号分别为 FNC36 和 FNC37。字右移和字左移指令以字为单位，其工作的过程与位移位指令相似，是将 n1 个字右移或左移 n2 个字。

使用字右移和字左移指令时应注意：

(1)源操作数可取 KnX、KnY、KnM、KnS、T、C 和 D，目标操作数可取 KnY、KnM、KnS、T、C 和 D。

(2)字移位指令只有 16 位操作，占用 9 个程序步。

(3)n1 和 n2 的关系为 n2≤n1≤512。

4.5 先入先出写入和读出指令

4.5.1 先入先出写入指令

先入先出写入指令 SFWR(P)的编号为 FNC38。先入先出写入指令的使用如图 5-26 所示，当 X0 由 OFF 变为 ON 时，指令执行，D0 中的数据写入 D2，而 D1 变成指针，其值为 1(D1 必须先清 0)；当 X0 再次由 OFF 变为 ON 时，D0 中的数据写入 D3，D1 变为 2，依次类推，D0 中的数据依次写入数据寄存器。D0 中的数据从右边的 D2 顺序存入，源数据写入的次数放在 D1 中，当 D1 中的数达到 n－1 后不再执行上述操作，同时进位标志 M8022 置 1。

4.5.2 先入先出读出指令

先入先出读出指令 SFRD(P) 的编号是 FNC39。先入先出读出指令的使用如图 5-27 所示，当 X0 由 OFF 变为 ON 时，D2 中的数据送到 D10，同时指针 D1 的值减 1，D3～D6 的数据向右移一个字，数据总是从 D2 读出，当指针 D1 的值为 0 时，不再执行上述操作且 M8020 置 1。

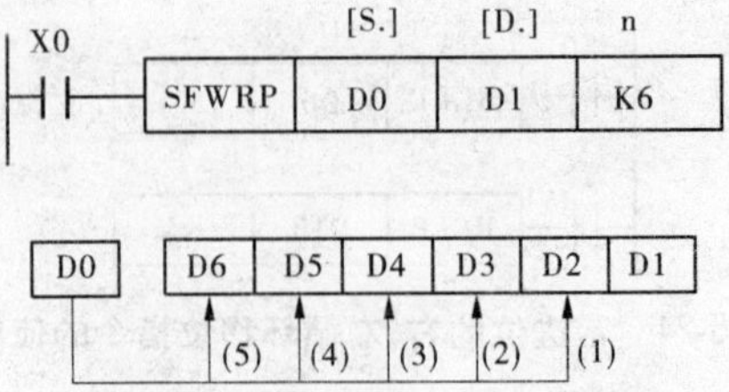

图 5-26　先入先出写入指令的使用

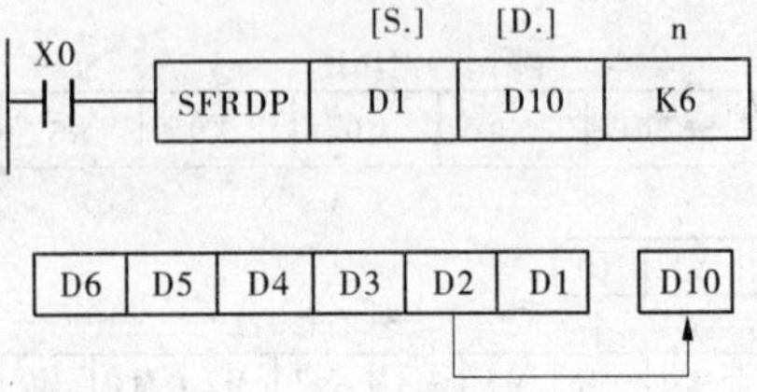

图 5-27　先入先出读出指令的使用

5　数据处理指令

5.1　区间复位指令

区间复位指令 ZRST(P)的编号为 FNC40,是将指定范围内的同类元件成批复位。如图 5-28 所示,当 X0 由 OFF 变为 ON 时,位元件 M500 ~ M599 成批复位,字元件 C235 ~ C255 也成批复位。

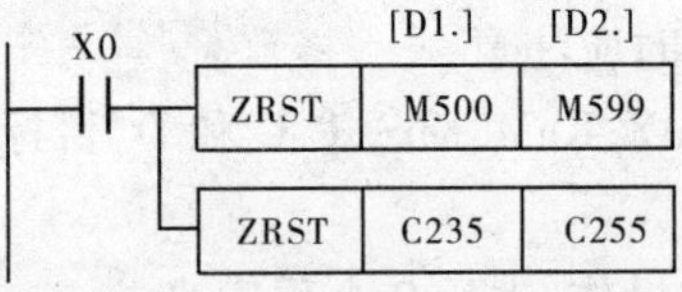

图 5-28　区间复位指令的使用

5.2　译码和编码指令

5.2.1　译码指令 DECO

DECO(P) 指令的编号为 FNC41。如图 5-29 所示,n = 3,表示源操作数[S.]为 3 位,即为 X0、X1、X2。其状态为二进制数,当值为 011 时相当于十进制数 3,则由目标操作数 M7 ~ M0 组成的 8 位二进制数的 M3 被置 1,其余各位为 0。如果为 000 则 M0 被置 1。用译码指令可通过[D.]中的数值来控制元件的 ON/OFF。

5.2.2　编码指令 ENCO

ENCO(P)指令的编号为 FNC42。如图 5-30 所示,当 X1 为 ON 时,执行编码指令,将[S.]中最高位的 1(M3)所在位数(4)放入目标元件 D10 中,即把 100 放入 D10 的低 3 位。

5.3　ON 位数统计和 ON 位判别指令

5.3.1　ON 位数统计指令 SUM

(D)SUM(P)指令的编号为 FNC43,该指令用来统计指定元件中 1 的个数。如图 5-31

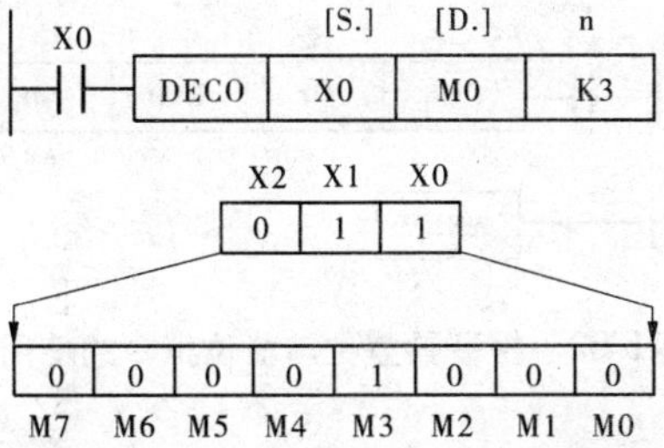

图 5-29　译码指令的使用

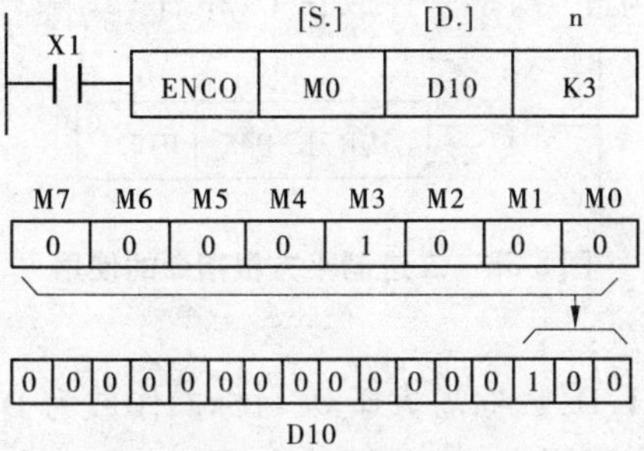

图 5-30　编码指令的使用

所示,当 X0 为 ON 时,执行 SUM 指令,将源操作数 D0 中 1 的个数送入目标操作数 D2 中,若 D0 中没有 1,则零标志 M8020 将置 1。

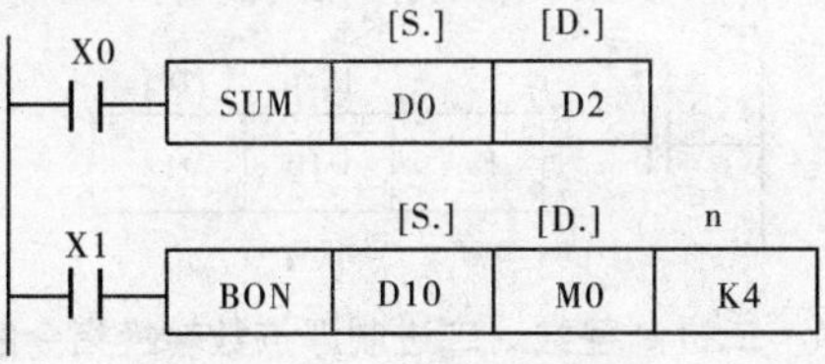

图 5-31　ON 位数统计和 ON 位判别指令的使用

5.3.2　ON 位判别指令 BON

(D)BON(P)指令的编号为 FNC44,它的功能是检测指定元件中的指定位是否为 1。如图 5-31 所示,当 X1 为 ON 时,执行 BON 指令,由 K4 决定检测的是源操作数 D10 的第 4 位,当检测结果为 1 时,则目标操作数 M0 = 1,否则 M0 = 0。

5.4　平均值指令

平均值指令(D)MEAN(P)的编号为 FNC45,其作用是将 n 个源数据的平均值送到指定目标(余数省略),若程序中指定的 n 值超出 1 ~ 64 范围将会出错。

5.5　报警器置位与复位指令

报警器置位指令 ANS(P)和报警器复位指令 ANR(P)的编号分别为 FNC46 和 FNC47。如图 5-32 所示,若 X0 和 X1 同时为 ON 且超过 1 s,则 S900 置 1;若 X0 或 X1 变为 OFF,S900 仍保持 1 不变;若在 1 s 内 X0 或 X1 再次变为 OFF,则定时器复位。当 X2 为 ON 时,则将 S900 ~ S999 之间被置 1 的报警器复位。若有多于 1 个的报警器被置 1,则元件号最低的那个报警器复位。

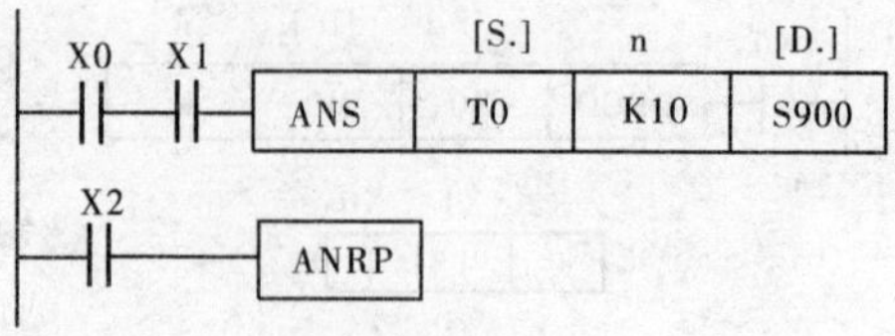

图 5-32　报警器置位与复位指令的使用

5.6　二进制平方根指令

二进制平方根指令(D)SQR(P)的编号为 FNC48。如图 5-33 所示,当 X0 为 ON 时,则将存放在 D45 中的数据开平方,结果存放在 D123 中(结果只取整数)。

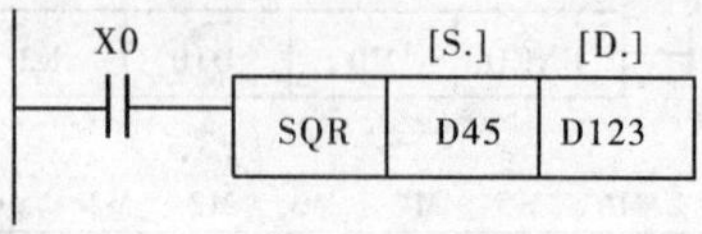

图 5-33　二进制平方根指令的使用

使用 SQR 指令时应注意:

(1)源操作数可取 K、H、D,数据需大于 0,目标操作数为 D。

(2)16 位运算占用 5 个程序步,32 位运算占用 9 个程序步。

5.7　二进制整数→二进制浮点数转换指令

二进制整数→二进制浮点数转换指令(D)FLT(P)的编号为 FNC49。如图 5-34 所示,当 X1 为 ON 时,将存入 D10 中的数据转换成浮点数并存入 D12 中。

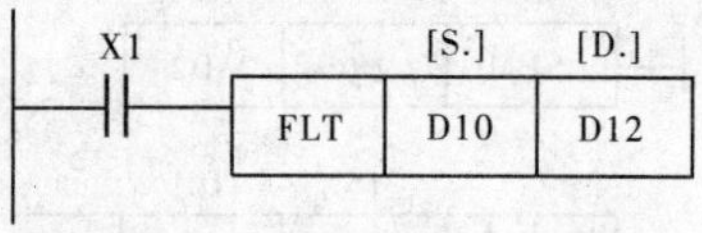

图 5-34　二进制整数→二进制浮点数转换指令的使用

使用 FLT 指令时应注意:

(1)源操作数和目标操作数均为 D。

(2)16 位运算占用 5 个程序步,32 位运算占用 9 个程序步。

6　高速处理指令

6.1　输入/输出刷新指令

输入/输出刷新指令 REF(P)指令的编号为 FNC50。FX 系列 PLC 采用集中输入/输出的方式。如果需要最新的输入信息以及希望立即输出结果,则必须使用该指令。如图 5-35所示,当 X0 为 ON 时,X10 ~ X17 共 8 点将被刷新;当 X1 为 ON 时,则 Y0 ~ Y7、Y10 ~ Y17 共 16 点将被刷新。

6.2　滤波调整指令

滤波调整指令 REFF(P)指令的编号为 FNC51。在 FX 系列 PLC 中 X0 ~ X17 使用了数字滤波器,用 REFF 指令可调节其滤波时间,范围为 0 ~ 60 ms(实际上由于输入端有 RL 滤波,所以最小滤波时间为 50 μs)。如图 5-36 所示,当 X0 为 ON 时,执行 REFF 指令,滤波时间常数被设定为 1 ms。

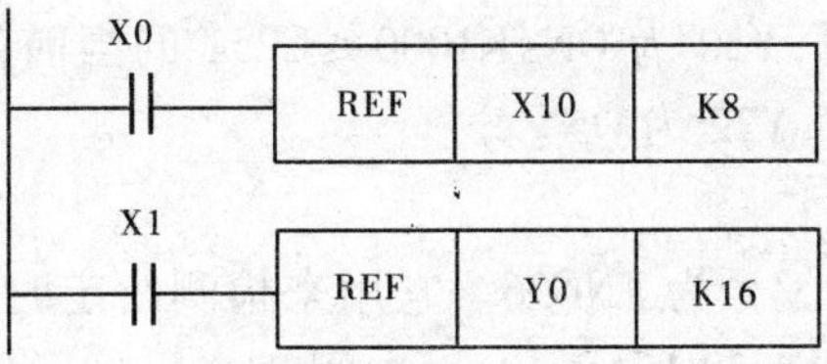

图 5-35 输入/输出刷新指令的使用

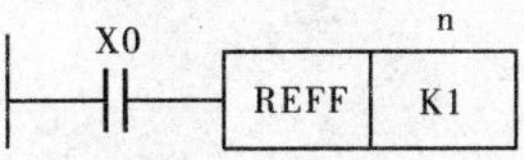

图 5-36 滤波调整指令的使用

6.3 矩阵输入指令

矩阵输入指令 MTR 指令的编号为 FNC52。利用 MTR 可以构成由连续排列的 8 点输入与 n 点输出组成的 8 列 n 行的输入矩阵。如图 5-37 所示，由[S.]指定的输入 X0 ~ X7 共 8 点与 n(n =3)点输出 Y0、Y1、Y2 组成一个输入矩阵。PLC 在运行时执行 MTR 指令，当 Y0 为 ON 时，读入第一行的输入数据，存入 M30 ~ M37 中；当 Y1 为 ON 时，读入第二行的输入数据，存入 M40 ~ M47 中。其余类推，反复执行。

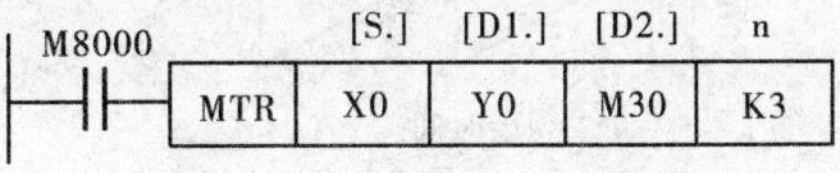

图 5-37 矩阵输入指令的使用

6.4 高速计数器指令

6.4.1 高速计数器置位指令 HSCS

(D)HSCS 指令的编号为 FNC53。它应用于高速计数器的置位，使计数器的当前值达到预置值时，计数器的输出触点立即动作。它采用中断方式使置位和输出立即执行而与扫描周期无关。如图 5-38 所示，[S1.]为设定值(100)，当高速计数器 C255 的当前值由 99 变为 100 或由 101 变为 100 时，Y0 都将立即置 1。

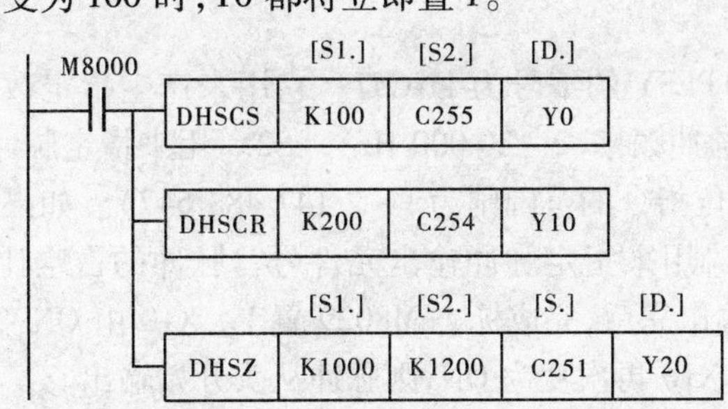

图 5-38 高速计数器指令的使用

6.4.2 高速计速器比较复位指令 HSCR

(D)HSCR 指令的编号为 FNC54。如图 5-38 所示，当 C254 的当前值由 199 变为 200 或由 201 变为 200 时，则用中断方式使 Y10 立即复位。

6.4.3 高速计速器区间比较指令 HSZ

(D)HSZ 指令的编号为 FNC55。如图 5-38 所示，目标操作数为 Y20、Y21 和 Y22，

C251 的当前值 < K1000 时, Y20 为 ON; K1000 ≤ C251 的当前值 ≤ K1200 时, Y21 为 ON; C251 的当前值 > K1200 时, Y22 为 ON。

6.5 速度检测指令

速度检测指令 SPD 的编号为 FNC56。它用来检测给定时间内从编码器输入的脉冲个数,并计算出速度。如图 5-39 所示,[D.] 占用 3 个目标元件,当 X12 为 ON 时,用 D1 对 X0 的输入上升沿计数,100 ms 后计数结果送入 D0,D1 复位,D1 重新开始对 X0 计数。D2 在计数结束后计算剩余时间。

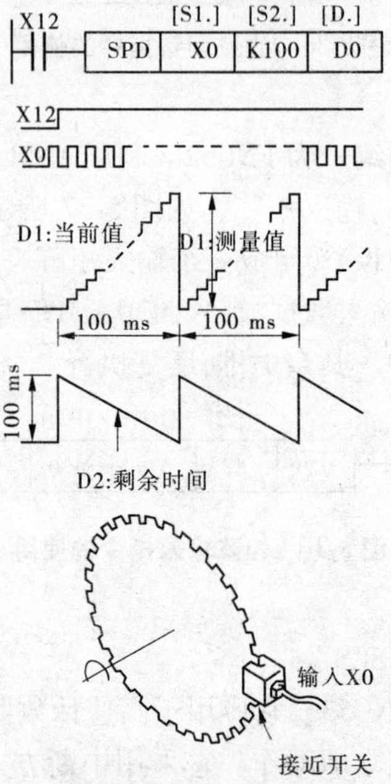

图 5-39 速度检测指令的使用

6.6 脉冲输出指令

脉冲输出指令(D)PLSY 的编号为 FNC57。它用来产生指定数量的脉冲。如图 5-40 所示,[S1.]用来指定脉冲频率(2 ~ 20 000 Hz),[S2.]用来指定脉冲的个数(16 位指令的范围为 1 ~ 32 767, 32 位指令的范围则为 1 ~ 2 147 483 647)。如果指定脉冲数为 0,则产生无穷多个脉冲。[D.]用来指定脉冲输出元件号。脉冲的占空比为 50%,脉冲以中断方式输出。指定脉冲输出完后,完成标志 M8029 置 1。X10 由 ON 变为 OFF 时,M8029 复位,停止输出脉冲。若 X10 再次变为 ON,则脉冲从头开始输出。

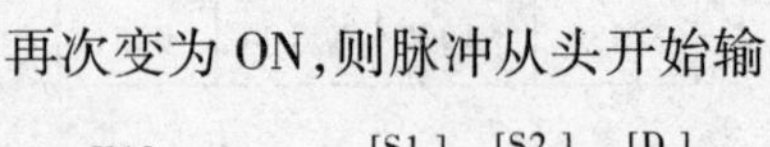

图 5-40 脉冲输出指令的使用

6.7 脉宽调制指令

脉宽调制指令 PWM 的编号为 FNC58。它用来产生指定脉冲宽度和周期的脉冲串。

如图5-41所示,[S1.]用来指定脉冲宽度,[S2.]用来指定脉冲周期,[D.]用来指定输出脉冲的元件号(Y0或Y1),输出的ON/OFF状态由中断方式控制。

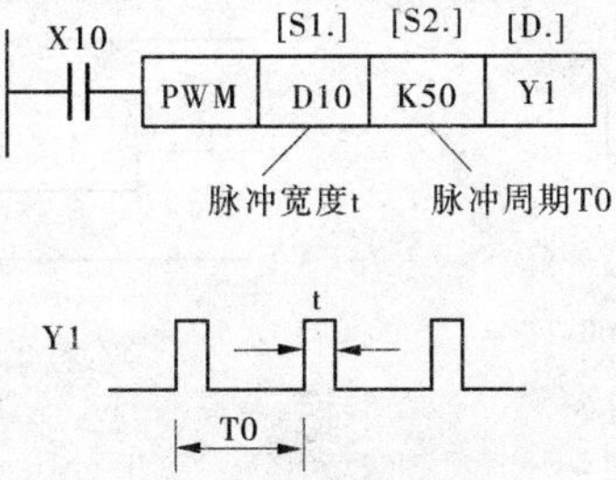

图5-41 脉宽调制指令的使用

6.8 可调速脉冲输出指令

可调速脉冲输出指令(D)PLSR的编号为FNC59。该指令可以对输出脉冲进行加速,也可进行减速调整。源操作数和目标操作数的类型与PLSY指令相同,只能用于晶体管PLC的Y0和Y1,可进行16位操作,也可进行32位操作,分别占用9个和17个程序步。该指令只能用一次。

7 方便指令(FNC60~FNC69)

FX系列PLC共有10条方便指令:初始化指令IST(FNC60)、数据搜索指令SER(FNC61)、绝对值式凸轮顺控指令ABSD(FNC62)、增量式凸轮顺控指令INCD(FNC63)、示教定时器指令TTMR(FNC64)、特殊定时器指令STMR(FNC65)、交替输出指令ALT(FNC66)、斜坡信号指令RAMP(FNC67)、旋转工作台控制指令ROTC(FNC68)和数据排序指令SORT(FNC69)。以下仅对其中部分指令加以介绍。

7.1 凸轮顺控指令

凸轮顺控指令有绝对值式凸轮顺控指令ABSD(FNC62)和增量式凸轮顺控指令INCD(FNC63)两条。

绝对值式凸轮顺控指令ABSD用来产生一组对应于计数值在0~360范围内变化的输出波形,输出点的个数由n决定。如图5-42(a)所示,n为4,表明[D.]有M0~M3共4点输出。预先通过MOV指令将对应的数据写入D300~D307中,开通点数据写入偶数元件,关断点数据放入奇数元件。当执行条件X0由OFF变为ON时,M0~M3将得到如图5-42(b)所示的波形,通过改变D300~D307的数据可改变波形。若X0为OFF,则各输出点状态不变。这一指令只能使用一次。

增量式凸轮顺控指令INCD也用来产生一组对应于计数值变化的输出波形。如图5-43所示,n=4,说明有4个输出,分别为M0~M3,它们的ON/OFF状态受凸轮提供的脉冲个数控制。使M0~M3为ON状态的脉冲个数分别存放在D300~D303中(用MOV指令写入)。图中波形是D300~D303分别为20、30、10和40时的输出。当计数器C0的当前值依次达到D300~D303的设定值时将自动复位。C1用来计复位的次数,M0~M3根据C1的值依次动作。由n指定的最后一段完成后,完成标志M8029置1,以后周期性重复。若X0为OFF,则C0、C1均复位,同时M0~M3变为OFF,当X0再次变为ON后重

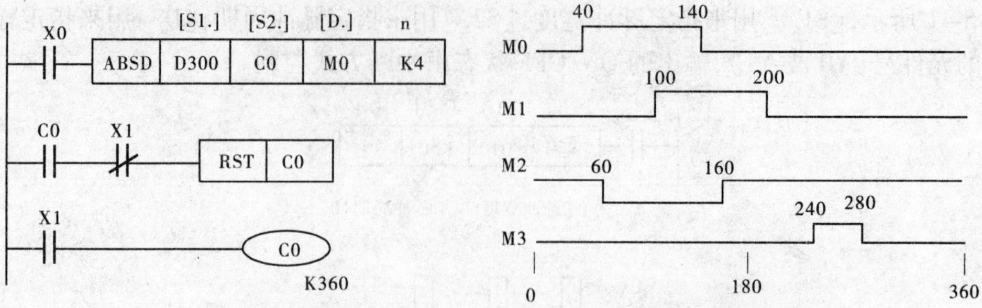

(a)绝对值式凸轮顺控指令　　　　(b)输出波形

图 5-42　绝对值式凸轮顺控指令的使用

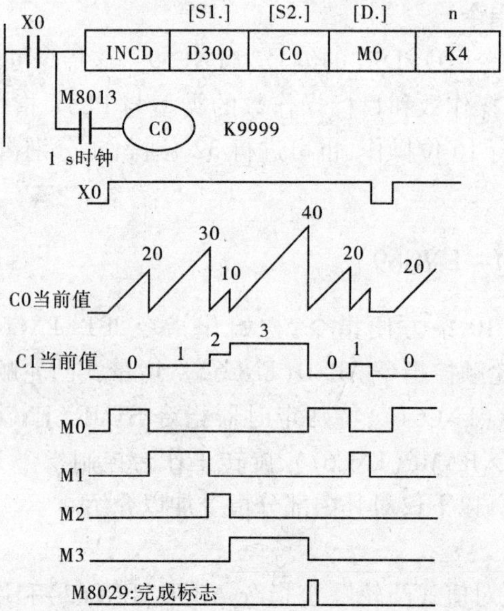

图 5-43　增量式凸轮顺控指令的使用

新开始工作。

7.2　定时器指令

定时器指令有示教定时器指令 TTMR(FNC64)和特殊定时器指令 STMR(FNC65)两条。

使用示教定时器指令 TTMR,可用一个按钮来调整定时器的设定时间。如图 5-44 所示,当 X10 为 ON 时,执行 TTMR 指令,X10 按下的时间由 D301 记录,该时间乘以 10n 后存入 D300。如按钮按下时间为 t,则存入 D300 的值为 $10^n \times t$ 。当 X10 为 OFF 时,D301 复位,D300 保持不变。TTMR 为 16 位指令,占用 5 个程序步。

特殊定时器指令 STMR 用来产生延时断开定时器、单脉冲定时器和闪动定时器。如图 5-45 所示,m = 1 ~ 32 767,用来指定定时器的设定值;源操作数[S.]取 T0 ~ T199(100 ms 定时器)。T10 的设定值为 100 ms × 100 = 10 s,M0 是延时断开定时器,M1 是单脉冲定时器,M2、M3 为闪动定时器。

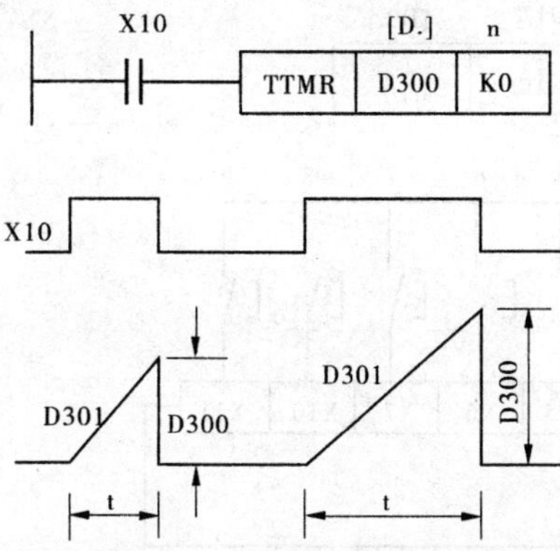

图 5-44　示教定时器指令的使用

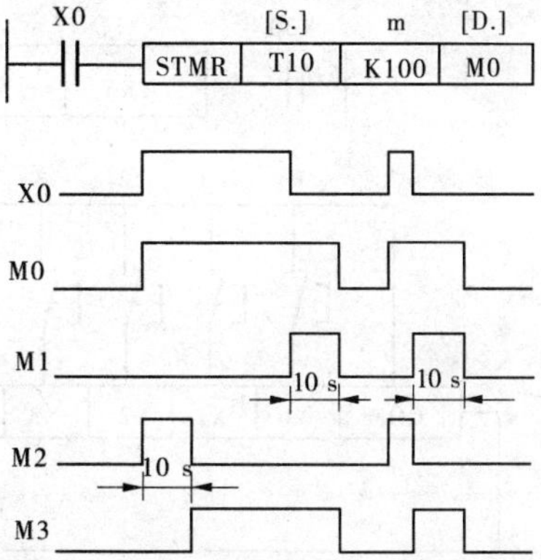

图 5-45　特殊定时器指令的使用

7.3　交替输出指令

交替输出指令 ALT(P)的编号为 FNC66,用于实现由一个按钮控制负载的启动和停止。如图 5-46 所示,当 X0 由 OFF 变为 ON 时,Y0 的状态将改变一次。若用连续的 ALT 指令,则每个扫描周期 Y0 均改变一次状态。[D.]可取 Y、M 和 S。ALT 为 16 位运算指令,占用 3 个程序步。

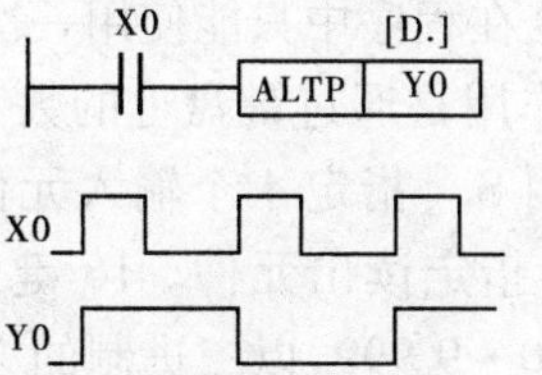

图 5-46　交替输出指令的使用

8　外部 I/O 设备指令(FNC70 ~ FNC79)

外部 I/O 设备指令是 FX 系列 PLC 与外设传递信息的指令,共有 10 条,分别是 10 键输入指令 TKY(FNC70)、16 键输入指令 HKY(FNC71)、数字开关输入指令 DSW(FNC72)、七段译码指令 SEGD(FNC73)、带锁存的七段显示指令 SEGL(FNC74)、方向开关指令 ARWS(FNC75)、ASCII 码转换指令 ASC(FNC76)、ASCII 码打印指令 PR(FNC77)、特殊功能模块读指令 FROM(FNC78)和特殊功能模块写指令 TO(FNC79)。

8.1　数据输入指令

数据输入指令有 10 键输入指令 TKY(FNC70)、16 键输入指令 HKY(FNC71)和数字开关输入指令 DSW(FNC72)。

10 键输入指令(D)TKY 的使用如图 5-47 所示。源操作数[S.]用 X0 为首元件,10 个键 X0 ~ X7、X10、X11 分别为对应数字 0 ~ 9。X30 接通时执行 TKY 指令,如果以 X2(2)、X10(8)、X3(3)、X0(0)的顺序按键,则[D1.]中存入数据为 2830,实现了将按键变成十进制的数字量。当送入的数大于 9 999 时,则高位溢出并丢失。使用 32 位指令 DTKY 时,D1 和 D2 组合使用,若高位大于 99 999 999 则高位溢出。

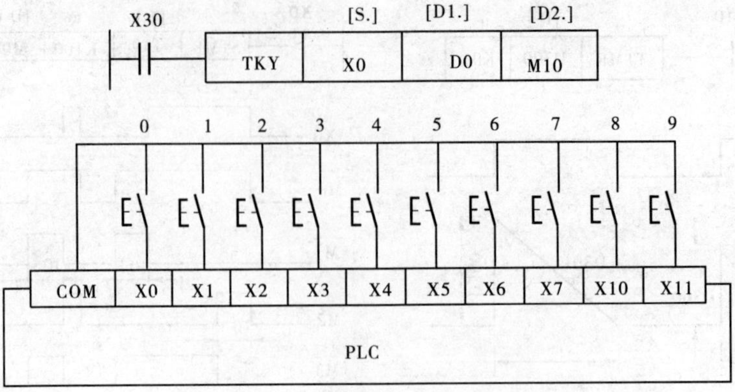

图 5-47　10 键输入指令的使用

当按下 X2 后，M12 置 1 并保持至另一键被按下，其他键也一样。M10～M19 的动作对应于 X0～X7、X10、X11。任一键被按下时，键信号置 1 直到该键被放开。当两个或更多的键被按下时，则首先被按下的键有效。X30 变为 OFF 时，D0 中的数据保持不变，但 M10～M19 全部为 OFF。此指令的源操作数可取 X、Y、M 和 S，目标操作数［D1.］可取 KnY、KnM、KnS、T、C、D、V 和 Z，［D2.］可取 Y、M、S。16 位运算时占用 7 个程序步，32 位运算时占用 13 个程序步。该指令在程序中只能使用一次。

16 键输入指令（D）HKY 的作用是通过键盘上的数字键和功能键输入的内容实现输入的复合运算。如图 5-48 所示，［S.］指定 4 个输入元件，［D1.］指定 4 个扫描输出点，［D2.］为输入的存储元件，［D3.］指定读出元件。16 键中 0～9 为数字键，A～F 为功能键，HKY 指令输入的数字范围为 0～9 999，以二进制的方式存放在 D0 中，如果大于 9999 则溢出。DHKY 指令可在 D0 和 D1 中存放最大为 99 999 999 的数据。功能键 A～F 与 M0～M5 对应，按下 A 键，M0 置 1 并保持。按下 D 键 M0 置 0，M3 置 1 并保持。其余类推。如果同时按下多个键则先按下的有效。

该指令源操作数为 X，目标操作数［D1.］为 Y，［D2.］可以取 T、C、D、V 和 Z，［D3.］可取 Y、M 和 S。16 位运算时占用 9 个程序步，32 位运算时占用 17 个程序步。扫描全部 16 键需 8 个扫描周期。HKY 指令在程序中只能使用一次。

数字开关输入指令 DSW 的功能是读入 1 组或 2 组 4 位数字开关的设置值。如图 5-49所示，源操作数［S.］为 X，用来指定输入点。目标操作数［D1.］为 Y，用来指定选通点。［D2.］指定数据存储单元，它可取 T、C、D、V 和 Z。n 指定数字开关组数。该指令只有 16 位运算，占用 9 个程序步，可使用两次。图 5-49 中，n＝1，指有 1 组数字开关。输入开关为 X10～X13，按 Y10～Y13 的顺序选通读入。数据以二进制的形式存放在 D0 中。若n＝2，则有 2 组数据开关，第二组开关接到 X14～X17 上，仍按 Y10～Y13 的顺序选通读入，数据以二进制的形式存放在 D1 中，第二组数据只有在 n＝2 时才有效。当 X1 保持为 ON 时，Y10～Y13 依次为 ON。一个周期完成后标志位 M8029 置 1。

8.2　数字译码输出指令

数字译码输出指令有七段译码指令 SEGD（FNC73）和带锁存的七段显示指令 SEGL（FNC74）两条。

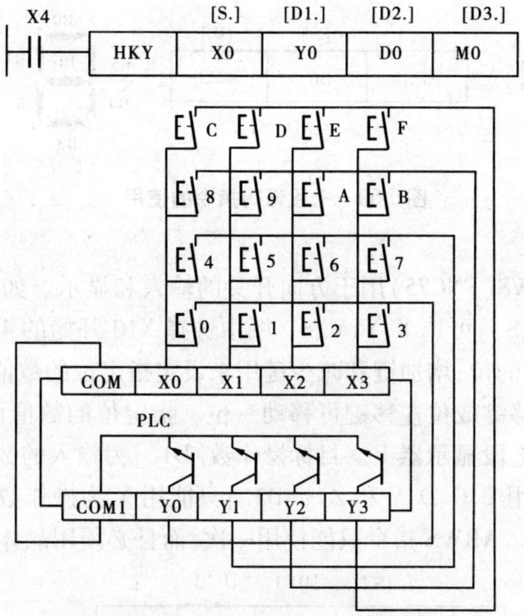

图 5-48　16 键输入指令的使用

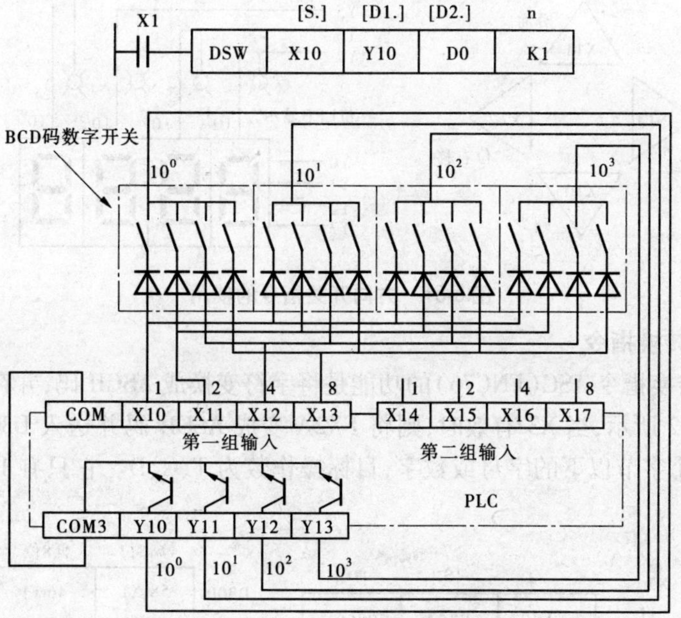

图 5-49　数字开关指令的使用

七段译码指令 SEGD 的使用如图 5-50 所示，将[S.]指定元件的低 4 位所确定的十六进制数(0 ~ F)经译码后存于[D.]指定的元件中，以驱动七段显示器，[D.]的高 8 位保持不变。如果要显示 0，则应在 D0 中放入的数据为 3FH。

带锁存的七段显示指令 SEGL 的作用是用 12 个扫描周期的时间来控制 1 组或 2 组带锁存的七段译码显示。

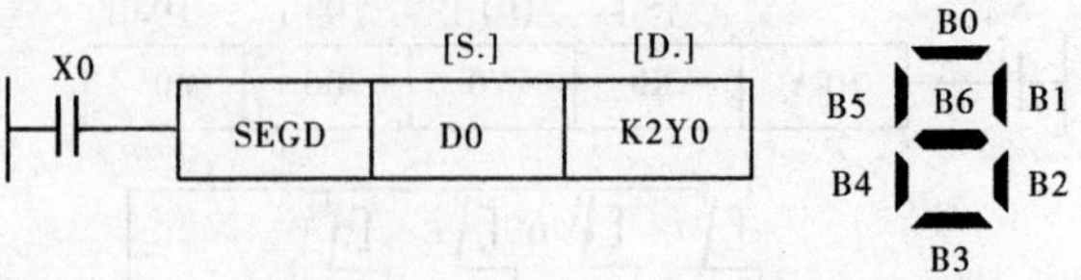

图 5-50　七段译码指令的使用

8.3　方向开关指令

方向开关指令 ARWS(FNC75)用于方向开关的输入和显示。如图 5-51 所示,该指令有 4 个参数,源操作数[S.]可选 X、Y、M、S。图中选择 X10 开始的 4 个按钮,位左移键和位右移键用来指定输入的位,增加键和减少键用来设定指定位的数值。X0 接通时指定的是最高位,按一次位右移键或位左移键可移动一位。指定位的数值可由增加键和减少键来修改,其值可显示在七段显示器上。目标操作数[D1.]为输入的数据,由七段显示器监视其中的值(操作数可用 T、C、D、V 和 Z),[D2.]只能用 Y 为操作数,n = 0 ~ 3,其确定的方法与 SEGL 指令相同。ARWS 指令只能使用一次,而且必须用晶体管输出型 PLC。

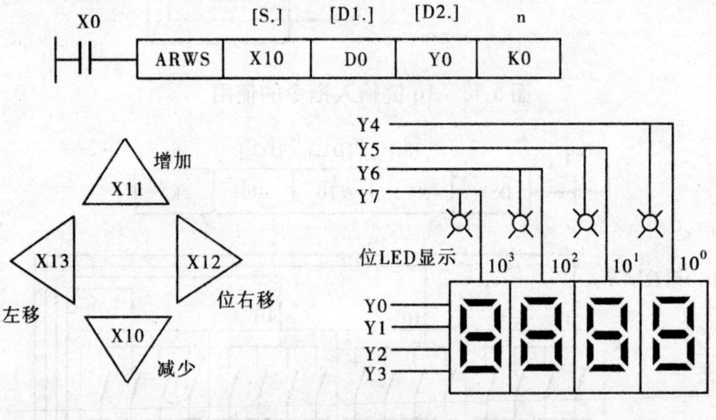

图 5-51　方向开关指令的使用

8.4　ASCII 码转换指令

ASCII 码转换指令 ASC(FNC76)的功能是将字符变换成 ASCII 码,并存放在指定的元件中。如图 5-52 所示,当 X3 有效时,则将 FX2A 变成 ASCII 码并送入 D300 和 D301 中。源操作数是 8 个字节以下的字母或数字,目标操作数为 T、C、D。它只有 16 位运算,占用 11 个程序步。

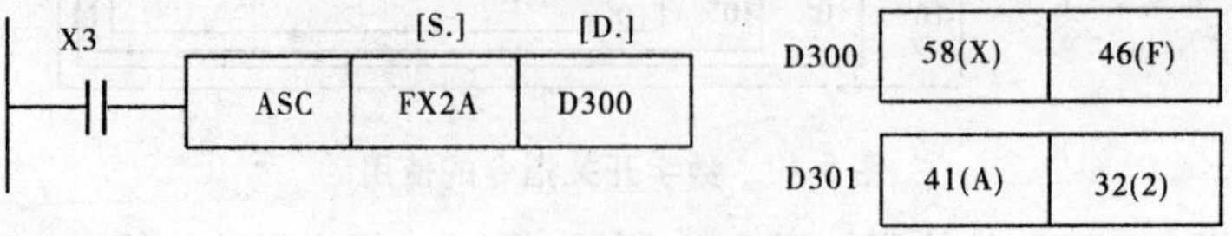

图 5-52　ASCII 码转换指令的使用

9　外围设备(SER)指令(FNC80 ~ FNC89)

外围设备(SER)指令包括串行数据传送指令 RS(FNC80)、八进制数据传送指令

PRUN(FNC81)、HEX→ASCII 转换指令 ASCI(FNC82)、ASCII→HEX 转换指令 HEX(FNC83)、校验码指令 CCD(FNC84)、模拟量输入指令 VRRD(FNC85)、模拟量开关设定指令 VRSC(FNC86)和 PID 运算指令 PID(FNC88)8 条指令。FNC87、FNC89 未定义,为以后扩展使用。

9.1 八进制数据传送指令

八进制数据传送指令(D)PRUN(P)(FNC81)用于八进制数的传送。如图 5-53 所示,当 X10 为 ON 时,将 X0 ~ X17 的内容送至 M0 ~ M7 和 M10 ~ M17(因为 X 为八进制,故 M8 和 M9 的内容不变)。当 X11 为 ON 时,则将 M0 ~ M7 的内容送至 Y0 ~ Y7,M10 ~ M17 的内容送至 Y10 ~ Y17。源操作数可取 KnX、KnM,目标操作数取 KnY、KnM,n = 1 ~ 8,16 位和 32 位运算分别占用 5 个和 9 个程序步。

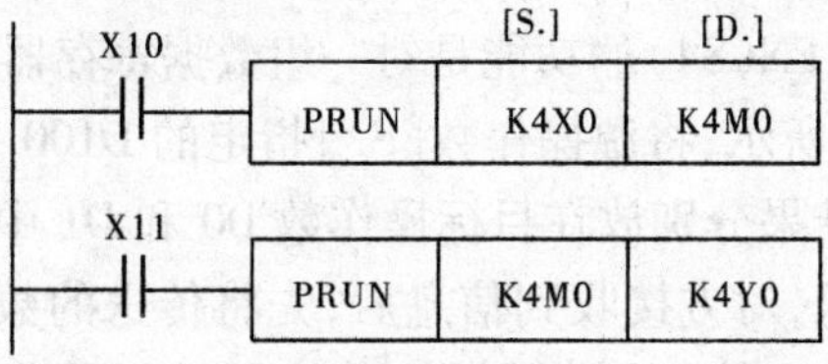

图 5-53 八进制数据传送指令的使用

9.2 十六进制数与 ASCII 码转换指令

十六进制数与 ASCII 码转换指令有 HEX→ASCII 转换指令 ASCI(FNC82)、ASCII→HEX 转换指令 HEX(FNC83)两条指令。

HEX→ASCII 转换指令 ASCI(P)的功能是将源操作数[S.]中的内容(十六进制数)转换成 ASCII 码放入目标操作数[D.]中。如图 5-54 所示,n 表示要转换的字符数(n = 1 ~ 256)。M8161 控制采用 16 位模式还是 8 位模式。采用 16 位模式时每 4 个十六进制数占用 1 个数据寄存器,转换后每两个 ASCII 码占用 1 个数据寄存器;采用 8 位模式时,转换结果的低 8 位传送到[D.],其高 8 位为 0。PLC 运行时 M8000 为 ON,M8161 为 OFF,此时为 16 位模式。当 X10 为 ON 时则执行 ASCI 指令。如果放在 D100 中的 4 个字符为 0ABC,则执行后将其转换为 ASCII 码送入 D200 和 D201 中,D200 高位放 A 的 ASCII 码 41H,低位放 0 的 ASCII 码 30H,D201 则放 BC 的 ASCII 码,C 放在高位。该指令的源操作数可取所有数据类型,目标操作数可取 KnY、KnM、KnS、T、C 和 D。该指令只有 16 位运算,占用 7 个程序步。

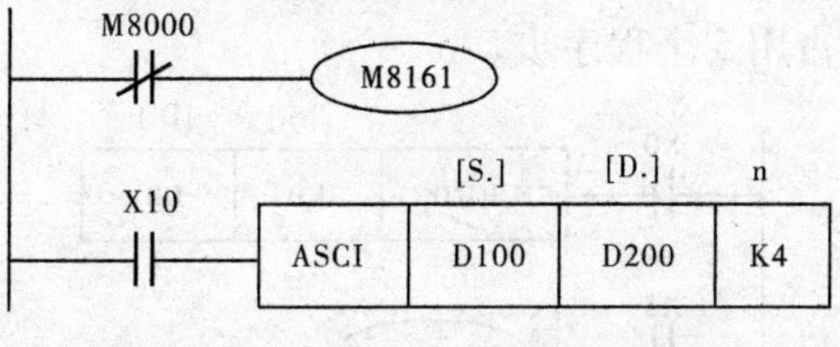

图 5-54 HEX→ASCII 转换指令的使用

ASCII→HEX 转换指令 HEX(P)的功能与 ASCI 指令相反,是将 ASCII 码表示的信息转换成十六进制的信息。如图 5-55 所示,将源操作数 D200 ~ D203 中放的 ASCII 码转换成十六进制放入目标操作数 D100 和 D101 中。该指令只有 16 位运算，占用 7 个程序步。源操作数为 K、H、KnX、KnY、KnM、KnS、T、C 和 D，目标操作数为 KnY、KnM、KnS、T、C、D、V 和 Z。

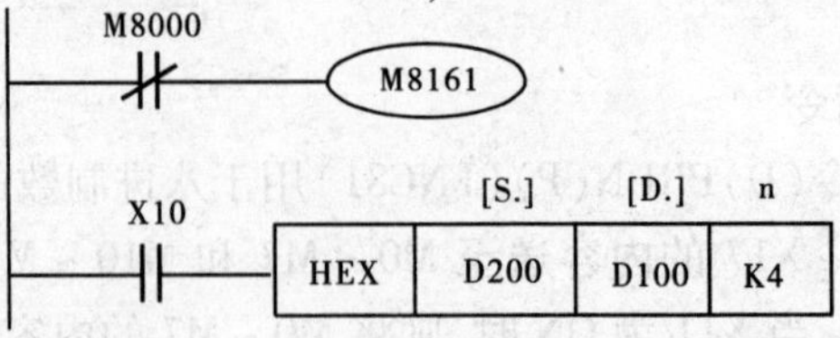

图 5-55　ASCII→HEX 转换指令的使用

9.3　校验码指令

校验码指令 CCD(P)(FNC84)的功能是对一组数据寄存器中的十六进制数进行总校验和奇偶校验。如图 5-56 所示，将源操作数[S.]指定的 D100 ~ D102 共 6 个字节的 8 位二进制数求和并“异或”，结果分别放在目标操作数 D0 和 D1 中。在通信过程中可将数据求和、“异或”结果随同发送，对方接收到信息后，先将传送的数据求和并“异或”，再与收到的数据和及“异或”结果比较，以此判断传送信号的正确与否。源操作数可取 KnX、KnY、KnM、KnS、T、C 和 D，目标操作数可取 KnM、KnS、T、C 和 D，n 可用 K、H 或 D，n = 1 ~ 256。该指令为 16 位运算，占用 7 个程序步。

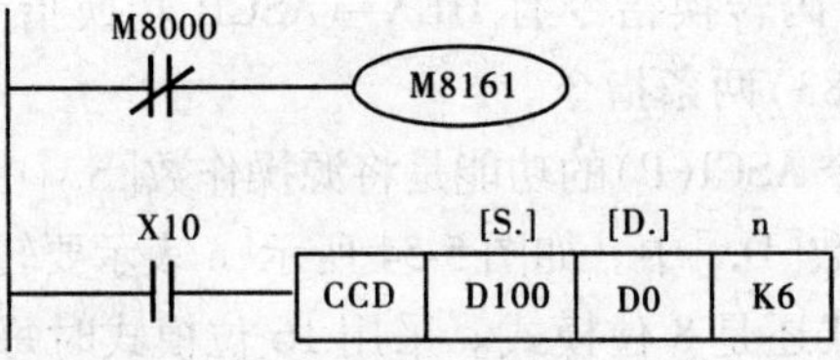

图 5-56　校验码指令的使用

以上 PRUN、ASCI、HEX、CCD 指令常应用于串行通信中，配合 RS 指令。

9.4　模拟量输入指令

模拟量输入指令 VRRD(P)(FNC85)用来对 FX_{2N} - 8AV - BD 模拟量功能扩展板中的电位器数值进行读操作。如图 5-57 所示，当 X0 为 ON 时，读出 FX_{2N} - 8AV - BD 中 0 号模拟量的值(由 K0 决定)，将其送入 D0 作为 T0 的设定值。源操作数可取 K、H，用来指定模拟量口的编号，取值范围为 0 ~ 7；目标操作数可取 KnY、KnM、KnS、T、C、D、V 和 Z。该指令只有 16 位运算，占用 5 个程序步。

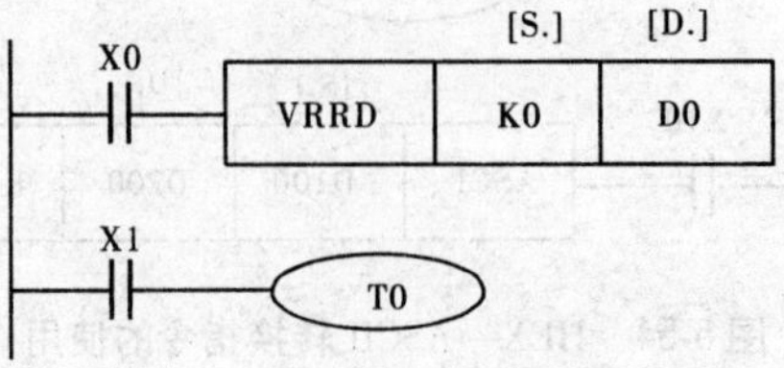

图 5-57　模拟量输入指令的使用

9.5 模拟量开关设定指令

模拟量开关设定指令 VRSC(P)(FNC86)的作用是将 FX－8AV 中电位器读出的数值四舍五入整量化后以 0～10 的整数值存放在目标操作数中。它的源操作数[S.]可取 K 和 H,用来指定模拟量口的编号,取值范围为 0～7;目标操作数[D.]的类型与 VRRD 指令相同。该指令为 16 位运算,占用 9 个程序步。

10 浮点数运算指令

浮点数运算指令包括浮点数的比较、四则运算、开方运算和三角函数运算等功能。它们分布在指令编号 FNC110～FNC119、FNC120～FNC129、FNC130～FNC139 之中。

10.1 二进制浮点数比较指令(FNC110)

ECMP(P)指令的使用如图 5-58 所示,将两个源操作数进行比较,比较结果反映在目标操作数中。如果操作数为常数,则自动转换成二进制浮点数处理。该指令的源操作数可取 K、H 和 D,目标操作数可用 Y、M 和 S。该指令为 32 位运算指令,占用 17 个程序步。

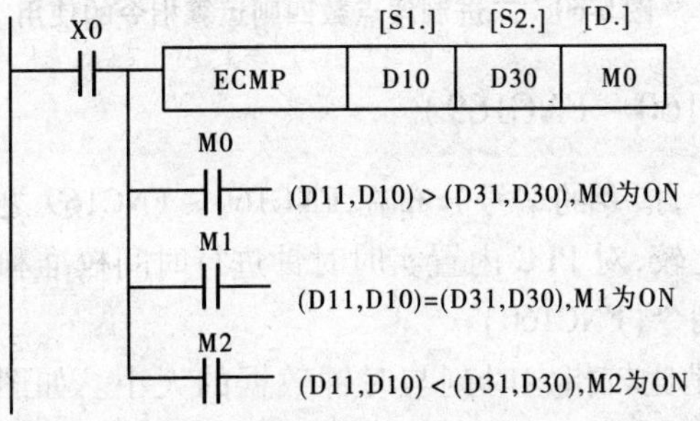

图 5-58 二进制浮点数比较指令的使用

10.2 二进制浮点数区间比较指令(FNC111)

EZCP(P)指令的功能是将源操作数的内容与用二进制浮点数指定的上下两点的范围进行比较,对应的结果用 ON/OFF 反映在目标操作数上,如图 5-59 所示。

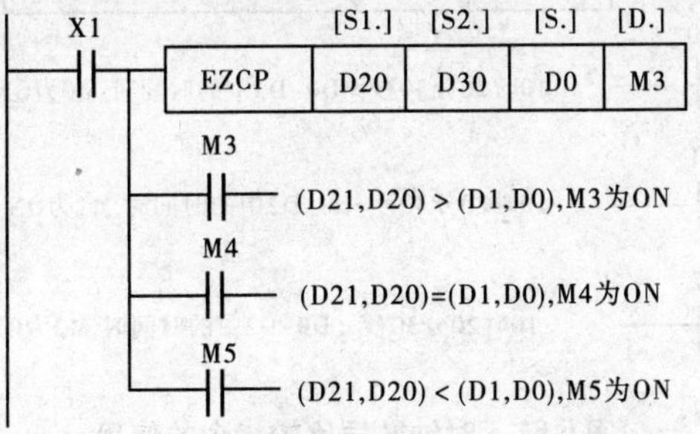

图 5-59 二进制浮点数区间比较指令的使用

10.3 二进制浮点数四则运算指令

二进制浮点数四则运算指令包括加法指令 EADD(FNC120)、减法指令 ESUB(FNC121)、乘法指令 EMUL(FNC122)和除法指令 EDIV(FNC123)4 条指令。二进制浮点数四则运算指令的使用如图 5-60 所示,它们都是将两个源操作数中的浮点数进行运算后送入目标操作数。当除数为0时出现运算错误,不执行指令。此类指令只有32位运算,占用13个程序步。运算结果影响标志位M8020(零标志)、M8021(借位标志)、M8022(进位标志)。源操作数可取K、H和D,目标操作数为D。如有常数参与运算则自动转化为浮点数。

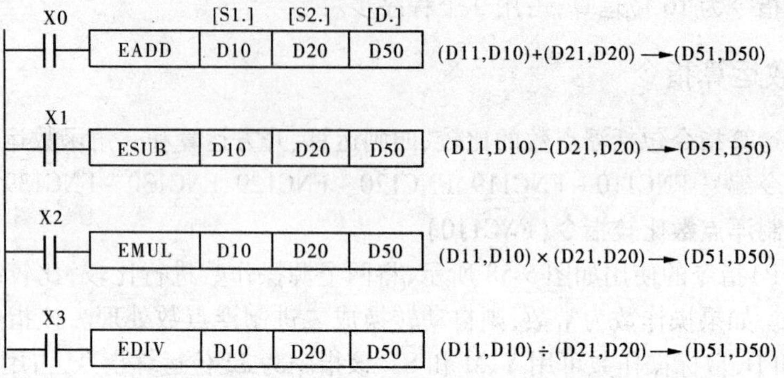

图5-60 二进制浮点数四则运算指令的使用

11 时钟指令(FNC160~FNC169)

共有7条时钟指令,指令的编号分布在FNC160~FNC169之间。时钟运算指令是对时钟数据进行运算和比较,对PLC内置实时时钟进行时间校准和时钟数据格式化操作。

11.1 时钟数据比较指令(FNC160)

TCMP(P)的功能是比较指定时刻与时钟数据的大小。如图5-61所示,将源操作数[S1.]、[S2.]、[S3.]中的时间与[S.]起始的3个单元的时间数据比较,根据它们的比较结果决定目标操作数[D.]中起始的3个单元取ON或OFF的状态。该指令只有16位运算,占用11个程序步。它的源操作数可取T、C和D,目标操作数可以是Y、M和S。

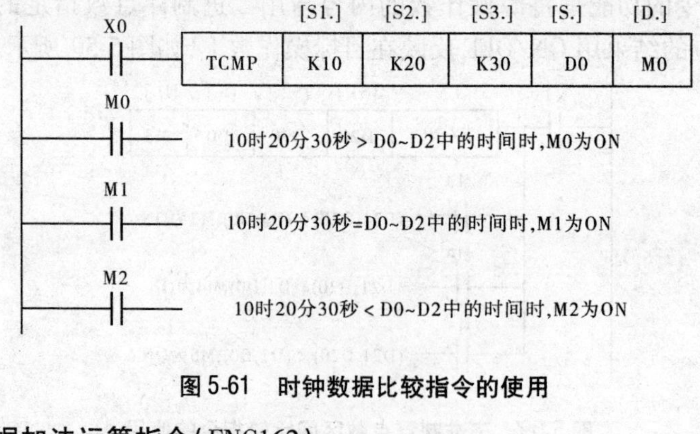

图5-61 时钟数据比较指令的使用

11.2 时钟数据加法运算指令(FNC162)

TADD(P)指令的功能是将两个源操作数的内容相加,结果送入目标操作数。源操作数和目标操作数均可取T、C和D。TADD为16位运算,占用7个程序步。如图5-62所示,将[S1.]指定的D10~D12和[S2.]指定的D20~D22中所放的时、分、秒相加,把结果送入[D.]指定的D30~D32中。当运算结果超过24 h时,进位标志位变为ON,将进行加法运算的结果减去 24 h 后作为结果进行保存。

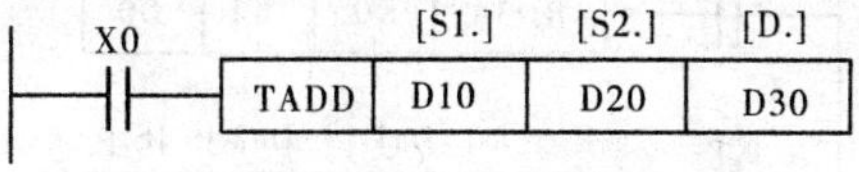

图 5-62 时钟数据加法运算指令的使用

11.3 时钟数据读取指令(FNC166)

TRD(P)指令的功能是读出内置实时时钟的数据放入由[D.]开始的 7 个字内。如图 5-63所示,当 X1 为 ON 时,将实时时钟(它们以年、月、日、时、分、秒、星期的顺序存放在特殊辅助寄存器 D8013 ~ D8019 之中)传送到 D10 ~ D16 之中。[D.]可取 T、C 和 D。TRD(P)指令为 16 位运算,占用 7 个程序步。

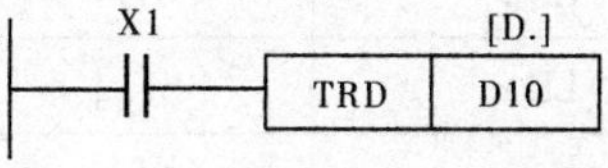

图 5-63 时钟数据读取指令的使用

12 外围设备指令

12.1 格雷码转换和逆转换指令

这类指令有 2 条:GRY (FNC170)和 GBIN (FNC171),常用于处理光电码盘、编码器的数据。(D)GRY(P)指令的功能是将二进制数转换为格雷码,(D)GBIN(P)指令则是 GRY 的逆变换。如图 5-64 所示,GRY 指令是将源操作数[S.]中的二进制数变成格雷码放入目标操作数[D.]中,而 GBIN 指令与其相反。它们的源操作数可取任意数据格式,目标操作数为 KnY、KnM、KnS、T、C、D、V 和 Z。、16 位操作时占用 5 个程序步,32 位操作时占用 9 个程序步。

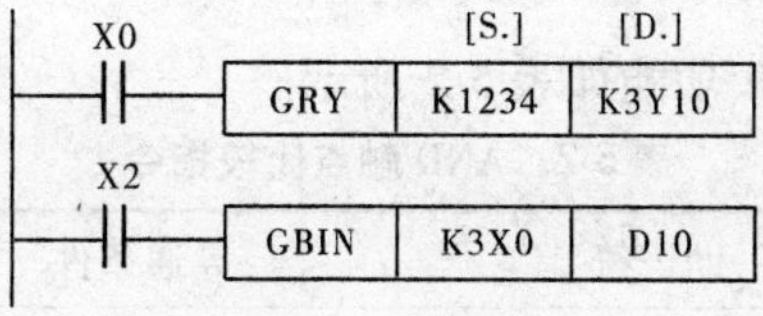

图 5-64 格雷码转换和逆转换指令的使用

12.2 模拟量模块读写指令

这类指令有 2 条:RD3A (FNC176)和 WR3A (FNC177),其功能是对 FX_{0N} -3A 模拟量模块输入值进行读取和对模块写入数字值。如图 5-65 所示,[m1.]为特殊模块号 K0 ~ K7,[m2.]为模拟量输入通道 K1 或 K2,[D.]为保存或读取的数据,[S.]为指定写入模拟量模块的数字值。指令均为 16 位操作,占用 7 个程序步。

13 触点比较指令(FNC224 ~ FNC246)

13.1 LD 触点比较指令

该类指令的代码、助记符、功能如表 5-1 所示。

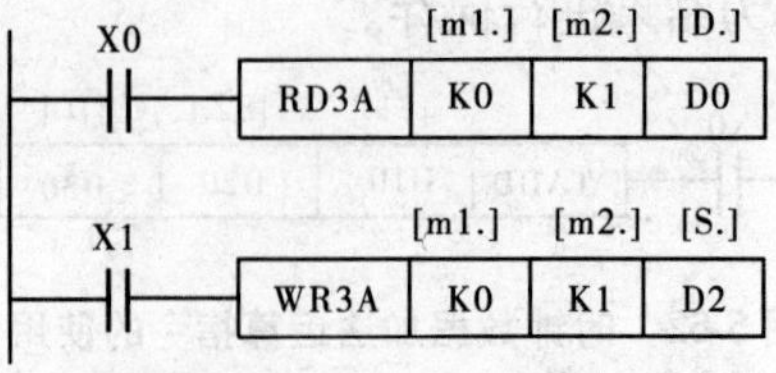

图 5-65　模拟量模块读写指令的使用

表 5-1　LD 触点比较指令

功能指令代码	助记符	导通条件	非导通条件
FNC224	(D)LD =	[S1.] = [S2.]	[S1.] ≠ [S2.]
FNC225	(D)LD >	[S1.] > [S2.]	[S1.] ≤ [S2.]
FNC226	(D)LD <	[S1.] < [S2.]	[S1.] ≥ [S2.]
FNC228	(D)LD < >	[S1.] ≠ [S2.]	[S1.] = [S2.]
FNC229	(D)LD≤	[S1.] ≤ [S2.]	[S1.] > [S2.]
FNC230	(D)LD≥	[S1.] ≥ [S2.]	[S1.] < [S2.]

如图 5-66 所示为 LD = 指令的使用，当计数器 C10 的当前值为 200 时驱动 Y10。其他 LD 触点比较指令不在此一一说明。

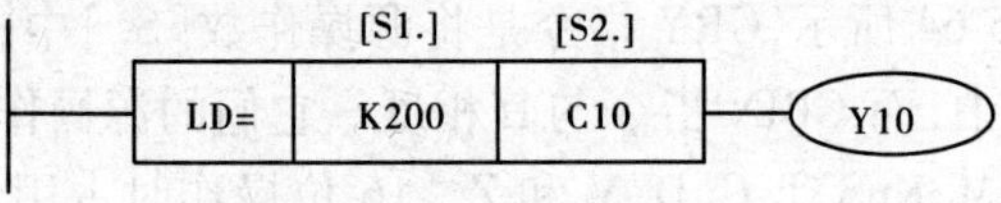

图 5-66　LD = 指令的使用

13.2　AND 触点比较指令

该类指令的代码、助记符、功能如表 5-2 所示。

表 5-2　AND 触点比较指令

功能指令代码	助记符	导通条件	非导通条件
FNC232	(D)AND =	[S1.] = [S2.]	[S1.] ≠ [S2.]
FNC233	(D)AND >	[S1.] > [S2.]	[S1.] ≤ [S2.]
FNC234	(D)AND <	[S1.] < [S2.]	[S1.] ≥ [S2.]
FNC236	(D)AND < >	[S1.] ≠ [S2.]	[S1.] = [S2.]
FNC237	(D)AND≤	[S1.] ≤ [S2.]	[S1.] > [S2.]
FNC238	(D)AND≥	[S1.] ≥ [S2.]	[S1.] < [S2.]

如图 5-67 所示为 AND = 指令的使用，当 X0 为 ON 且计数器 C10 的当前值为 200 时，驱动 Y10。

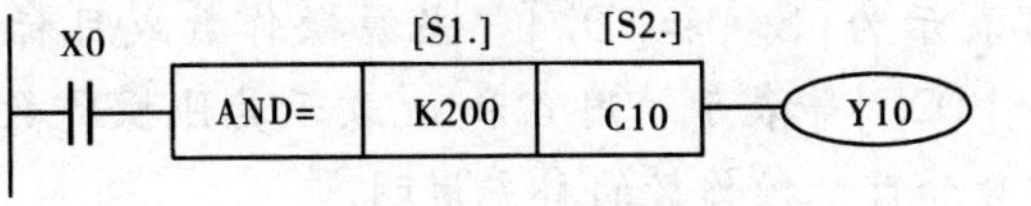

图 5-67　AND = 指令的使用

13.3　OR 触点比较指令

该类指令的代码、助记符、功能列于表 5-3 中。

表 5-3　OR 触点比较指令

功能指令代码	助记符	导通条件	非导通条件
FNC240	(D)OR =	[S1.] = [S2.]	[S1.] ≠ [S2.]
FNC241	(D)OR >	[S1.] > [S2.]	[S1.] ≤ [S2.]
FNC242	(D)OR <	[S1.] < [S2.]	[S1.] ≥ [S2.]
FNC244	(D)OR < >	[S1.] ≠ [S2.]	[S1.] = [S2.]
FNC245	(D)OR≤	[S1.] ≤ [S2.]	[S1.] > [S2.]
FNC246	(D)OR≥	[S1.] ≥ [S2.]	[S1.] < [S2.]

OR = 指令的使用如图 5-68 所示，当 X1 处于 ON 或计数器 C10 的当前值为 200 时驱动 Y0。

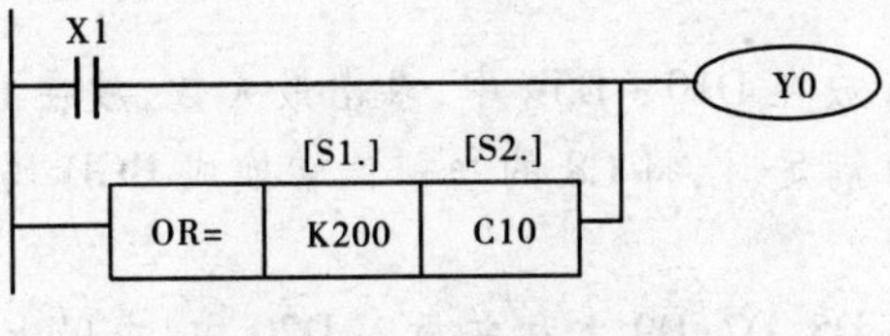

图 5-68　OR = 指令的使用

触点比较指令的源操作数可取任意数据格式。16 位运算时占用 5 个程序步，32 位运算时占用 9 个程序步。

14　FX 系列 PLC 其他功能指令

FX 系列 PLC 其他功能指令见附表 2，在此不再详述。

本章小结

本章介绍了 FX 系列 PLC 功能指令的格式、操作数类型、功能和使用方法。功能指令在工程实际中应用十分广泛，它也是不同型号的 PLC 功能强弱的体现。通过学习，应该了解特殊功能指令在 PLC 中的实现形式，重点掌握其中常用功能指令的梯形图编程方法。

功能指令用编号 FNC00 ~ FNC294 表示，并有对应的助记符。有的功能指令没有操作数，而大多数功能指令有 1 ~ 4 个操作数。[S]表示源操作数，[D]表示目标操作数，如果使用变址功能，则可表示为［S.］和［D.］。当源操作数或目标操作数不止 1 个时，用［S1.］、［S2.］、［D1.］、［D2.］等表示。用 n 和 m 表示其他操作数，它们常用来表示常数 K 和 H，或作为源操作数和目标操作数的补充说明。

功能指令有连续执行和脉冲执行两种类型，指令助记符后面有“P”表示脉冲执行，如果没有“P”则表示连续执行。功能指令可处理 16 位数据或 32 位数据。处理 32 位数据的指令是在助记符前加“D”标志，无此标志即为处理 16 位数据的指令。

X、Y、M、S 等只处理 ON/OFF 信息的软元件称为位元件；而像 T、C、D 等处理数值的软元件则称为字元件，1 个字元件由 16 位二进制数组成。位元件可以组合使用，4 个位元件为 1 个单元，通用表示方法是由 Kn 加起始的软元件号组成，n 为单元数。

FX 系列 PLC 的功能指令有 14 类：程序流程指令、传送与比较指令、数据运算指令、循环移位指令、数据处理指令、高速处理指令、方便指令、外部 I/O 设备指令、外围设备（SER）指令、浮点数运算指令、定位指令、时钟指令、外围设备指令、触点比较指令。

练 习 题

5-1　用传送指令和区间复位指令设计一个程序。控制要求：按下启动按钮，16 个灯同时亮，并且一直亮，直到按下停止按钮，16 个灯全灭。

5-2　用 ALT 指令设计用按钮 X0 控制 Y0 的电路，由 X0 输入 4 个脉冲，从 Y0 输出 1 个脉冲。

5-3　50 个 16 位数存放在 D10 ~ D59 中，求出最大数，放在 D100 中，编写程序。

5-4　当输入条件 X0 满足时，将 C8 的当前值转换成 BCD 码送到输出元件 K4Y0 中，画出梯形图。

5-5　编写程序，计算 D5、D7、D9 之和并放入 D20 中，求以上 3 个数的平均值，将其放入 D30 中。

5-6　当 X1 为 ON 时，用定时器中断，每 99 ms 将 Y10 ~ Y13 组成的位元件组 K1Y10 加 1，设计主程序和中断子程序。

5-7　路灯定时接通、断开控制要求是 19:00 开灯，06:00 关灯，用时钟指令控制，设计出梯形图。

5-8　用 3 个开关（X1、X2、X3）控制一盏灯 Y0，当 3 个开关全通，或者全断时灯亮，其他情况灯灭。（使用比较指令）

5-9　设计一段程序，当输入条件满足时，依次将计数器 C0 ~ C9 的当前值转换成 BCD 码送到输出元件 K4Y0 中，试画出梯形图。

提示：用一个变址寄存器 Z，首先 0→（Z），每次（C0Z）→（K4Y0），（Z）+1→（Z），当 Z=9 时，Z 复位，从头开始。

5-10　编程：从 X0 ~ X17 传送一个数到 D0，若为正数则不处理，若为负数则取补后再传送到 D0。

5-11　用 X0 控制接在 Y0 ~ Y17 上的 16 个彩灯是否移位，每 1 s 移 1 位，用 X1 控制左移或右移，用 MOVE 指令将彩灯的初始值设定为十六进制数 000F（仅 Y0 ~ Y3 为 1），设计梯形图程序。

5-12　编程实现6盏灯正方向顺序全通，反方向顺序全灭控制。要求：按下启动按钮X0，6盏灯（Y0～Y5）依次都亮，间隔时间为1 s；按下停止按钮X1，灯反方向（Y5～Y0）依次全灭，间隔时间为1 s；按下复位按钮X2，6盏灯立即全灭。

第六章 西门子 S7－200 系列 PLC

【教学目标】

1. 详细介绍 S7－200 系列 PLC 的软元件和基本指令系统。

2. 详细介绍 S7－200 系列 PLC 的编程方法。

【学习要点】

1. 掌握西门子 PLC 的基本指令系统等。

2. 学会用 S7－200 系列 PLC 设计程序。

德国西门子 PLC 的基本原理和日本三菱 PLC 的基本原理类似，指令功能也差不多，只是指令的表达形式不同。有了前面几章学习三菱 PLC 的基础，下面我们就来学习西门子 S7－200 系列 PLC 的相关知识。

第一节 S7－200 系列 PLC 概述

1 S7－200 系列 PLC 的认识

S7－200CPU22X 系列 PLC 主机的外形如图 6-1 所示，每一部分的作用在图上都有说明。

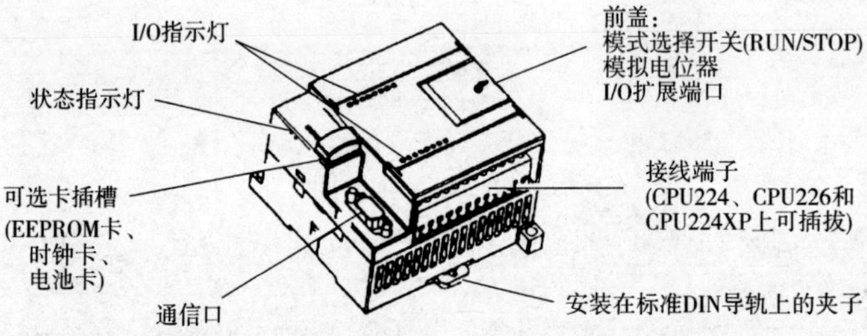

图 6-1 S7－200CPU22X 系列 PLC 主机的外形

2 S7－200 系列 PLC 的接线端子图

与三菱 FX 系列 PLC 一样，西门子 PLC 的输入可以接按钮、开关等信号。输出可以接晶体管、继电器和晶闸管。图 6-2 是 CPU224 的输入/输出端子图。主机共有 I0.0～I0.7、I1.0～I1.5 等 14 个输入点和 Q0.0～Q0.7、Q1.0～Q1.1 等 10 个输出点。CPU224 外部电路的输入电路采用了双向光电耦合器，24 V 直流极性可任意选择，成组输入公共端为 1M、2M。在晶体管输出电路中采用了 MOSFET 功率驱动器件，并将输出分为两组，成组输出公共端为1L、2L，负载可根据不同的需要接入不同的电源。

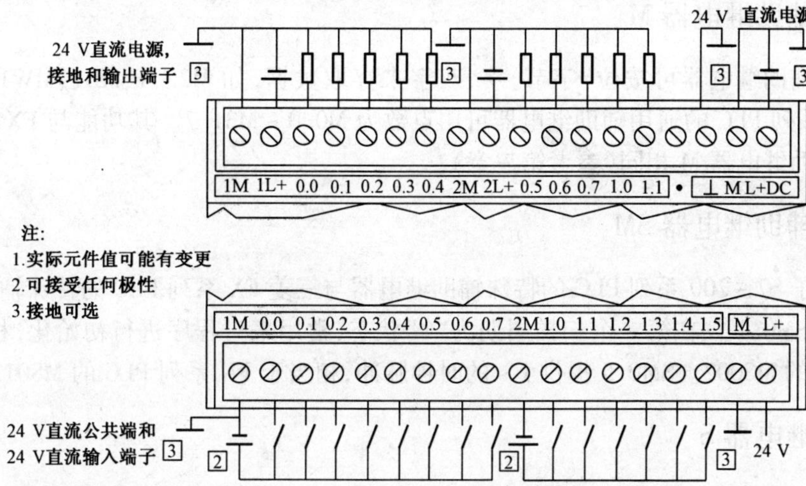

图6-2 CPU224 的输入/输出端子图

3 S7－200 系列 PLC 的数据编号

3.1 位编号(见图6-2)

位编号的方式如 I0.0～I0.7(相当于三菱 FX 系列 PLC 的 X0～X7)，Q0.0～Q0.7(相当于三菱 FX 系列 PLC 的 Y0～Y7)。

3.2 字节编号

字节编号的方式如 IB1，表示输入继电器由 I1.0～I1.7 这 8 位组成。

3.3 字编号

字编号的方式如 VW100，包括 VB100 和 VB101，即表示由 VB100 和 VB101 这两个字节组成的字。

3.4 双字编号

双字编号的方式如 VD100，表示由 VB100～VB103 这 4 个字节组成的双字。

第二节 S7－200 系列 PLC 的编程软元件

1 输入继电器 I(相当于 FX 系列 PLC 的 X)

输入继电器可按位、字节、字、双字等方式进行编址，如 I0.2、IB3、IW4、ID0。其功能与 FX 系列 PLC 的输入继电器 X 相同(参考第三章)。

2 输出继电器 Q(相当于 FX 系列 PLC 的 Y)

输出继电器可按位、字节、字、双字等方式进行编址，如 Q0.2、QB3、QW4、QD0。其功能与 FX 系列 PLC 的输出继电器 Y 相同(参考第三章)。

3 通用辅助继电器 M

通用辅助继电器可按位、字节、字、双字来存取数据,如 M25.4、MB1、MW12、MD30。S7-200 系列 PLC 的通用辅助继电器可用点数为 M0.0~M31.7。其功能与 FX 系列 PLC 的通用辅助继电器 M 相同(参考第三章)。

4 特殊辅助继电器 SM

西门子 S7-200 系列 PLC 的特殊辅助继电器与三菱 FX 系列 PLC 的特殊辅助继电器类似。如 SM0.1 仅在第一个扫描周期为"1"状态,常用来对程序进行初始化,相当于 FX 系列 PLC 的 M8002。SM0.5 提供 1 s 的时钟脉冲,相当于 FX 系列 PLC 的 M8013。

5 状态继电器 S

状态继电器用于机器的顺序控制或步进控制。它可按位、字节、字、双字使用,有效编址范围为 S0.0~S31.7。西门子的状态继电器与三菱的状态继电器类似,都是用于步进顺序控制编程中。

6 定时器 T

定时器相当于接触器控制系统中的时间继电器。S7-200 系列 PLC 定时器的精度有 3 种:1 ms、10 ms 和 100 ms,有效范围为 T0~T255。西门子定时器用法与三菱定时器用法类似(参考第三章),定时器编号及其功能见表 6-1。

定时器分为通电延时型(TON)、断电延时型(TOF)、保持型(TONR,也称有记忆通电延时型)3 种。

表 6-1 定时器编号及其功能

工作方式	分辨率(ms)	最大定时时间(s)	定时器编号
TONR	1	32.767	T0,T64
	10	327.67	T1~T4,T65~T68
	100	3 276.7	T5~T31,T69~T95
TON/TOF	1	32.767	T32,T96
	10	327.67	T33~T36,T97~T100
	100	3 276.7	T37~T63,T101~T255

表 6-1 说明 3 种定时器的范围是 T0~T255。下面从原理、应用等方面,分别叙述 3 种类型定时器的使用方法。定时器的指令格式见表 6-2。在表 6-2 中,IN 是使能输入端,PT 是参数输入端,最大参数值 32 767。

表 6-2　定时器指令

梯形图符号	指令名称	注释
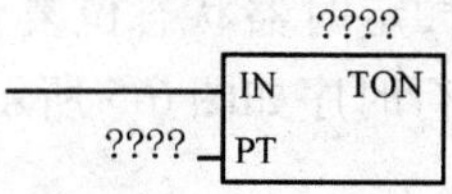	TON	通电延时型
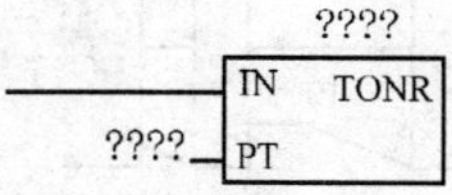	TONR	有记忆通电延时型
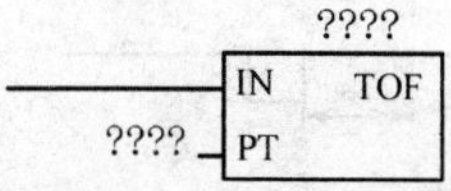	TOF	断电延时型

6.1　通电延时型 TON

使能端(IN)输入有效时,定时器开始计时,当前值从 0 开始递增,大于或等于参数值(PT)时,定时器输出状态位置 1(输出触点有效),当前值的最大值为 32 767。使能端无效(断开)时,定时器复位(当前值清零,输出状态位置 0)。通电延时型定时器应用程序及运行时序如图 6-3 所示。

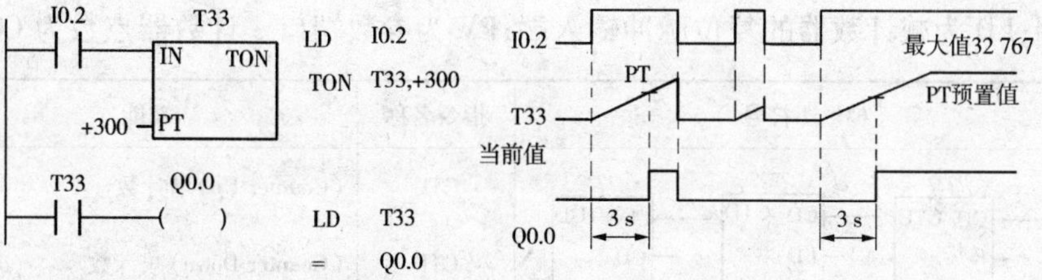

图 6-3　通电延时型定时器应用程序及运行时序

6.2　有记忆通电延时型 TONR

使能端(IN)输入有效(接通)时,定时器开始计时,当前值递增,当前值大于或等于参数值(PT)时,输出状态位置 1。使能端输入无效(断开)时,当前值保持(记忆);使能端(IN)再次输入有效时,在原记忆值的基础上递增计时。有记忆通电延时型定时器采用线圈的复位指令(R)进行复位操作,当复位线圈有效时,定时器当前值清零,输出状态位置 0。有记忆通电延时型定时器的应用程序及运行时序如图 6-4 所示。

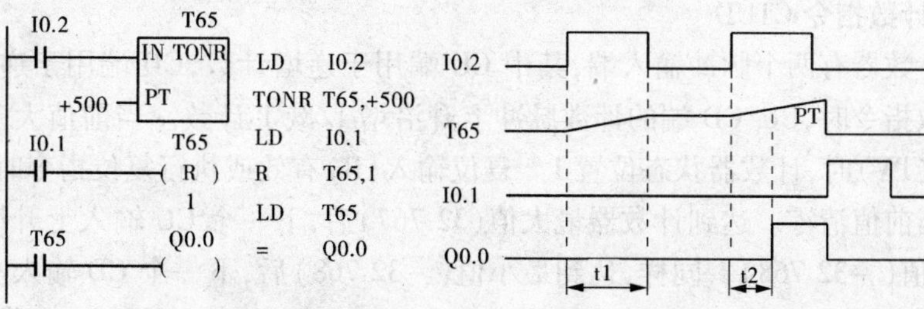

图 6-4　有记忆通电延时型定时器应用程序及运行时序

6.3　断电延时型 TOF

使能端(IN)输入有效时,定时器输出状态位立即置 1,当前值复位(置 0)。使能端(IN)断开时,开始计时,当前值从 0 递增,当前值达到预置值时,定时器状态位复位(置 0),并停止计时,当前值保持。断电延时型定时器应用程序及运行时序如图 6-5 所示。

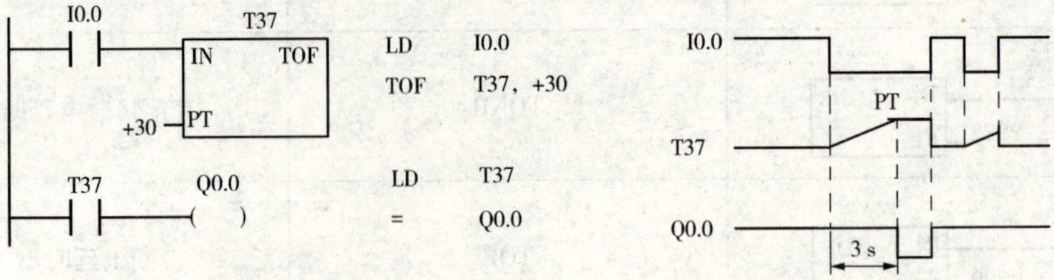

图 6-5　断电延时型定时器应用程序及运行时序

7　计数器 C

计数器利用输入脉冲上升沿累计脉冲个数。S7 – 200 系列 PLC 有增计数(CTU)、增/减计数(CTUD)、减计数(CTD)等 3 类计数指令。

如图 6-6 所示,CU 为增 1 计数脉冲输入端;CD 为减 1 计数脉冲输入端;R 为复位脉冲输入端;LD 为减计数器的复位脉冲输入端;PV 为参数端口。计数器点数为 C0 ~ C255。

梯形图符号	指令名称	功能
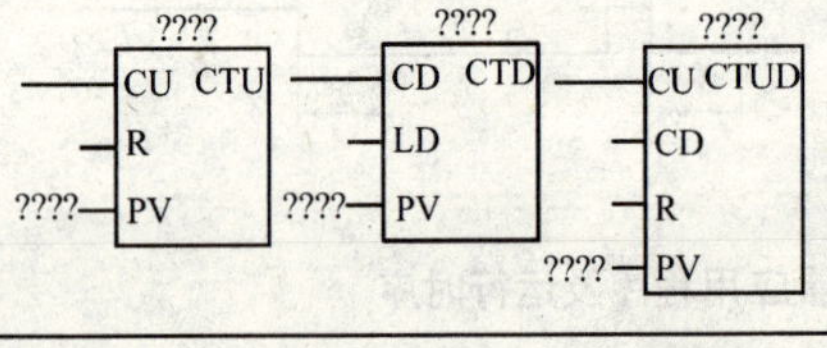	CTU	(Counter Up)增计数
	CTD	(Counter Down)减计数
	CTUD	(Counter Up/Down)增/减计数

图 6-6　计数器指令

7.1　增计数指令 CTU

增计数指令在 CU 端输入脉冲上升沿,计数器的当前值增 1 计数。当前值大于或等于预置值(PV)时,计数器状态位置 1。当前值累加的最大值为 32 767。复位输入(R)有效时,计数器状态位复位(置 0),当前值清零。增计数指令的应用可以参考图 6-7 理解。

7.2　增/减计数指令 CTUD

增/减计数器有两个脉冲输入端,其中 CU 端用于递增计数,CD 端用于递减计数,执行增/减计数指令时,CU/CD 端的计数脉冲上升沿增 1/减 1 计数。当前值大于或等于计数器预置值(PV)时,计数器状态位置 1。复位输入(R)有效或执行复位指令时,计数器状态位复位,当前值清零。达到计数器最大值(32 767)后,下一个 CU 输入上升沿将使计数值变为最小值(–32 768)。同样,达到最小值(–32 768)后,下一个 CD 输入上升沿将使计数值变为最大值(32 767)。增/减计数指令应用程序及运行时序如图 6-7 所示。

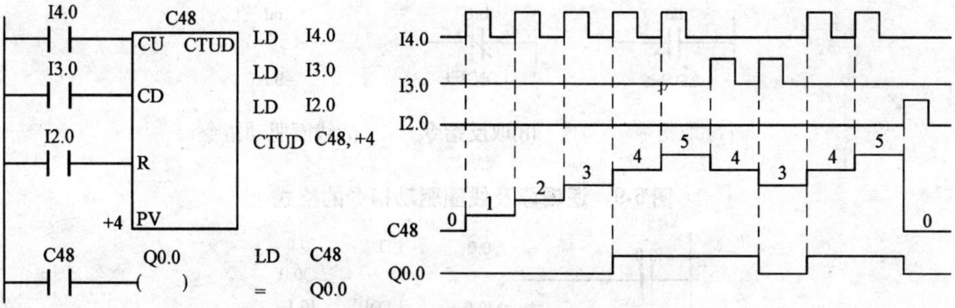

图 6-7 增/减计数指令应用程序及运行时序

7.3 减计数指令 CTD

复位输入(LD)有效时,计数器把预置值(PV)装入当前值存储器,计数器状态位复位(置0)。在CD端每一个输入上升沿,计数器的当前值从预置值开始递减计数,当前值等于0时,计数器状态位置位(置1),停止计数。减计数指令应用程序及运行时序如图6-8所示,计数器在计数脉冲I3.0的上升沿减1计数,当前值从预置值开始减至0时,定时器输出状态位置1,Q0.0通电(置1)。在复位脉冲I1.0的上升沿,定时器状态位置0(复位),当前值等于预置值,为下次计数工作做好准备。

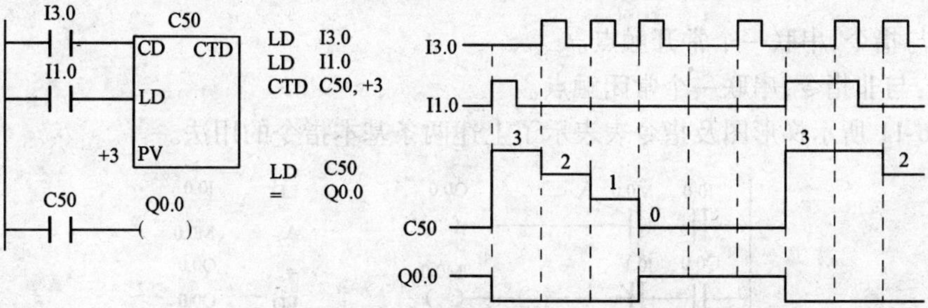

图 6-8 减计数指令应用程序及运行时序

第三节 S7-200 系列 PLC 的基本指令

1 逻辑取及线圈驱动指令

LD:取指令,常开触点逻辑运算开始。

LDN:取反指令,常闭触点逻辑运算开始。

=:线圈驱动指令。

指令格式:逻辑取指令 LD、LDN 及线圈驱动指令 = 的梯形图画法及指令表写法格式如图6-9所示。

图6-10所示梯形图及指令表表示了上述3条基本指令的用法。

图 6-9　逻辑取及线圈驱动指令的格式

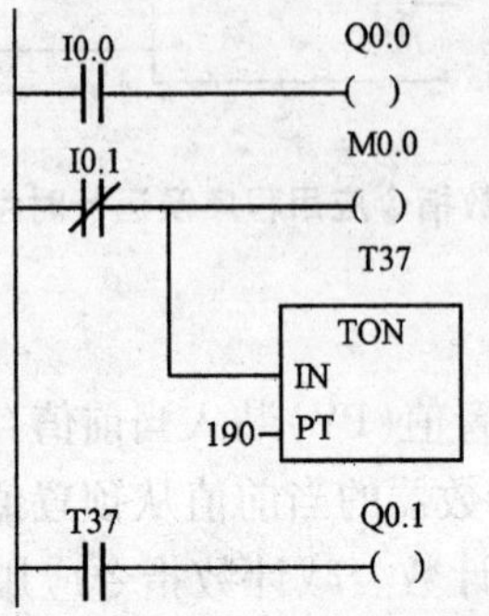

LD	I0.0
=	Q0.0
LDN	I0.1
=	M0.0
TON	T37,190
LD	T37
=	Q0.1

图 6-10　LD、LDN、= 指令梯形图及指令表

2　触点串联指令

A:与指令,串联一个常开触点。

AN:与非指令,串联一个常闭触点。

图 6-11 所示梯形图及指令表表示了上述两条基本指令的用法。

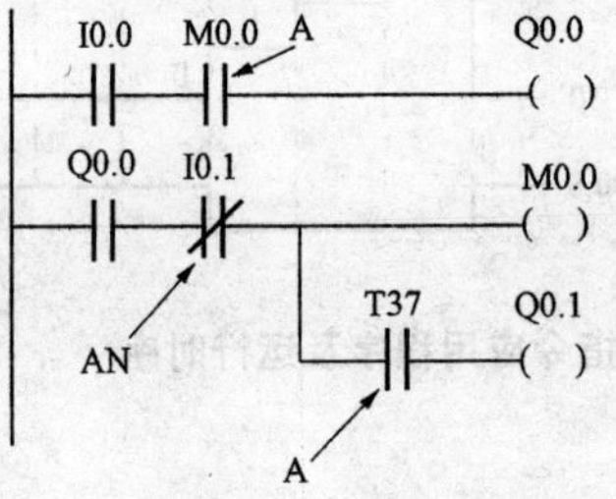

LD	I0.0
A	M0.0
=	Q0.0
LD	Q0.0
AN	I0.1
=	M0.0
A	T37
=	Q0.1

图 6-11　A 和 AN 指令梯形图及指令表

3　触点并联指令

O:或指令,并联一个常开触点。

ON:或非指令,并联一个常闭触点。

图 6-12 所示梯形图及指令表表示了 O 及 ON 指令的用法。

4　块"与"指令 ALD

块"与"指令 ALD 用于两个或两个以上触点并联连接的电路之间的串联,称之为并联电路块的串联连接。

块"与"指令 ALD 的操作示例如图 6-13 所示。

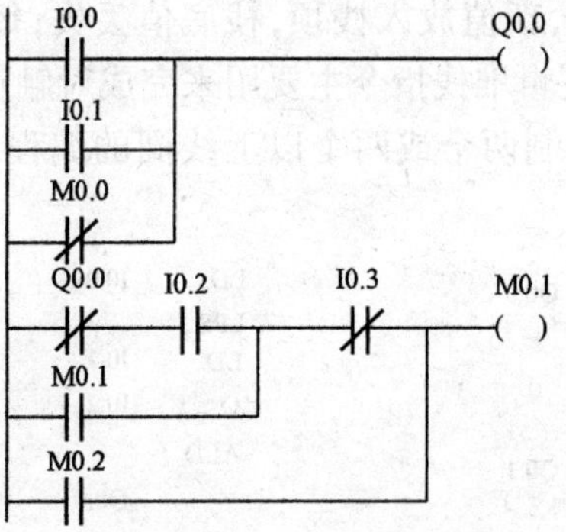

LD	I0.0
O	I0.1
ON	M0.0
=	Q0.0
LDN	Q0.0
A	I0.2
O	M0.1
AN	I0.3
O	M0.2
=	M0.1

图 6-12　O 和 ON 指令梯形图及指令表

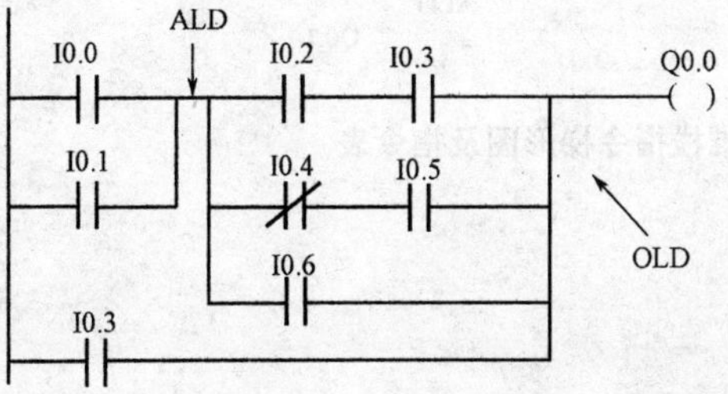

LD	I0.0
O	I0.1
LD	I0.2
A	I0.3
LDN	I0.4
A	I0.5
OLD	
O	I0.6
ALD	
O	I0.3
=	Q0.0

图 6-13　ALD 指令梯形图及指令表

5　块“或”指令 OLD

块“或”指令 OLD 用于两个或两个以上触点串联连接的电路之间的并联，称之为串联电路块的并联连接，是将梯形图中以 LD/LDN 起始的电路块和另一以 LD/LDN 起始的电路块并联起来。

块“或”指令 OLD 的操作示例如图 6-14 所示。

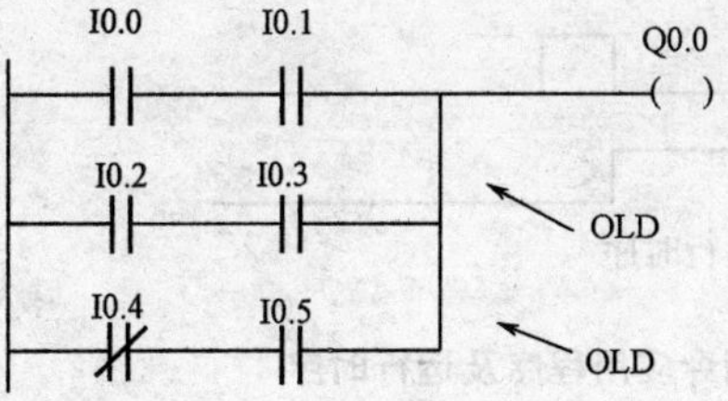

LD	I0.0
A	I0.1
LD	I0.2
A	I0.3
OLD	
LDN	I0.4
A	I0.5
OLD	
=	Q0.0

图 6-14　OLD 指令梯形图及指令表

6　栈操作指令

LPS：逻辑入栈指令。

LRD：逻辑读栈指令。

LPP：逻辑出栈指令。

栈操作指令即逻辑堆栈指令，堆栈是一组能够存储和取出数据的暂存单元，其特点是

“先进后出”。每一次进行入栈操作，新值放入栈顶，栈底值丢失；每一次进行出栈操作，栈顶值弹出，栈底值补进随机数。逻辑堆栈指令主要用来完成对触点进行的复杂连接，主要用于一个触点（或触点组）同时控制两个或两个以上线圈的编程。逻辑堆栈指令的操作示例如图 6-15 所示。

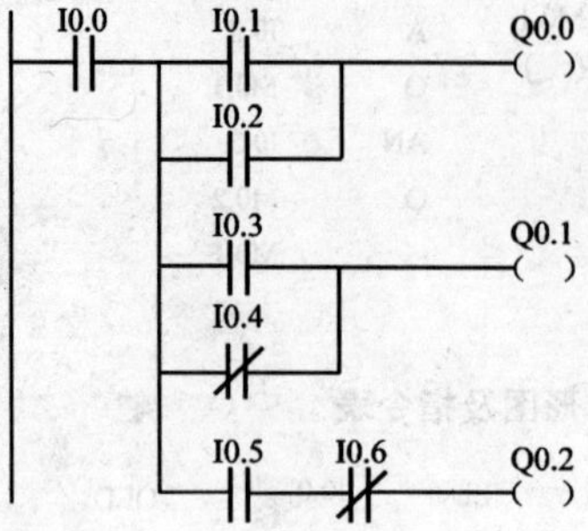

LD	I0.0
LPS	
LD	I0.1
O	I0.2
ALD	
=	Q0.0
LRD	
LD	I0.3
ON	I0.4
ALD	
=	Q0.1
LPP	
A	I0.5
AN	I0.6
=	Q0.2

图 6-15　逻辑堆栈指令梯形图及指令表

7　置位和复位指令

S：置位指令。

R：复位指令。

置位和复位指令的使用举例如图 6-16 所示。

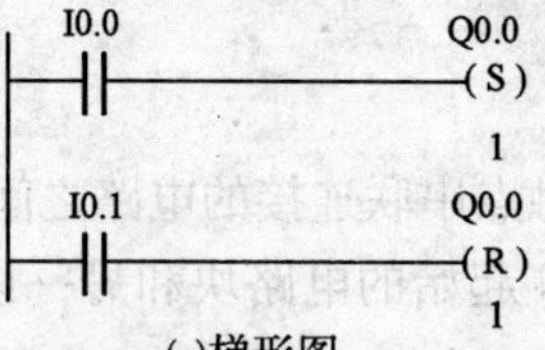

(a)梯形图

LD	I0.0
S	Q0.0,1
LD	I0.1
R	Q0.0,1

(b)指令表

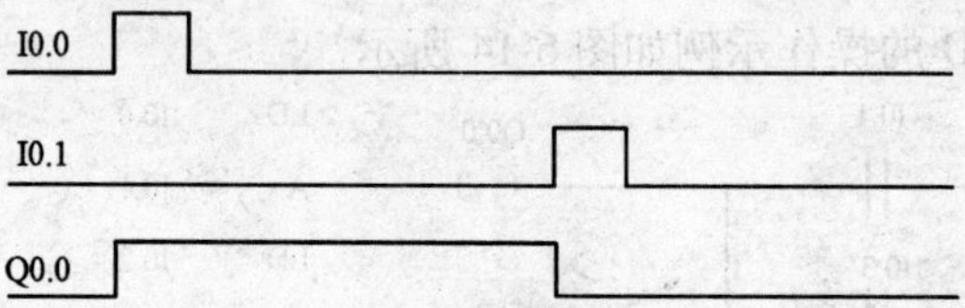

(c)运行时序

图 6-16　置位和复位指令应用程序及运行时序

8　边沿脉冲指令

EU：上升沿微分输出指令。

ED：下降沿微分输出指令。

EU 梯形图符号：—|P|—。

ED 梯形图符号：—|N|—。

说明：EU 指令对其之前的逻辑运算结果的上升沿产生一个宽度为一个扫描周期的脉冲；ED 指令对其之前的逻辑运算结果的下降沿产生一个宽度为一个扫描周期的脉冲。这两个脉冲可以用来启动一个运算过程、启动一个控制程序、记忆一个瞬时过程、结束一个控制过程等。

边沿脉冲指令的使用举例如图 6-17 所示。

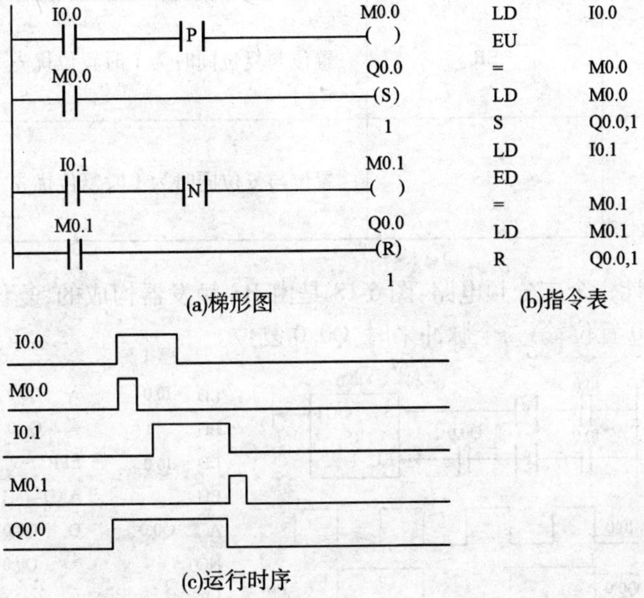

图 6-17　边沿脉冲指令的使用举例

9　立即指令

立即指令的格式及功能如表 6-3 所示。

表 6-3　立即指令的格式及功能

梯形图符号	指令格式	功能
bit —| I |— bit —| /I |—	LDI/LDNI bit AI/ANI bit OI/ONI bit	立即动合触点和动断触点
bit —(I)	= I bit	立即将运算结果输出到某个继电器
bit —(SI) N	SI bit N	立即将从指定地址开始的 N 个位置置位
bit —(RI) N	RI bit N	立即将从指定地址开始的 N 个位置复位

10　触发器指令

SR 触发器：置位优先。

RS 触发器：复位优先。

触发器指令的格式及功能如表 6-4 所示。

表 6-4　触发器指令的格式及功能

梯形图符号	指令名称	功能
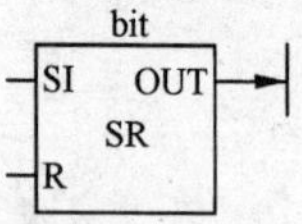	SR	置位与复位同时为 1 时置位优先
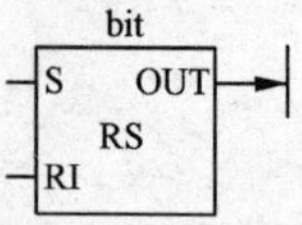	RS	置位与复位同时为 1 时复位优先

用触发器设计一个二分频电路：图 6-18 是由 RS 触发器构成的，复位优先，I0.0 第一个脉冲来时，Q0.0 置位；第二个脉冲来时，Q0.0 复位。

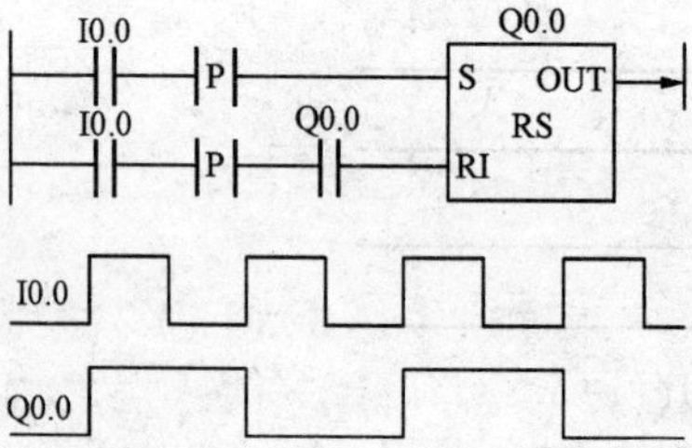

LD	I0.0	A	Q0.0
EU		=	Q0.0
LD	I0.0	LPP	
EU		ALD	
A	Q0.0	O	Q0.0
NOT		=	Q0.0
LPS			

图 6-18　二分频电路控制梯形图

11　取反和空操作指令

NOT：取反指令。

NOP：空操作指令。

取反和空操作指令的用法如图 6-19 所示。

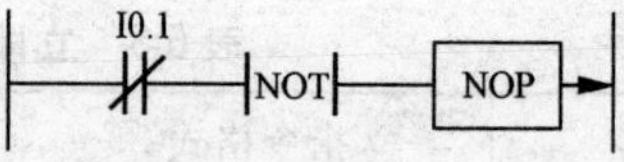

LDI	I0.1
NOT	
NOP	10

图 6-19　取反和空操作指令梯形图及指令表

12　比较指令

比较指令的运算符号如下：=（等于）、< =（小于等于）、> =（大于等于）、<（小于）、>（大于）、< >（不等于）。

表 6-5 是比较指令的格式及功能。

表 6-5　比较指令的格式及功能

指令格式	LD□ × ×　n1，n2	LD　n A□ × ×　n1，n2	LD　n O□ × ×　n1，n2
梯形图符号		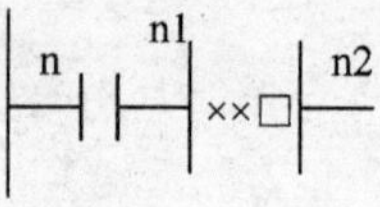	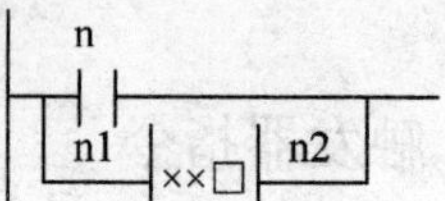
功能	比较触点接起始总线	比较触点的"与"	比较触点的"或"

举例说明：

有一个恒温水池，要求温度在 30 ~ 50 ℃，当温度低于 30 ℃时，启动加热器加热，红灯亮；当温度高于 50 ℃时，停止加热，绿灯亮。假设温度数据存放在 SMB10 中。

梯形图如图 6-20 所示。

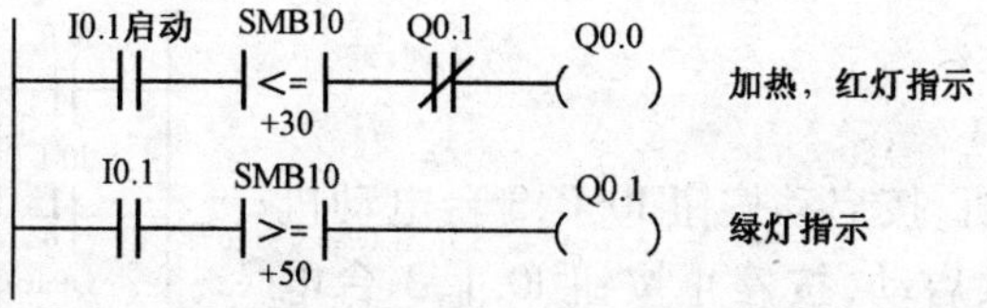

图 6-20　比较指令梯形图

第四节　S7 - 200 系列 PLC 程序设计

1　启保停控制电路

控制要求：按下启动按钮，灯亮。按下停止按钮，灯灭。

梯形图如图 6-21 所示。

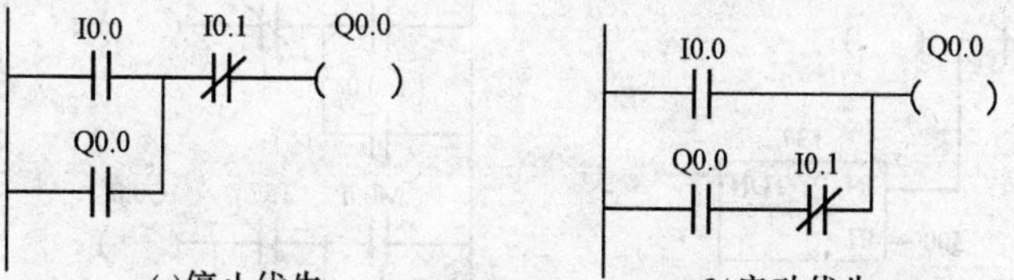

(a)停止优先　(b)启动优先

图 6-21　启保停控制梯形图

2　互锁控制电路

在如图 6-22 所示的互锁电路中，I0.1、I0.2 是启动按钮，I0.0 是停止按钮。在图 6-22(a)中，Q0.1 和 Q0.2 通过输出进行互锁，一个得电，另一个必须在停止前一个的基础上才能启动，即只能是先停后启。在图 6-22(b)中，启动和输出双重互锁，在停止一个的基础上可以启动另一个。

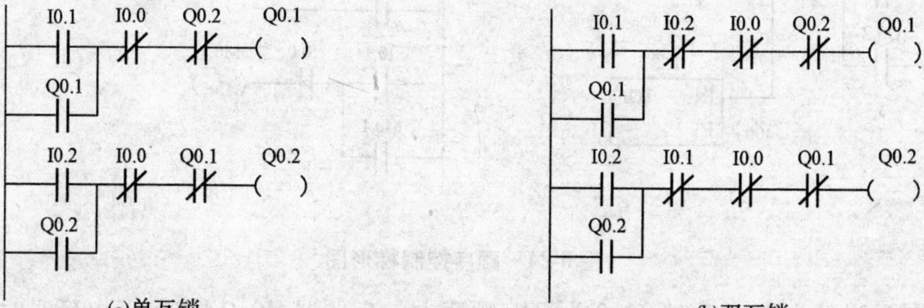

(a)单互锁　(b)双互锁

图 6-22　互锁控制梯形图

3 两地控制电路

图 6-23 是一个两地控制梯形图。I0.1、I0.0 是两地启动按钮，I0.2、I0.3 是两地停止按钮。

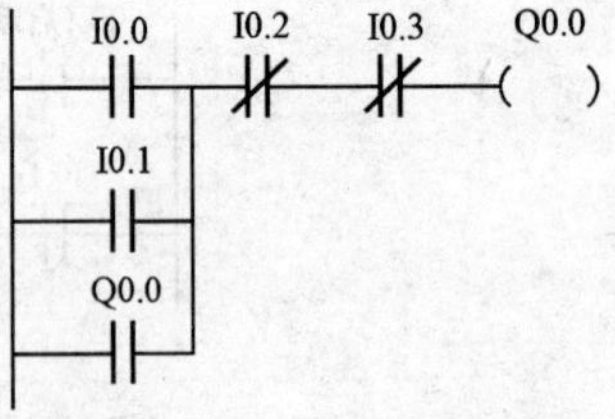

图 6-23　两地控制梯形图

4 顺序控制电路

比如有 3 台电动机，按启动按钮 I0.0，3 台电动机 Q0.0、Q0.1、Q0.2 依次启动，按停止按钮 I0.1，3 台电动机 Q0.0、Q0.1、Q0.2 依次反向停止。这个程序在诸如皮带机控制等顺序控制机械中应用广泛。顺序控制梯形图如图 6-24 所示。

在图 6-24(a)中，启动时，I0.0 为 ON，用通电延时时间继电器 T37 通过比较指令来依次启动电动机，当 T37 的当前值等于 100 时，即定时 10 s 时启动 Q0.1，20 s 时，启动 Q0.2，这里也可以用比较指令。停止时，I0.1 为 ON，用断电延时时间继电器 T38 通过比较指令来依次反向停止电动机。

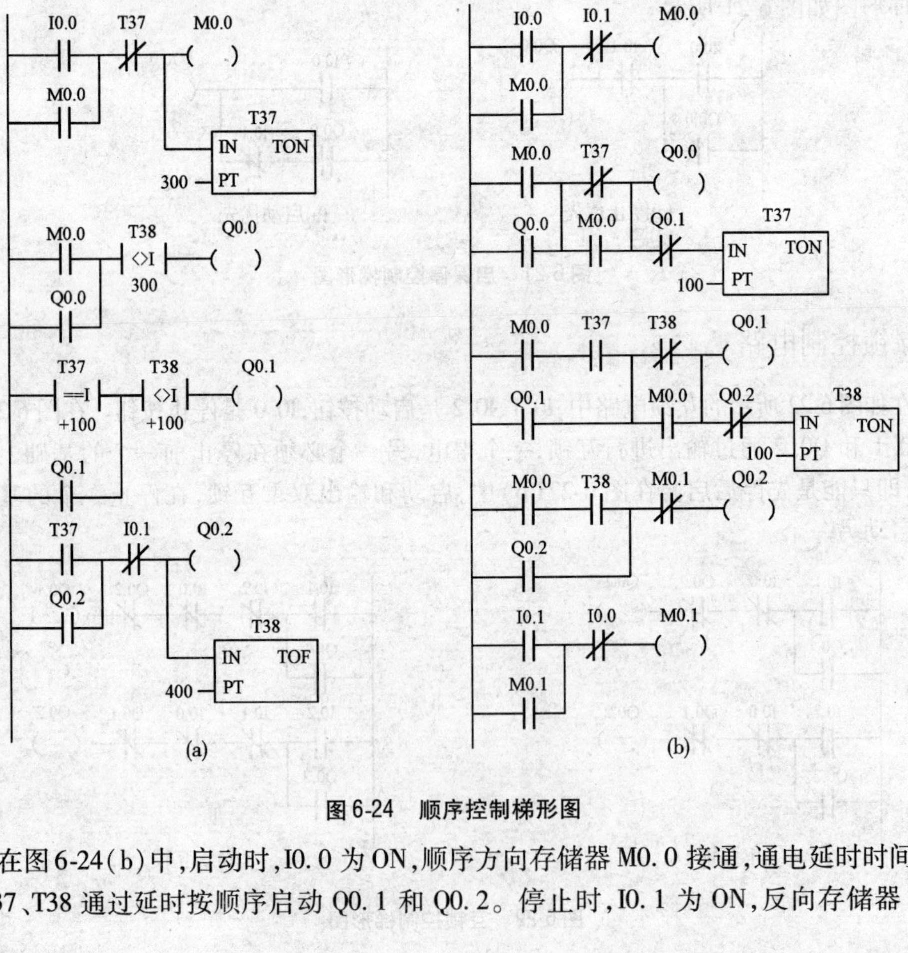

图 6-24　顺序控制梯形图

在图 6-24(b)中，启动时，I0.0 为 ON，顺序方向存储器 M0.0 接通，通电延时时间继电器 T37、T38 通过延时按顺序启动 Q0.1 和 Q0.2。停止时，I0.1 为 ON，反向存储器 M0.1

为 ON,M0.0 为 OFF,T38 延时,由于 M0.0 断开,T38 只能去停止 Q0.1,同样由 T37 去停止 Q0.0。

5　二分频电路

二分频电路也叫单按钮电路。在许多控制场合,需要对控制信号进行分频,有时为了节省一个输入点,也需要采用此种电路。图 6-25 是二分频电路运行时序。

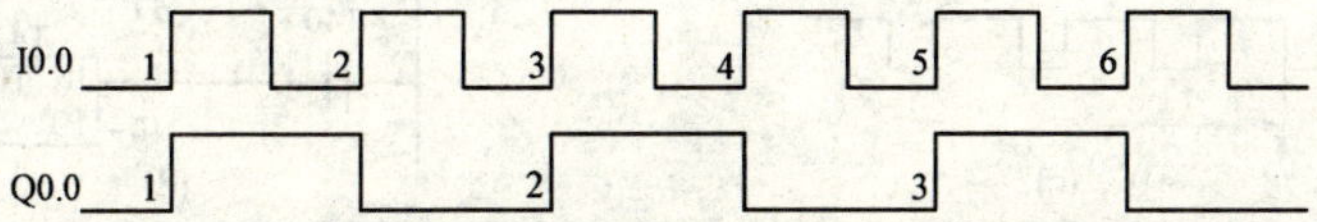

图 6-25　二分频电路运行时序

图 6-26 是实现二分频运行时序控制的两种梯形图。在图 6-26(a)中,I0.0 第一个脉冲到来时,PC 第一次扫描,M0.0 为 ON,Q0.0 为 ON,第二次扫描,Q0.0 自锁;I0.0 第二个脉冲到来时,PC 第一次扫描,M0.0 为 ON,M0.1 为 ON,Q0.0 断开,第二次扫描,M0.0 断开,Q0.0 保持断开;依次类推。两种梯形图的原理差不多,不再作说明。

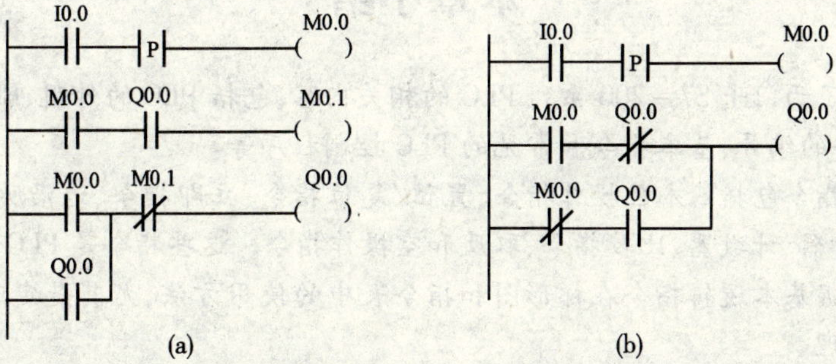

图 6-26　二分频控制梯形图

6　闪烁电路

闪烁电路也称为振荡电路。闪烁电路实际上就是一个时钟电路,它可以是等间隔的通断,也可以是不等间隔的通断。

图 6-27 是 3 个典型闪烁电路的运行时序及梯形图。在实际的程序设计中,如果电路中用到闪烁功能,往往直接用两个定时器或一个定时器组成闪烁电路。图 6-27(b)是一个简易的闪烁电路控制梯形图,它适用于控制精度不高的场合。图 6-27(d)和(f)是两个常用的闪烁电路控制梯形图,这个电路不管其他信号如何,I0.0 一通电,它就开始工作,通断的时间值可以根据需要任意设定。图 6-27(d)为一个通 2 s、断 1 s 的闪烁电路控制梯形图。图 6-27(f)为一个断 2 s、通 1 s 的闪烁电路控制梯形图。

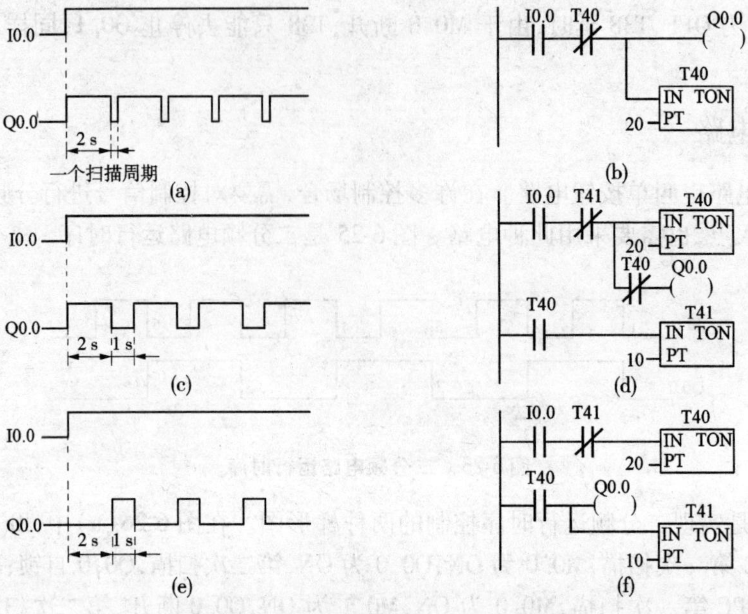

图 6-27　闪烁电路的运行时序及梯形图

本章小结

本章介绍了西门子 S7－200 系列 PLC 的相关内容，包括 PLC 的外观、PLC 的输入/输出点数、软元件的编号、基本指令和常见的 PLC 控制程序等。

基本逻辑指令包括基本位操作指令、置位/复位指令、立即指令、边沿脉冲指令、逻辑堆栈指令、定时器、计数器、比较指令、取反和空操作指令。这些指令是 PLC 编程的基础。

应熟练掌握基本逻辑指令在梯形图和指令表中的使用方法，尤其是定时器和计数器指令的工作原理。

三菱 PLC 和西门子 PLC 可以相互比较，不同型号的 PLC 有不同的特点，掌握一类 PLC，其他类型 PLC 就触类旁通了。

练　习　题

6-1　根据下列指令表，画出梯形图。

LD	I0. 0	A	I0. 6
AN	I0. 1	=	Q0. 1
LD	I0. 2	LPP	
A	I0. 3	A	I0. 7
O	I0. 4	=	Q0. 2
A	I0. 5	A	I1. 1
OLD		=	Q0. 3
LPS			

6-2　写出如图 6-28 所示的梯形图对应的指令表。

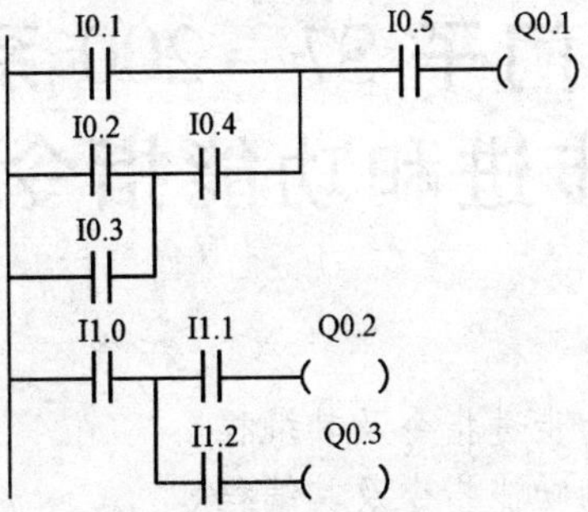

图 6-28　题 6-2 图

6-3　根据指令表画出梯形图。

LD	I0. 0	LD	M10. 2	ALD	
A	I1. 2	A	Q0. 3	O	M100. 3
LD	I1. 3	LD	I1. 0	A	M10. 5
AN	I0. 2	AN	Q1. 3	=	Q0. 0
OLD		OLD			

6-4　写出如图 6-29 所示的梯形图对应的指令表。

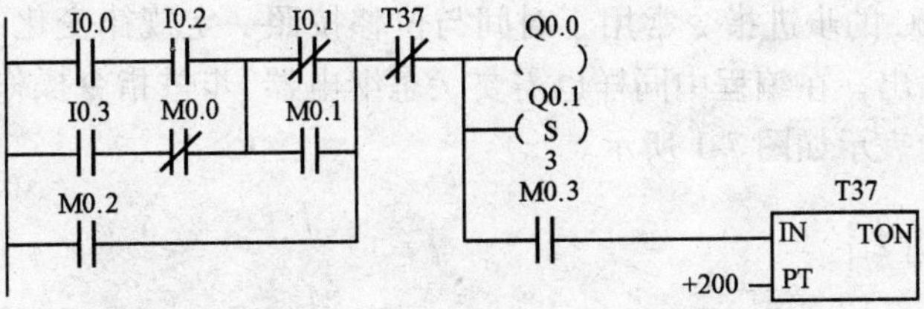

图 6-29　题 6-4 图

6-5　写出断电延时 5 s 后，M0. 0 置位的程序。

6-6　使用顺序控制程序结构，编写出实现红、黄、绿 3 种颜色信号灯循环显示的程序（要求循环时间为 1 s），并画出顺序功能图。

第七章　西门子 S7－200 系列 PLC 的步进和功能指令

【教学目标】

1. 详细介绍西门子 PLC 的步进指令及其编程。

2. 详细介绍西门子 PLC 的功能指令及其编程。

【学习要点】

1. 掌握 S7－200 的步进指令。

2. 学会用 S7－200 的功能指令编程。

第一节　S7－200 系列 PLC 的步进指令

1　步进指令介绍

西门子 PLC 步进指令的功能与三菱 PLC 的类似，这里就不再详细述说（可以参考第四章）。西门子 PLC 的步进指令常用于时间与位移按照一定规律变化的控制中，每一次变化都有相应的输出。在编程中同样也需要状态继电器、步进指令操作、转换条件、线圈输出等。每一步的表示如图 7-1 所示。

2　状态转移图介绍

同样可以参考第四章中三菱 PLC 状态转移图的绘制过程。这里我们再用一个例子来说明西门子 PLC 状态转移图的绘制。某一冲压机的初始位置是冲头抬起，处于高位；当操作者按动启动按钮时，冲头向工件冲击；到最低位置时，触动低位行程开关；然后冲头抬起，回到高位，触动高位行程开关，停止运行。

图 7-2 为用功能图表示的冲压机运行过程。冲压机的工作顺序可分为 3 步：初始步、下冲步和返回步。

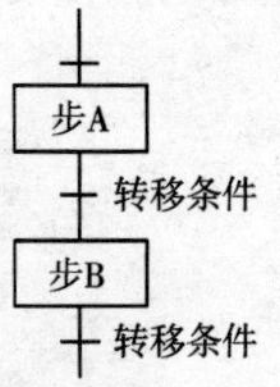

图 7-1　转移符号

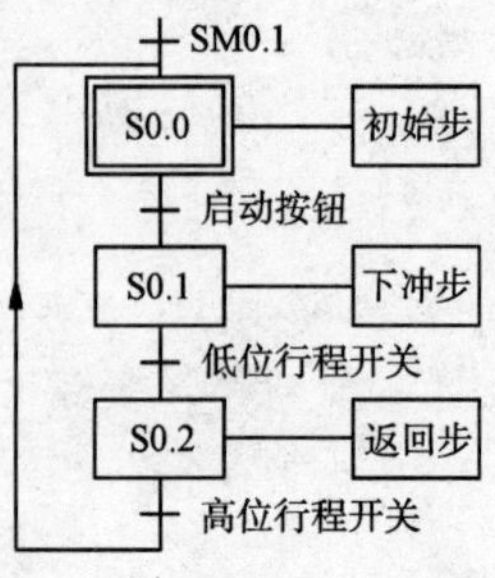

图 7-2　冲压机运行过程

3 步进指令

S7－200 系列 PLC 提供了 3 条步进指令，它们的指令名称、梯形图符号和功能见表 7-1。从表中可以看出，步进指令的操作对象为状态继电器 S，每一个 S 的位都表示功能图中的一步。S 的范围为 S0.0～S31.7。

表 7-1 步进指令的介绍

指令名称	梯形图符号	功能	操作对象
LSCR	bit [SCR]	顺序状态开始	S
SCRT	bit —(SCRT)	顺序状态转移	S
SCRE	—(SCRE)	顺序状态结束	无

从 LSCR 指令开始到 SCRE 指令结束的所有指令组成一个顺序控制（SCR）段，对应功能图中的一步。LSCR 指令标记一个 SCR 步的开始，当该步的状态继电器置位时，允许该 SCR 步工作。SCR 步必须用 SCRE 指令结束。当 SCRT 指令的输入端有效时，一方面置位下一个 SCR 步的状态继电器 S，以便使下一个 SCR 步工作；另一方面又同时使该步的状态继电器复位，使该步停止工作。由此可以总结出每一个 SCR 程序步一般有 3 种功能（跟三菱步进指令相似）。

（1）驱动处理：有一个或几个输出。

（2）转移条件：条件满足时，输出将移动到下一步。

（3）自动复位：步发生转移后，下一个输出开始，上一个状态继电器复位。

4 举例说明

在使用功能图编程时，应先画出功能图，然后对应于功能图画出梯形图。

图 7-3 中的两条传送带用来传送钢板之类的长物体，要求尽可能地减少传送带的运行时间。在传送带端部设置了两个光电开关 I0.1 和 I0.2，传送带 A、B 的电动机分别由 Q0.1 和 Q0.2 驱动。SM0.1 使系统进入初始步，按下启动按钮，I0.0 变为“1”状态时，系统进入步 S0.1，传送带 A 开始运行，被传送的物体的前沿使 I0.1 变为“1”状态时，系统进入步 S0.2，两条传送带同时运行。被传送物体的后沿离开 I0.1 时，传送带 A 停止运行，物体的后沿离开 I0.2 时，传送带 B 也停止运行，系统返回初始步。

在该例中，初始化脉冲 SM0.1 用来置位 S0.0，即把 S0.0（步 1）激活；在步 1 的 SCR 段，要做的工作是复位 Q0.2。按启动按钮 I0.0 后，步发生转移，I0.0 即为步转移条件，I0.0 的常开触点将 S0.1（步 2）置位（激活）的同时，自动使步 1 复位。在步 2 的 SCR 段，要做的工作是置位 Q0.1，当 I0.1 变为“1”状态时，步从步 2（S0.1）转移到步 3（S0.2），同时步 2 复位。在步 3 的 SCR 段，要做的工作是置位 Q0.2，当 I0.1 断开时，步从步 3（S0.2）转移到步 4（S0.3）。在步 4 的 SCR 段，要做的工作是复位 Q0.1，当 I0.2 断开时，

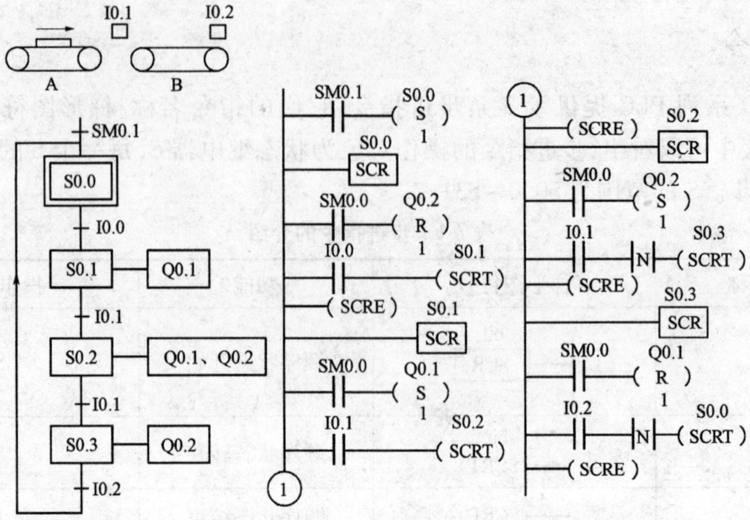

图 7-3　步进指令使用举例

步从步 4(S0.3)转移到步 1(S0.0)。

在 SCR 段输出时,常用特殊中间继电器 SM0.0(常开继电器)执行 SCR 段的输出操作。因为线圈不能直接和母线相连,所以必须借助于一个常闭的 SM0.0 来完成任务。有时也用产生转移条件的常闭触点来执行输出。

第二节　S7-200 系列 PLC 的功能指令

同三菱 PLC 一样,西门子 PLC 的功能指令也称为应用指令,它是指令系统中应用于复杂控制的指令。本章的功能指令包括数据处理指令、算术和逻辑运算指令、转换指令、中断指令、高速处理指令等(可以参考第五章)。

功能指令实质上就是一些功能不同的子程序,其开发和应用是 PLC 应用系统不可缺少的。合理、正确地应用功能指令,对于优化程序结构、提高应用系统的功能、简化对一些复杂问题的处理有着重要的作用。

1　数据传送指令

1.1　单一数据传送指令(MOVB、MOVW、MOVD、MOVR)

单一数据传送指令一次完成一个字节、字或双字的传送。指令说明见表 7-2。

表 7-2　单一数据传送指令说明

梯形图符号				功能
MOV_B: EN ENO; ????-IN OUT-????	MOV_W: EN ENO; ????-IN OUT-????	MOV_DW: EN ENO; ????-IN OUT-????	MOV_R: EN ENO; ????-IN OUT-????	IN = OUT

功能:使能输入 EN 有效时,把一个输入 IN 的单字节数据、单字长或双字长数据、双字长实数数据送到 OUT 指定的存储器单元输出。

数据类型分别为 B、W、DW 和 R。

1.2 数据块传送指令(BMB、BMW、BMD)

数据块传送指令一次可完成 N 个(最多 255 个)数据的成组传送。指令类型有字节块、字块或双字块等 3 种。指令说明见表 7-3。

表 7-3 数据块传送指令说明

梯形图符号	功能
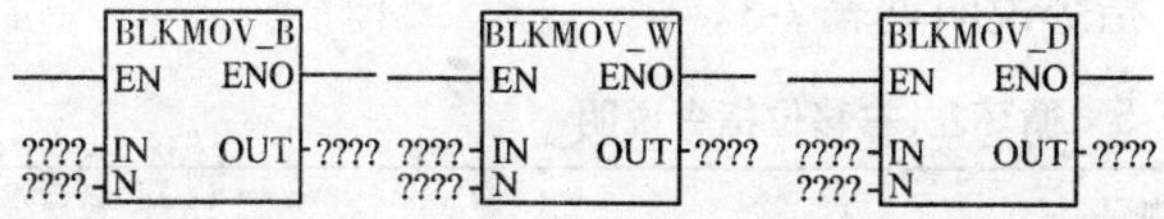	字节、字和双字块传送

例如,将变量存储器 VW10 中的内容送到 VW30 中,梯形图如图 7-4 所示。

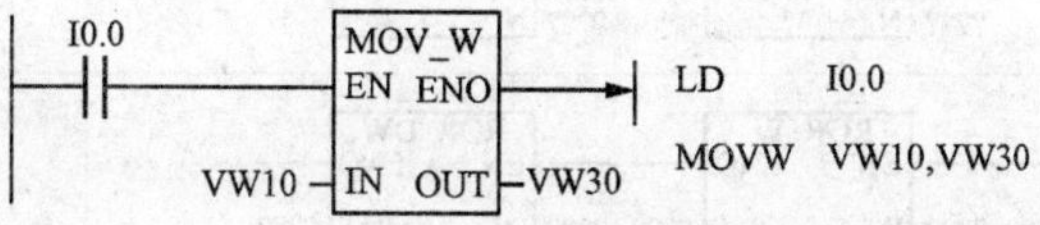

图 7-4 数据传送指令应用梯形图

2 移位指令

移位指令在 PLC 控制中是比较常用的,移位指令分为左、右移位和循环左、右移位及寄存器移位指令 3 大类。前两类移位指令按移位数据的长度又分为字节型、字型、双字型 3 种,移位指令最大移位位数 N≤数据类型(B、W、DW)对应的位数,移位位数(次数)N 为字节型数据。

2.1 左、右移位指令

左、右移位数据存储单元的移出端与 SM1.1(溢出)端相连,移出位被放到 SM1.1 特殊存储单元,移位数据存储单元的另一端补 0。当移位操作结果为 0 时,SM1.0 自动置位。指令说明见表 7-4。

表 7-4 左、右移位指令说明

梯形图符号	功能
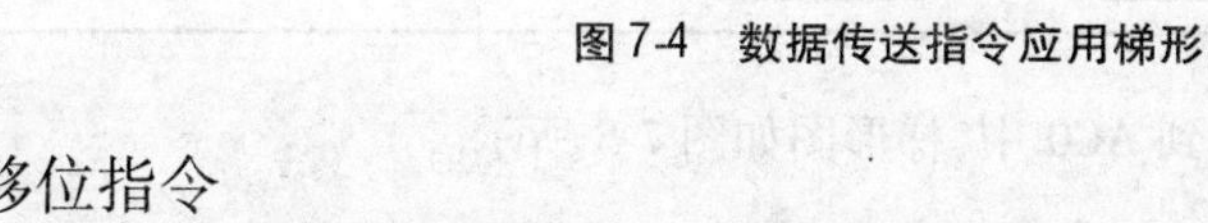	字节、字、双字左移
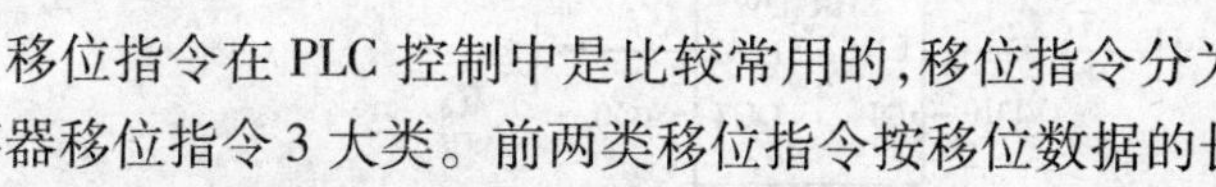	字节、字、双字右移

(1)被移位的数据是无符号的。

(2)左移位指令 SHL,使能输入有效时,将输入的字节、字或双字 IN 左移 N 位后(右端补 0),将结果输出到 OUT 所指定的存储单元中,最后一次移出位保存在 SM1.1 中。

(3)右移位指令 SHR,使能输入有效时,将输入的字节、字或双字 IN 右移 N 位后,将结果输出到 OUT 所指定的存储单元中,最后一次移出位保存在 SM1.1 中。

(4)移位次数 N 与移位数据长度有关,如果 N 小于实际的数据长度,则执行 N 次移位;如果 N 大于实际的数据长度,则执行移位的次数等于实际的数据长度。

2.2 循环左、右移位指令

循环左、右移位指令将移位数据存储单元的首尾相连,同时又与溢出标志 SM1.1 连接,SM1.1 用来存放被移出的位。指令说明见表 7-5。

表 7-5 循环左、右移位指令说明

梯形图符号	功能
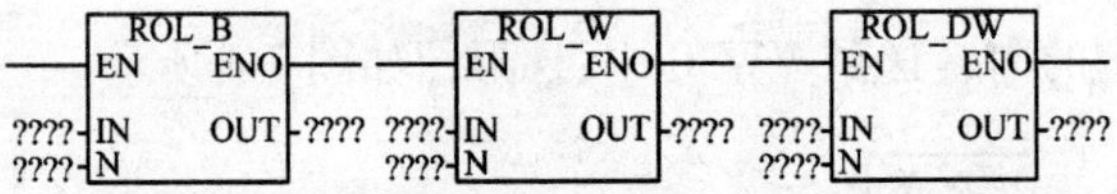	字节、字、双字循环左移位
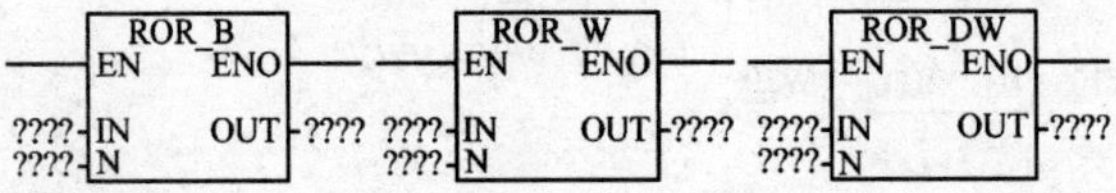	字节、字、双字循环右移位

例如,将 VD10 右移 2 位送到 AC0 中,梯形图如图 7-5 所示。

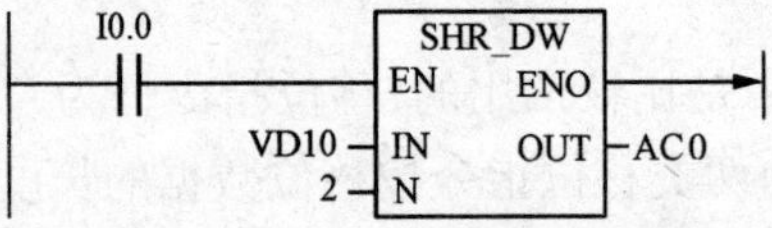

图 7-5 移位指令应用梯形图

2.3 寄存器移位指令 SHRB

寄存器移位指令是一个移位长度可指定的移位指令。在顺序控制和步进控制中,应用寄存器移位指令编程是很方便的。寄存器移位指令说明见表 7-6。

表 7-6 寄存器移位指令说明

梯形图符号	指令格式	功能
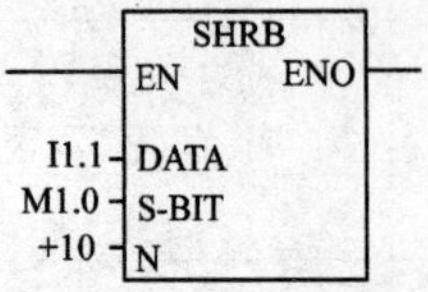	SHRB I1.1,M1.0,+10	寄存器移位

3 字节交换和填充指令

字节交换和填充指令说明见表 7-7。

表 7-7　字节交换和填充指令说明

梯形图符号	功能
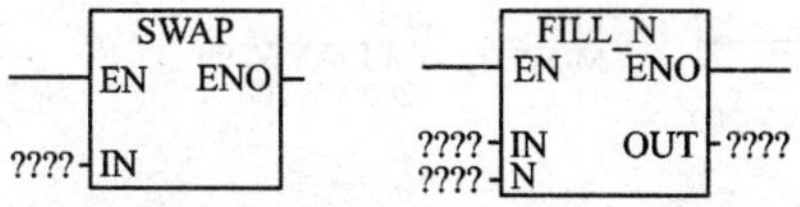	字节交换 字节填充

3.1　字节交换指令 SWAP

字节交换指令用来将字输入数据 IN 高位字节与低位字节进行交换，因此又可称为半字交换指令。

3.2　字节填充指令 FILL

使能输入 EN 有效时，用字输入数据 IN 填充从 OUT 指定单元开始的 N 个字存储单元。N(BYTE)的数据范围为 0～255。IN、OUT 操作数的数据类型为 INT。

例如将从 VW100 开始的 256 个字节(128 个字)存储单元清零，梯形图如图 7-6 所示。本条指令执行结果：从 VW100 开始的 256 个字节(VW100～VW355)的存储单元清零。

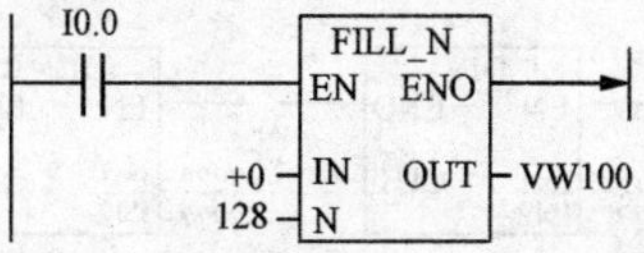


```
LD      I0.0
FILL    +0,  VW100,128
```

图 7-6　字节填充指令应用梯形图

4　算术运算指令

4.1　加/减运算指令

加/减运算指令是对符号数的加/减运算操作。

加/减运算指令采用指令盒格式，指令盒由指令类型、使能端 EN、操作数(1N1、IN2)输入端、运算结果输出端 OUT、逻辑结果输出端 ENO 等组成(见表 7-8)。

表 7-8　加/减运算指令说明

梯形图符号	功能
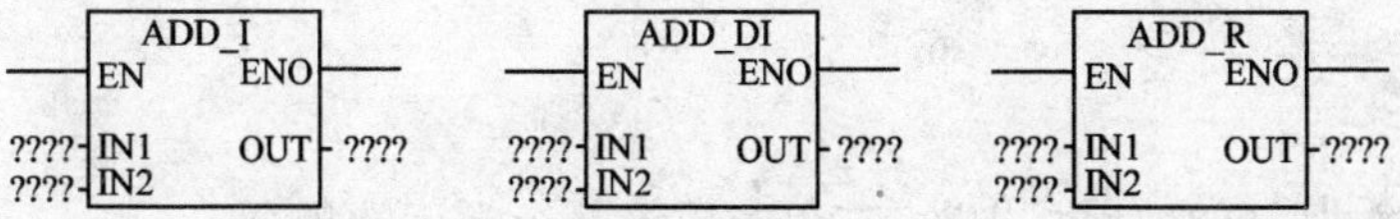	IN1 + IN2 = OUT
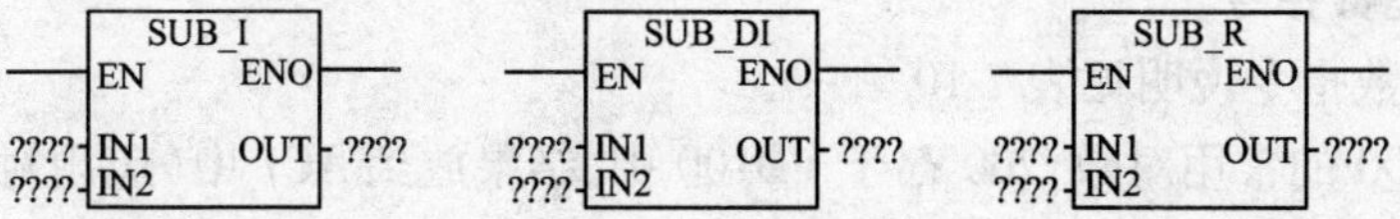	IN1 - IN2 = OUT

例如,求 100 与 200 的和,100 在数据存储器 VW100 中,结果存入 VW200。梯形图如图 7-7 所示。

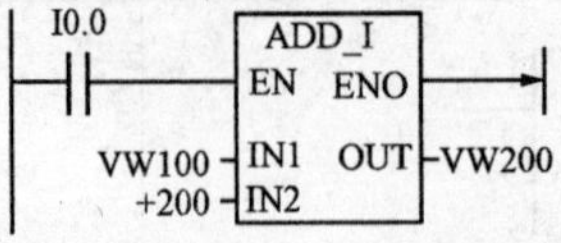


```
LD      I0.0
MOVD    VW100,VW200
+I      +200,VW200
```

图 7-7　加法运算指令应用梯形图

4.2　乘/除运算指令

乘/除运算指令是对符号数的乘法运算和除法运算。指令说明见表 7-9。

表 7-9　乘/除运算指令说明

梯形图符号	功能
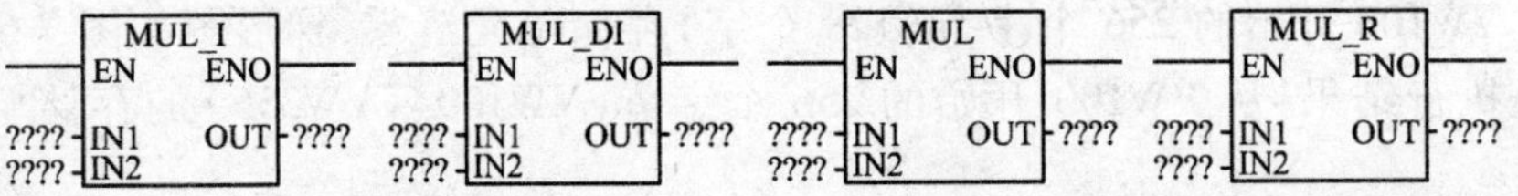	乘法运算
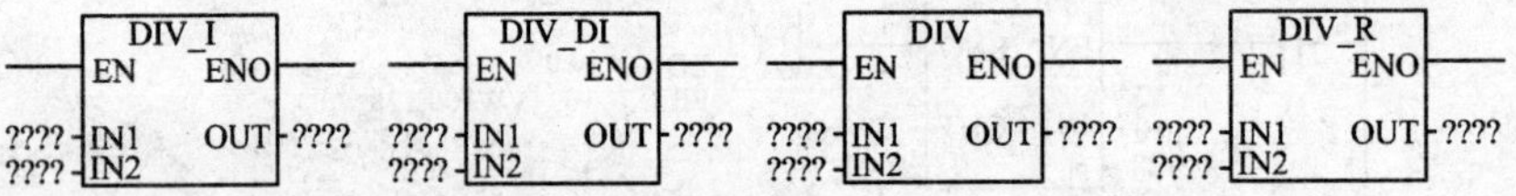	除法运算

例如,乘/除运算指令应用梯形图如图 7-8 所示。

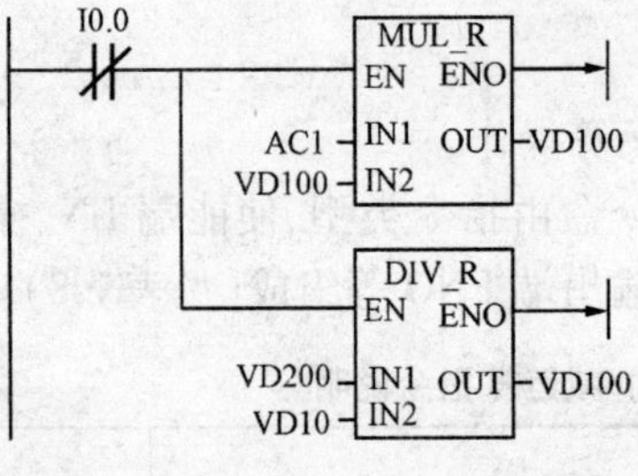


```
LDN     I0.0
*R      AC1,VD100
MOVR    VD200,VD100
/R      VD10,VD100
```

图 7-8　乘/除运算指令应用梯形图

5　数学函数指令

数学函数指令包括平方根、自然对数、指数、三角函数等几个常用的指令。

5.1　平方根、自然对数、指数指令

平方根、自然对数、指数指令说明见表 7-10。

例如,求以 10 为底,200 的常用对数,200 存于 VD100 中,结果放到 AC1 中(应用对数的换底公式求解 $\lg 200=\frac{\ln 200}{\ln 10}$)。梯形图如图 7-9 所示。

表 7-10　平方根、自然对数、指数指令说明

梯形图符号	指令格式	功能
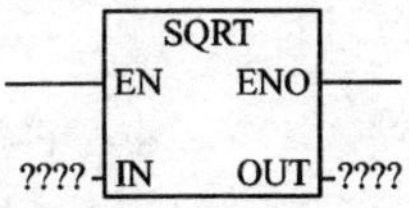	SQRT IN,OUT	求平方根指令 SQRT(IN) = OUT
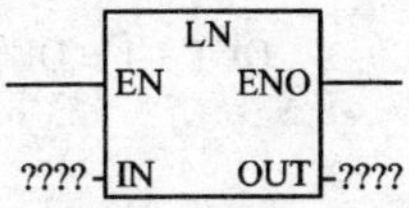	LN IN,OUT	求自然对数指令 LN(IN) = OUT
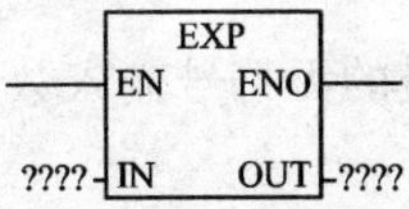	EXP IN,OUT	求指数指令 EXP(IN) = OUT

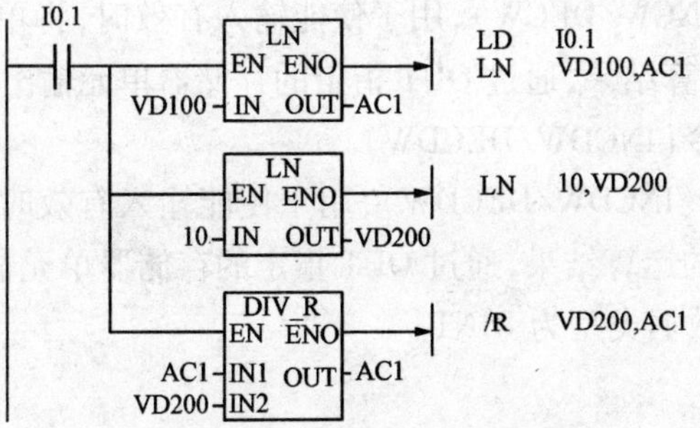

图 7-9　自然对数指令应用梯形图

5.2　三角函数指令

三角函数指令包括正弦、余弦和正切指令。

三角函数指令说明见表 7-11。

表 7-11　三角函数指令说明

梯形图符号	指令格式	功能
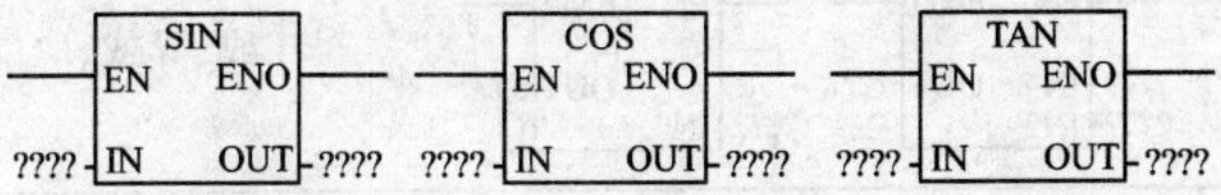	SIN IN,OUT COS IN,OUT TAN IN,OUT	SIN(IN) = OUT COS(IN) = OUT TAN(IN) = OUT

6　增 1/减 1 计数指令

增 1/减 1 计数指令用于自增、自减操作,以实现累加计数和循环控制等程序的编制。

梯形图为指令盒格式,增 1/减 1 指令的操作数可以是字节(无符号数)、字或双字(有符号数)。指令说明见表 7-12。

6.1　字节增 1/减 1 指令(INCB/DECB)

字节增 1 指令(INCB),用于使能输入有效时,把一个字节的无符号输入数 IN 加 1,得到一个字节的运算结果,通过 OUT 指定的存储器单元输出。

表 7-12　增 1/减 1 计数指令说明(字节操作)

梯形图符号	功能
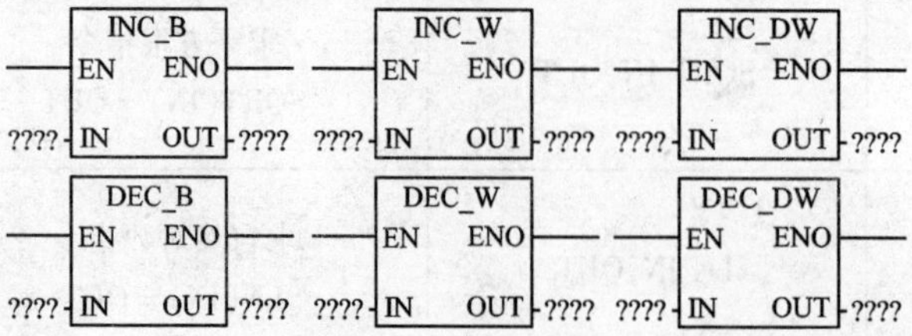	字节增 1 字节减 1 OUT ± 1 = OUT

字节减 1 指令(DECB),用于使能输入有效时,把一个字节的无符号输入数 IN 减 1,得到一个字节的运算结果,通过 OUT 指定的存储器单元输出。

6.2　字增 1/减 1 指令(INCW/DECW)

字增 1/减 1 指令(INCW/DECW),用于使能输入有效时,将单字长符号输入数 IN 加 1/减 1,得到一个字的运算结果,通过 OUT 指定的存储器单元输出。

6.3　双字增 1/减 1 指令(INCDW/DECDW)

双字增 1/减 1 指令(INCDW/DECDW),用于使能输入有效时,将双字长符号输入数 IN 加 1/减 1,得到双字的运算结果,通过 OUT 指定的存储器单元输出。

IN、OUT 操作数的数据类型为 DINT。

7　逻辑运算指令

逻辑运算指令是对无符号数进行逻辑处理,主要包括逻辑与、逻辑或、逻辑异或和取反等运算指令。按操作数长度可分为字节、字和双字逻辑运算。逻辑运算指令说明见表 7-13。

表 7-13　逻辑运算指令说明(字节操作)

梯形图符号	功能
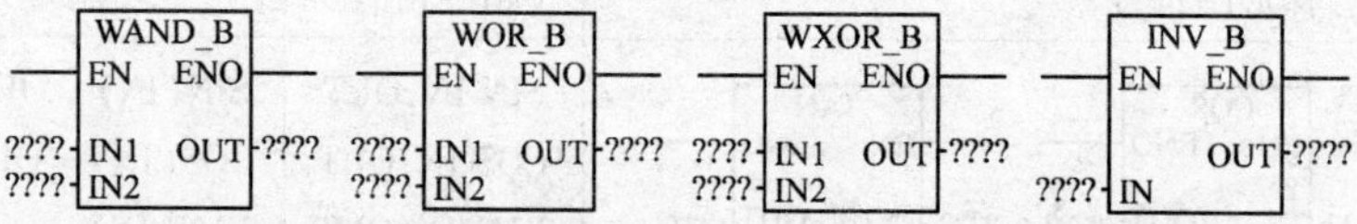	与、或、异或、取反

7.1　逻辑与指令 WAND

逻辑与指令包括字节(B)、字(W)、双字(DW)等 3 种数据长度的与操作指令。

逻辑与指令的功能:使能输入有效时,把两个字节(字、双字)长的输入逻辑数按位相与,得到一个字节(字、双字)逻辑运算结果,通过 OUT 指定的存储器单元输出。

7.2　逻辑或指令 WOR

逻辑或指令包括字节(B)、字(W)、双字(DW)等 3 种数据长度的或操作指令。

逻辑或指令的功能:使能输入有效时,把两个字节(字、双字)长的输入逻辑数按位相或,得到一个字节(字、双字)逻辑运算结果,通过 OUT 指定的存储器单元输出。

7.3 逻辑异或指令 WXOR

逻辑异或指令包括字节(B)、字(W)、双字(DW)等3种数据长度的异或操作指令。

逻辑异或指令的功能:使能输入有效时,把两个字节(字、双字)长的输入逻辑数按位相异或,得到一个字节(字、双字)逻辑运算结果,通过OUT指定的存储器单元输出。

7.4 取反指令 INV

取反指令包括字节(B)、字(W)、双字(DW)等3种数据长度的取反操作。

取反指令功能:使能输入有效时,将一个字节(字、双字)长的逻辑数按位取反,得到一个字节(字、双字)逻辑运算结果,通过OUT指定的存储器单元输出。字或、双字异或、字求反、字节与操作的梯形图程序如图7-10所示。

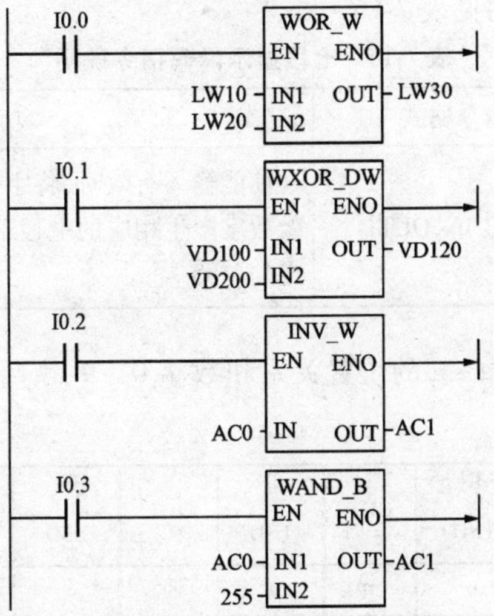

图 字或、双字异或、字求反、字节与操作的梯形图

8 数据编码和译码指令

在PLC中,字型数据可以是16位二进制数,也可用4位十六进制数来表示,编码过程就是把字型数据中最低有效位的位号进行编码,而译码过程是将执行数据所表示的位号对所指定单元的字型数据的对应位置1。数据编码和译码指令包括编码、译码、七段显示译码指令等。

8.1 编码指令 ENCO

编码指令说明见表7-14。

表7-14 编码指令说明

梯形图符号	指令格式	功能
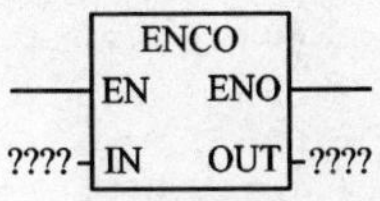	ENCO IN,OUT	使能输入有效时,将字型输入数据IN的低有效位(值为1的位)的位号输入到OUT所指定的字节单元的低4位

8.2 译码指令 DECO

译码指令说明见表 7-15。

表 7-15 译码指令说明

梯形图符号	指令格式	功能描述
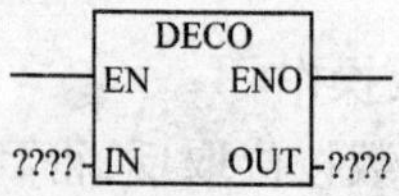	DECO IN,OUT	使能输入有效时,将字节型输入数据 IN 的低 4 位所表示的位号对 OUT 所指定的字单元的对应位置 1,其他位复 0

8.3 七段显示译码指令 SEG

七段显示译码指令说明见表 7-16。

表 7-16 七段显示译码指令说明

梯形图符号	指令格式	功能描述
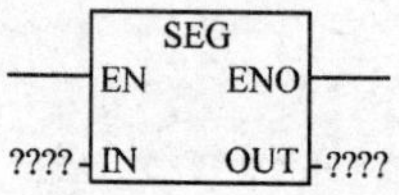	SEG IN,OUT	使能输入有效时,将字节型输入数据 IN 的低 4 位有效数字产生相应的七段显示码,并将其输出到 OUT 指定的单元

说明:七段显示数码管 a ~ g 的位置关系和数字 0 ~ 9、字母 A ~ F 与七段显示码的对应关系见图 7-11。

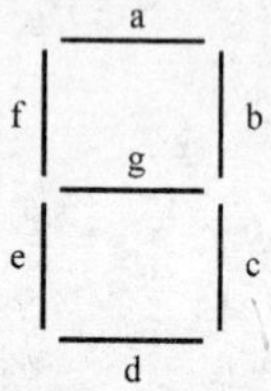

IN (LSD)	OUT	IN (LSD)	OUT	IN (LSD)	OUT	IN (LSD)	OUT
0	3F	4	66	8	7E	C	39
1	06	5	6D	9	6F	D	5E
2	5B	6	7D	A	77	E	79
3	4F	7	07	B	7C	F	71

图 7-11 位置关系及对应关系

每段置 1 时亮,置 0 时暗。与其对应的 8 位编码(最高位补 0)称为七段显示码。例如,要显示数据“0”时,七段显示数码管明暗规则依次为$(0111111)_2$(g 管暗,其余各管亮),将高位补 0 后为$(00111111)_2$,即“0”译码为“$(3F)_{16}$”。

例如,编写实现用七段显示数码管显示数字 5 段代码的程序。梯形图见图 7-12。

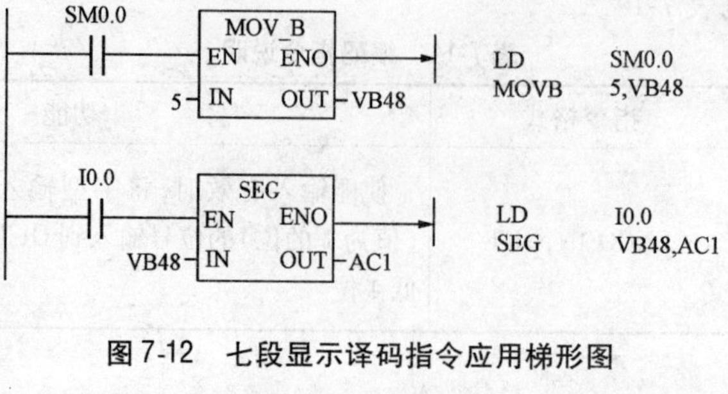

图 7-12 七段显示译码指令应用梯形图

8.4 字符串转换指令

字符串转换指令是将标准字符编码 ASCII 码字符串与十六进制数、整数、双字整数及实数进行转换。字符串转换指令说明见表 7-17。

表 7-17 字符串转换指令说明

梯形图符号	指令格式	功能描述
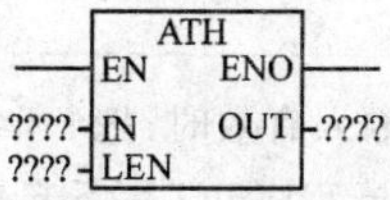	ATH IN,OUT,LEN	使能输入有效时,把从 IN 字符开始,长度为 LEN 的 ASCII 码字符串换成从 OUT 开始的十六进制数
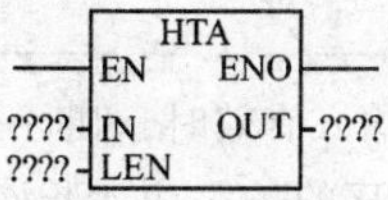	HTA IN,OUT,LEN	使能输入有效时,把从 IN 字符开始,长度为 LEN 的十六进制数转换成从 OUT 开始的 ASCII 码字符串
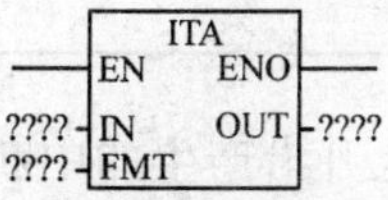	ITA IN,OUT,FMT	使能输入有效时,把输入端 IN 的整数转换成一个 ASCII 码字符串
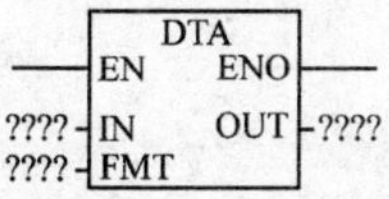	DTA IN,OUT,FMT	使能输入有效时,把输入端 IN 的双字整数转换成一个 ASCII 码字符串
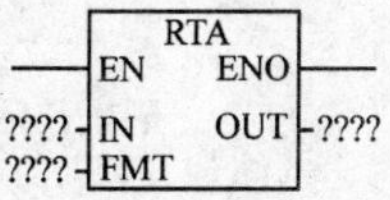	RTA IN,OUT,FMT	使能输入有效时,把输入端 IN 的实数转换成一个 ASCII 码字符串

说明:可进行转换的 ASCII 码为 0 ~ 9 及 A ~ F 的编码。

例如,编程将 VB100 中存储的 ASCII 码转换成十六进制数。已知(VB100) = 33,(VB101) = 32,(VB102) = 41,(VB103) = 45。梯形图如图 7-13 所示。

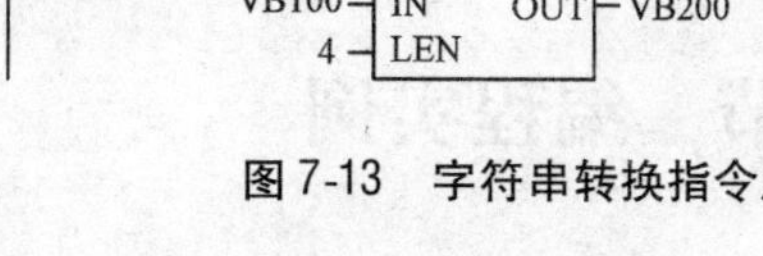


```
LD    I0.0
ATH   VB100,VB200,4
```

图 7-13 字符串转换指令应用梯形图

程序运行结果:

执行前:(VB100) = 33,(VB101) = 32,(VB102) = 41,(VB103) = 45。

执行后:(VB200) = 32,(VB201) = AE。

9 中断指令

中断指令有 4 条,其指令说明见表 7-18。

表 7-18　中断指令说明

梯形图符号	指令格式	功能描述
—(ENI)	ENI	开中断指令，使能输入有效时，全局地允许所有中断事件中断
—(DISI)	DISI	关中断指令，使能输入有效时，全局地关闭所有被连接的中断事件
ATCH EN ENO ???? INT ???? EVNT	ATCH INT,EVNT	中断连接指令，使能输入有效时，把一个中断事件 EVNT 和一个中断程序 INT 联系起来，并允许这一中断事件
DTCH EN ENO ???? EVNT	DTCH EVNT	中断分离指令，使能输入有效时，切断一个中断事件和所有中断程序的联系，并禁止该中断事件

例如，编写一段中断事件 0 的初始化程序。中断事件 0 是 I0.0 上升沿产生的中断事件。当 I0.0 有效时，开中断，系统可以对中断事件 0 进行响应，执行中断服务程序 INT0。梯形图如图 7-14 所示。

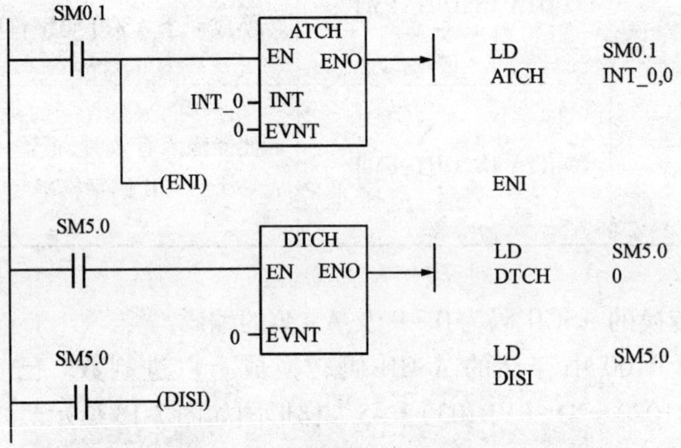

图 7-14　中断指令应用梯形图

第三节　编程实例

1　三相笼型异步电动机星形－三角形启动控制

用基本指令编制的控制梯形图如图 7-15 所示。当启动电动机时，按启动按钮 SB2：I0.0，接触器 KM：Q0.0、KM_Y：Q0.1 同时得电，KM_Y 的主触点闭合，将电动机接成星形并经过 KM 的主触点接至电源，电动机降压启动。当时间继电器延时 8 s 后，KM_Y 线圈失电，1 s 后，三角形控制接触器 $KM_\triangle$：Q0.2 线圈得电，电动机主回路接成三角形，电动机进入正常运行。按停止按钮 SB1:I0.1,电动机停止运行。用传送指令编制的控制梯形图如图 7-16 所示。在图 7-16 中,当 I0.0 接通后,用传送指令使 Q0.1 和 Q0.0 得电;8 s 后,用传送指令传送“1”使 Q0.0 得电,Q0.1 断开;1 s 后,用传送指令传送“5”使 Q0.0、Q0.2 得电;按 I0.1,用传送指令传送“0”使 Q0.0、Q0.1、Q0.2 断电。

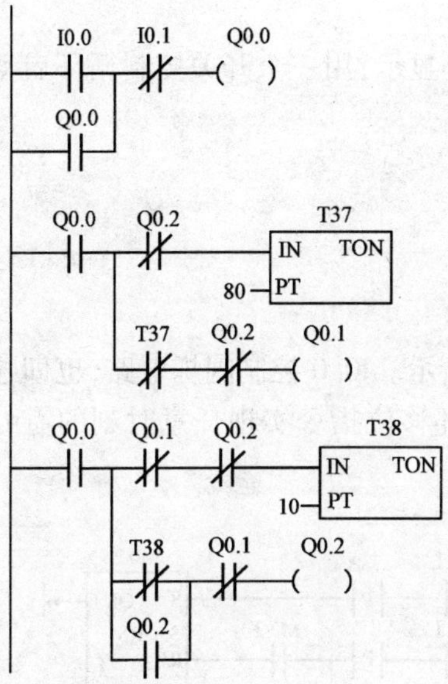

图 7-15　控制梯形图一

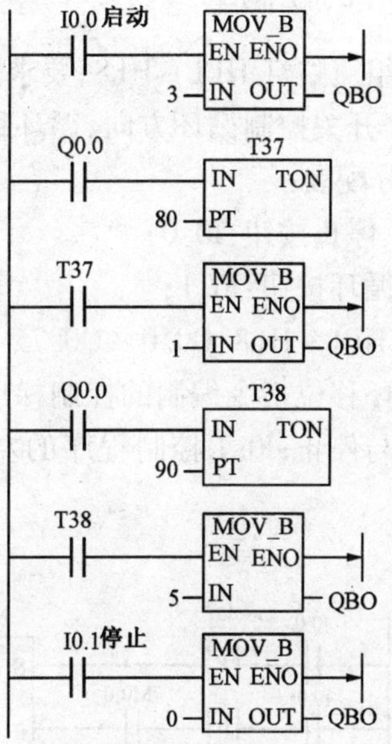

图 7-16　控制梯形图二

2　霓虹灯的控制一

有一组霓虹灯 HL1 ~ HL8,要求隔灯显示,每 1 s 变换一次,反复进行。用一个开关实现启停控制。

I/O 分配表:

启动、停止按钮:I0.0;

彩灯 HL1 ~ HL8:Q0.0 ~ Q0.7。

控制梯形图如图 7-17 所示。

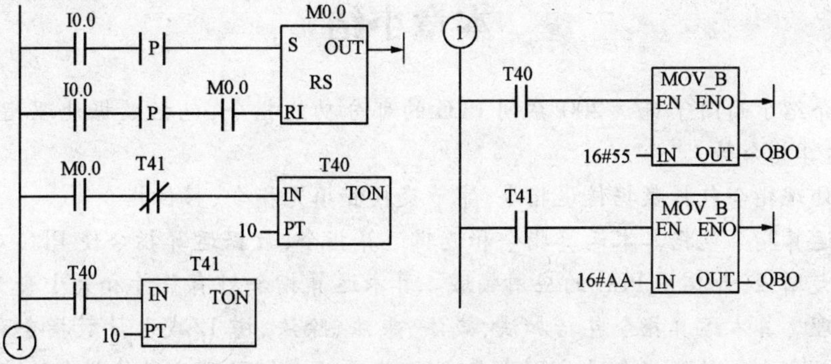

图 7-17　霓虹灯隔灯显示控制梯形图

在程序中，用了一个二分频电路，一般认为按钮是不自锁的，用一个按钮实现启停功能，前面的二分频就可以实现这个功能，用 RS 触发器同样可以实现单按钮启停功能。当然这里可以直接用 I0.0，不过它的启动功能是带自锁的。

3 霓虹灯的控制二

有一组霓虹灯 HL1 ~ HL8，要求能左右单灯循环显示，用一个开关控制循环启动和停止，另一个开关控制循环方向，循环移动周期为 1 s。

I/O 分配表：

启动、停止按钮：I0.0；

左右循环按钮：I0.1；

彩灯 HL1 ~ HL8：Q0.0 ~ Q0.7。

用循环移位指令编制的控制梯形图如图 7-18 所示。I0.0 控制闪烁电路，也即控制程序的启动与停止；I0.1 控制程序的左右循环；用循环移位指令实现任意时刻的霓虹灯左右移位。

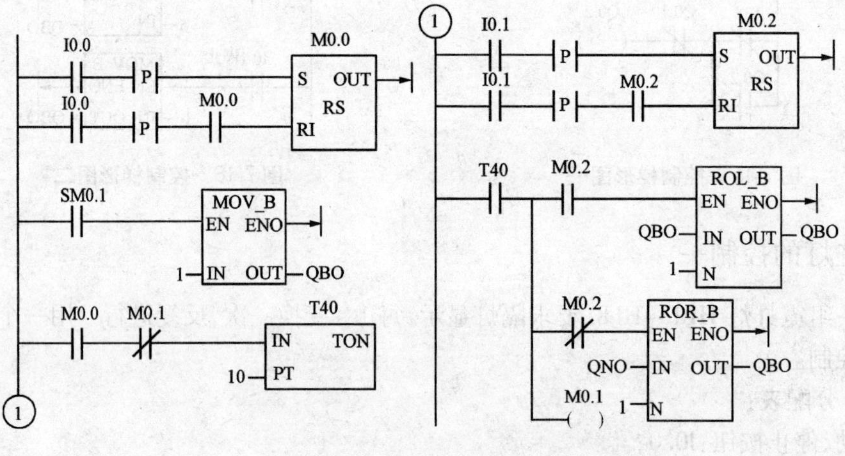

图 7-18 霓虹灯循环显示控制梯形图

本章小结

本章介绍了西门子 S7 - 200 系列 PLC 的部分功能指令，包括数据处理指令、中断指令、数据运算指令等。

数据处理指令包括数据传送指令、字节交换和填充指令、移位指令等。

数据运算指令包括算术运算指令和逻辑运算指令，数据运算指令使 PLC 对数据的处理能力大大增强，开拓了 PLC 的应用领域。算术运算指令对有符号和大小含义的算术问题进行处理。算术运算指令包括加法、减法、乘法、除法、增 1/减 1 计数指令和一些常用的数学函数指令。功能指令的应用非常广泛，本章只介绍了部分功能指令的应用，读者可以触类旁通。

练 习 题

7-1 编程实现将100英寸转换成厘米。

7-2 编程实现输出字符A的七段显示码。

7-3 编程实现将VD100中存储的ASCII码字符串37、42、44、32转换成十六进制数，并存储到VW200中。

7-4 编程实现定时中断，当连接在输入端I0.1的开关接通时，闪烁频率减半；当连接在输入端I0.0的开关接通时，又恢复成原有的闪烁频率。

7-5 编写一个输入/输出中断程序，实现从0到255的计数。当输入端I0.0为上升沿时，程序采用加计数；当输入端I0.0为下降沿时，程序采用减计数。

7-6 用高速计数器实现20 kHz的加计数。当计数值等于100时，将当前值清零。用逻辑运算指令编写一段数据处理程序，将累加器AC0与VW100存储单元的数据进行逻辑与操作，并将运算结果存入累加器AC0中。

7-7 编写一段程序，将VB100开始的50个字的数据传送到VB100开始的存储区。

7-8 编写一段程序，将VB0开始的256个字节存储单元清零。

7-9 编写将IB0字节高4位和低4位数据交换，然后送入定时器T37作为定时器预置的程序。

第八章　PLC 编程软件及应用

【教学目标】

1. 详细介绍三菱 FX 系列 PLC 仿真软件 FXTRN、编程软件 GX Developer 8.52。

2. 详细介绍西门子 S7－200 系列 PLC 编程软件 STEP 7－Micro/WIN V4.0。

【学习要点】

1. 掌握 3 种 PLC 编程软件的使用。

2. 学会用 PLC 编程软件调试 PLC 程序。

第一节　三菱 FX 系列 PLC 仿真软件 FXTRN

1　FXTRN 的作用

对于三菱 PLC 的初学者来说，FXTRN 是一个非常合适的学习软件，它把梯形图的编辑、程序的模拟运行、运行结果的画面展示集于一体，是个简单易学的软件，能够帮助初学者在较短时间内熟练掌握 PLC 的大部分知识。

2　FXTRN 的安装

从三菱公司网站可以下载该软件，或者通过百度搜索也可下载该软件。打开下载的软件，点击安装程序就可以安装，不需要注册等，简单方便。

3　软件界面介绍

图 8-1 为 FXTRN 软件界面。

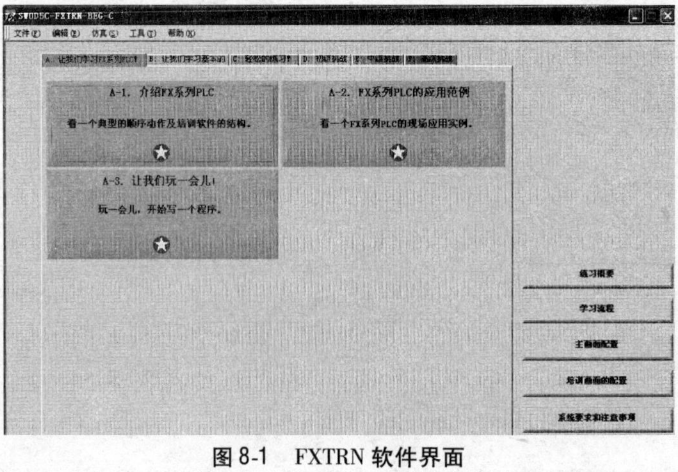

图 8-1　FXTRN 软件界面

3.1 **菜单功能**

菜单栏包括文件、编辑、仿真、工具、帮助等。

(1)文件:包括上一画面、下一画面、主画面、退出等。

(2)编辑:程序的编辑,包括梯形图编辑、部件更改、I/O 清单等。

(3)仿真:PLC 模拟仿真,包括复位等。

(4)工具:包括远程控制、正视、俯视等。

(5)帮助:包括关于 FXTRN 的版本信息等。

3.2 **软件单元**

FXTRN 软件有 6 个主要单元:

"A. 让我们学习 FX 系列 PLC"。

"B. 让我们学习基本的"。

"C. 轻松的练习"。

"D. 初级挑战"。

"E. 中级挑战"。

"F. 高级挑战"。

3.2.1 让我们学习 FX 系列 PLC

本单元有 3 项内容:

"A-1. 介绍 FX 系列 PLC"。

"A-2. FX 系列 PLC 的应用范例"。

"A-3. 让我们玩一会儿"。

典型的顺序动作模拟界面见图 8-2。

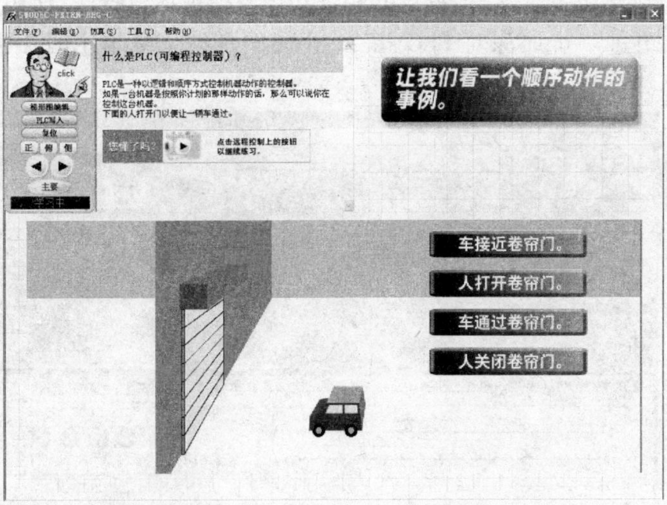

图 8-2 FXTRN 软件顺序动作模拟界面

3.2.2 让我们学习基本的

在本单元可以学习软元件、基本指令、梯形图的编辑、转换、模拟运行等。左上角为主菜单,包括梯形图编辑、PLC 写入、复位等。点击梯形图编辑,软件进入编辑状态,可以编辑梯形图。编辑梯形图时,先点击软件界面最下面的工具栏,如单击常开触点,在弹出的对话框中,写入软元件名称,如 X000,然后点击确定,即可写入。在模拟运行中还可以点击复位。在编辑好梯形图之后,要先转换,然后写入,才可以模拟运行。如图 8-3 所示,左下角为梯形图的编辑区域,右下角为模拟控制面板。上面有按钮、开关、输入/输出指示灯。用这些模拟输入设备省去了现场接线的不便,对于初学者来说,FXTRN 软件非常实用。PLC 启保停模拟运行界面如图 8-3 所示。

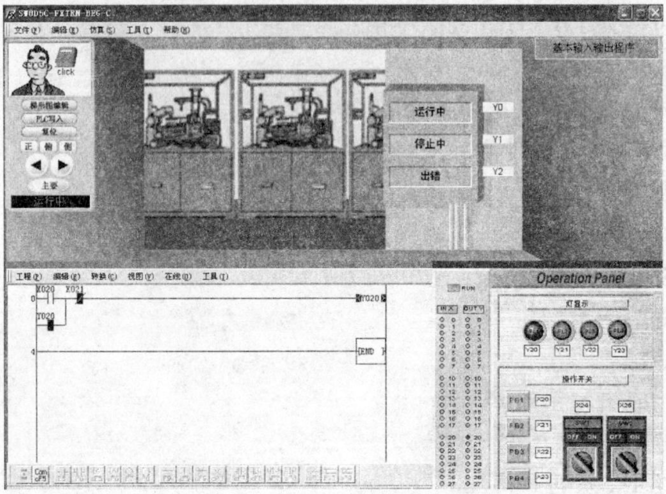

图 8-3　FXTRN 软件 PLC 启保停模拟运行界面

3.2.3　轻松的练习

在该单元可以学习定时器、计数器的相关知识及模拟运行程序,让初学者能客观地看到运行结果,并更进一步加深对 PLC 指令、元件的理解。基本定时器模拟运行界面见图 8-4。

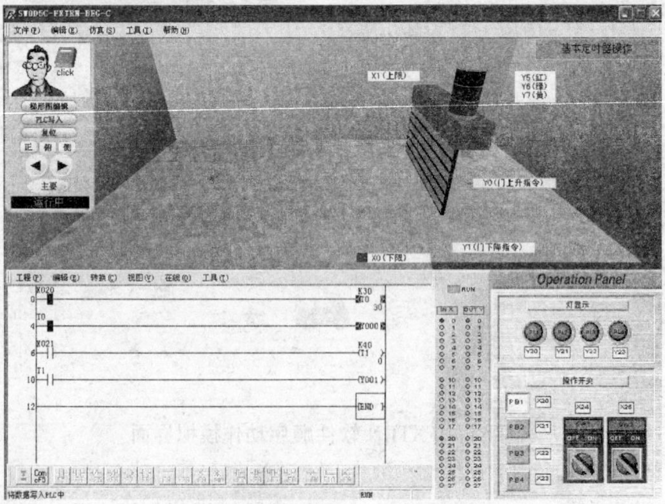

图 8-4　FXTRN 软件基本定时器模拟运行界面

3.2.4　初级挑战

初学者经过前面3个单元的学习,就可以进入初级挑战单元。

该单元有6个模拟场景可供挑战:①呼叫单元。②检测传感器灯。③交通灯的时间控制。④不同尺寸的部件分类。⑤输送带启动/停止。⑥输送带驱动。

输送带驱动模拟界面见图8-5。

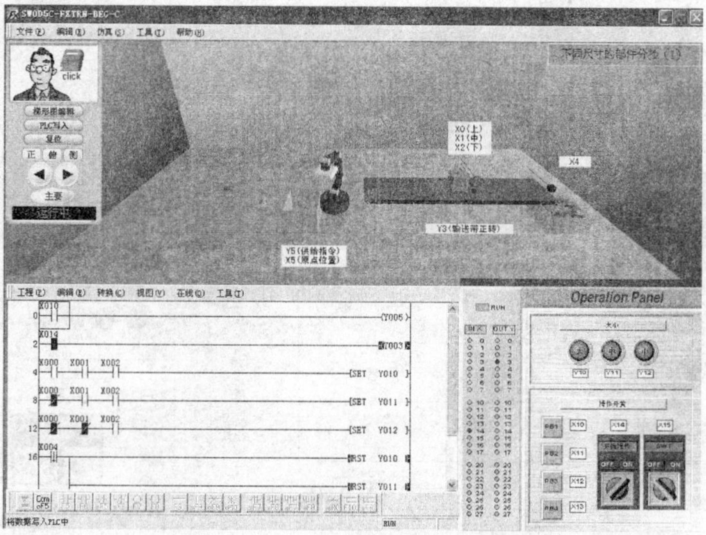

图8-5　FXTRN软件输送带驱动模拟界面

3.2.5　中级挑战

该单元有6个模拟场景可供挑战:①按钮信号。②不同尺寸的部件分类。③部件移动。④钻孔。⑤部件供给控制。⑥输送带控制。输送带控制模拟界面如图8-6所示。

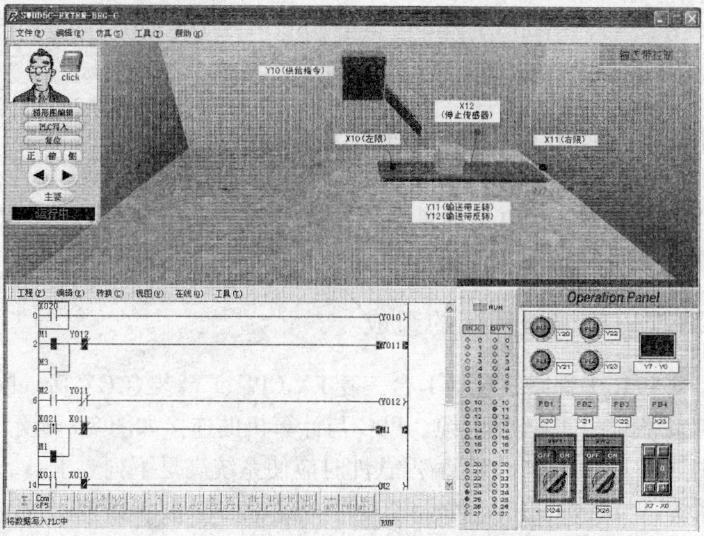

图8-6　FXTRN软件输送带控制模拟界面

3.2.6 高级挑战

该单元有6个模拟场景可供挑战:①自动门操作。②舞台装置。③部件分配。④不良部件的分类。⑤正反转控制。⑥升降机控制。

部件分配模拟界面如图8-7所示。

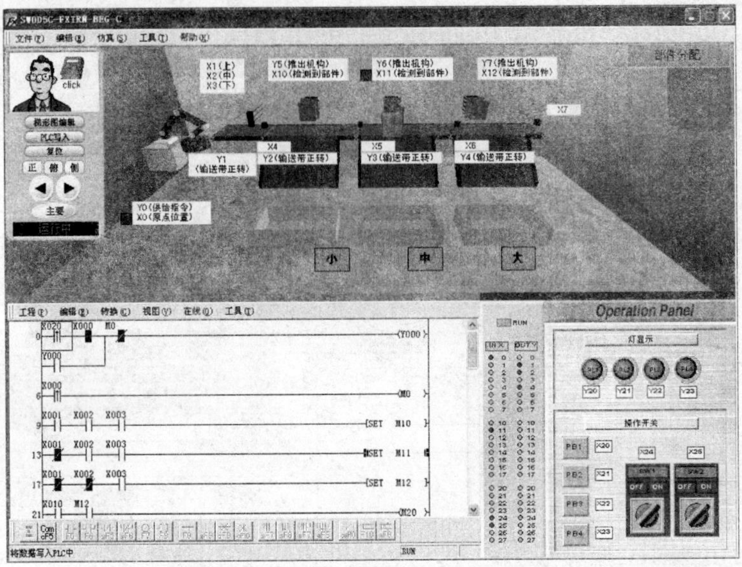

图8-7 FXTRN软件部件分配模拟界面

在以上各种挑战中,如果不能完成,可以在软件编辑状态中调出程序。具体步骤为单击菜单栏中的"工程",选择"打开工程",然后在弹出的选项中选择挑战项目对应的程序。

第二节 三菱FX系列PLC编程软件

1 三菱GX Developer 8.52编程软件概述

三菱FX系列PLC使用GX Developer 8.52编程软件进行编程。GX Developer 8.52编程软件功能强大,是三菱FX系列PLC用户不可或缺的开发工具。它具有简单、易学、高效、节省编程时间、能够完成复杂的自动化任务等优点。尤其是在推出汉化程序后,它可在全汉化的界面下进行操作,使中国的用户使用起来更加方便和容易。

2 三菱FX系列PLC编程系统的组成

三菱FX系列PLC编程系统包括1台三菱FX CPU、1台装有GX Developer 8.52编程软件的计算机或编程器、1根连接电缆。PLC与计算机的连接如图8-8所示。

我们在使用GX Developer 8.52编程软件时应使系统满足下列要求:

(1)操作系统:Windows 98、Windows 2000、Windows ME或Windows NT。

(2)计算机硬件配置:CPU为80586或更高的处理器,内存至少8 MB,硬盘空间至少50 MB,VGA显示器,Windows支持的鼠标。

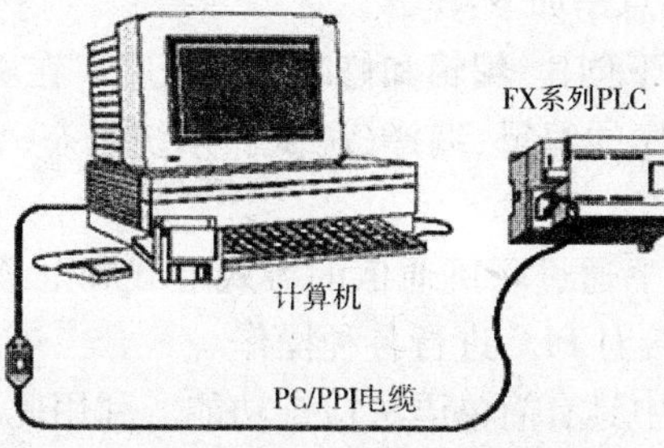

图 8-8　PLC 与计算机的连接

(3)通信电缆:PC/PPI 电缆(或使用 1 个通信处理器卡),用于 PLC 和计算机(编程器)的连接。

3　三菱 FX 系列 PLC 编程系统硬件的连接

三菱 FX 系列 PLC 与计算机之间的连接采用 PC/PPI 电缆。单台 PLC 与计算机之间的连接或通信,需要 1 根连到串行通信口的 PC/PPI 电缆(见图 8-8),连接步骤如下:

(1)设置 PC/PPI 电缆上的 DIP 开关(DIP 开关的第 1、2、3 位用于设定波特率,第 4、5 位置 0),选择计算机支持的波特率,一般设置为 9.6 KB 或 19.2 KB。

(2)把 PC/PPI 电缆的 RS－232 端(标着 PC)连接到计算机串行通信口 COM1 或 COM2,并拧紧连接螺丝。

(3)把 PC/PPI 电缆的 RS－485 端(标着 PPI)连接到 PLC 的串行通信口,并拧紧连接螺丝。

4　GX Developer 8.52 编程软件的安装

GX Developer 8.52 编程软件的安装与一般软件的安装大同小异,也是使用光盘和光盘驱动器。其安装过程和操作步骤如下:

(1)将光盘放入光盘驱动器,系统自动进入安装向导;如果安装程序没有自动启动,可在光盘中找到安装程序 SETUP。

(2)运行光盘根目录下的 SETUP,即用鼠标左键双击 SETUP,进入安装向导。

(3)根据安装向导的提示完成 GX Developer 8.52 编程软件的安装。

(4)首次安装完成后,会出现一个“浏览 Readme 文件”选项对话框,用户可以选择使用德语、英语、法语、西班牙语或意大利语阅读“Readme”文件。一般出售的软件都采用英文版,使用时我们也可以通过专门的汉化软件将其操作界面汉化为中文界面,这样使用起来会更加方便、更加容易。

安装完成并重新启动计算机后,在开始菜单→程序→MELSOFT 应用程序找中到 GX Developer 启动图标。

5　GX Developer 8.52 编程软件的功能简介

GX Developer 8.52 的基本功能可以简单地概括如下:通过 Windows 平台用户自己编

制应用程序。它的功能可以总结如下：

(1)在离线(脱机)方式下创建、编辑和修改用户程序。在离线方式下，计算机不直接与 PLC 联系，可以实现对程序的编辑、编译、调试和系统组态，此时所有的程序和参数都存储在计算机的存储器中。

(2)在在线(联机)方式下通过联机通信的方式上载和下载用户程序及组态数据，编辑和修改用户程序，可以直接对 PLC 进行各种操作。

(3)在编辑程序的过程中具有简单语法检查功能。利用此功能可提前避免一些语法和数据类型方面的错误；它主要在梯形图错误处下方自动加红色曲线或在指令表中错误行前加注红色叉，且在错误处下方加红色曲线。

(4)具有用户程序的文档管理和加密等功能。

此外，用户还可直接用编程软件设置 PLC 的工作方式、运行参数以及进行运行监控和强制操作等。软件功能的实现可以在联机工作方式(在线方式)下进行，部分功能的实现也可以在脱机工作方式(离线方式)下进行。

在线方式与离线方式的主要区别是：

(1)在在线方式下可直接针对相连的 PLC 进行操作，如上载和下载用户程序和组态数据等。

(2)在离线方式下不直接与 PLC 联系，所有程序和参数都暂时存放在计算机硬盘里，待联机后再下载到 PLC 中。

6 GX Developer 8.52 编程软件的窗口组件及其功能

在中文环境下运行 GX Developer 8.52 编程软件，它的主界面如图 8-9 所示。GX Developer 8.52 编程软件主界面一般可以分为以下几个区域：主菜单条(包括 10 个主要菜单项)、工具条、指令树、浏览条、局部变量表、状态栏、输出窗口和程序编辑区。

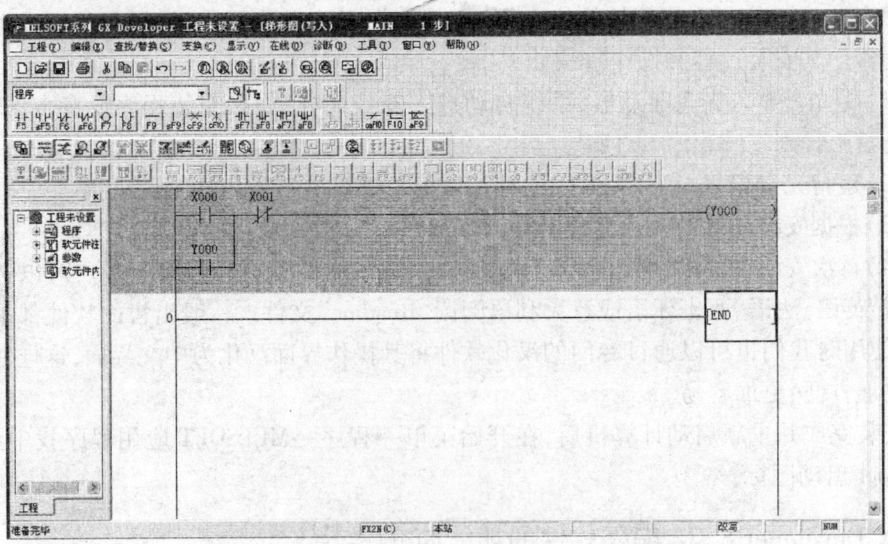

图 8-9　GX Developer 8.52 编程软件的主界面

主界面采用了标准的 Windows 程序界面，熟悉 Windows 操作的用户掌握起来会更加容易和便捷。

6.1 主菜单条

主菜单条又称菜单栏，同其他基于 Windows 系统的软件一样，位于窗口最上面的就是 GX Developer 8. 52 编程软件的主菜单条，它包括 10 个主要菜单项，这些菜单项包含了通常情况下控制编程软件运行的功能和命令（括号内的字母为对应的操作热键），如图 8-10 所示。各主要菜单项的功能简介如下：

图 8-10 主菜单条

（1）工程：包括新建、打开、关闭、保存、删除工程和校验、复制、编辑数据、文件的打印预览、设置和操作等。

（2）编辑：程序编辑的工具，包括选择、复制、剪切、粘贴程序块或数据块，以及行插入、行删除、列插入、列删除等。

（3）查找/替换：包括软元件、指令、步号、字符串、触点线圈查找，还有软元件替换、指令替换、字符串替换等。

（4）变换：变换程序。

（5）显示：包括注释显示、声明显示、注解显示、别名显示等。

（6）在线：包括传输设置、PLC 读取、PLC 写入、PLC 校验、PLC 监视、PLC 调试、跟踪、远程操作等。

（7）诊断：包括 PLC 诊断、网络诊断等。

（8）工具：包括程序检查、数据合并、参数检查等。

（9）窗口：显示本软件的各个窗口，包括重叠显示、左右并列显示等。

（10）帮助：通过帮助菜单上的目录和索引可查阅几乎所有相关的使用帮助信息，帮助菜单还提供网上查询功能。在软件操作过程中的任何步骤或任何位置都可以按 F1 键来显示在线的帮助信息，大大方便了用户的使用。

6.2 工具条和指令树

GX Developer 8. 52 编程软件提供了 3 行快捷按钮工具条，用户也可以通过工具菜单自定义工具条。

工具条是一种代替命令或下拉菜单操作的简便工具，用户利用它可以完成大部分的编程、调试及监控功能。

在 GX Developer 8. 52 编程软件中，可将各种最常用的操作以按钮形式设定到工具条。单击显示菜单，选择工具条（Toolbars）选项，设置显示或隐藏工具条。

指令树在后文进行讲解。

6.3 浏览条

浏览条位于软件窗口的左方，它显示编程特性的按钮控制群组，如程序块、符号表、状态图、数据块、系统块、交叉引用及通信等显示按钮控制。

浏览条为编程提供按钮控制，可以实现窗口的快速切换，在浏览条中单击任何一个按钮，则主窗口切换成此按钮对应的窗口。

6.4 局部变量表

每个程序块都对应一个局部变量表，局部变量表用来定义局部变量，局部变量只在建立局部变量的 POU 中才有效。例如，在带参数的子程序调用中，参数的传递就是通过局部变量表进行的。局部变量表包含对局部变量所做的赋值（即子程序和中断程序使用的变量）。在局部变量表中建立的变量使用暂时内存；地址赋值由系统处理；变量的使用仅限于建立此变量的 POU。

使用局部变量有以下两个优点：其一，创建可移植的子程序时，可以不引用绝对地址或全局符号；其二，使用局部变量作为临时变量进行计算时，可以释放 PLC 内存。

6.5 状态栏

状态栏提供了在 GX Developer 8.52 中操作时的操作状态信息。

6.6 输出窗口

输出窗口用来显示 GX Developer 8.52 程序编译的结果，如编译是否有错误、错误编码和位置等。当输出窗口列出的程序有错误时，可用鼠标左键双击错误信息，会在程序编辑区中显示相应的网络。

6.7 程序编辑区

在程序编辑区，用户可以使用梯形图、指令表或功能图编写 PLC 控制程序。在联机状态下，可以从 PLC 中上载用户程序进行编辑和修改。

7 程序编辑

7.1 打开已有的工程文件

用工程菜单中的打开工程命令，在弹出的对话框中选择要打开的工程文件。

7.2 创建新工程

创建新工程常用以下两种方法：

（1）单击工具条中的新建快捷按钮。

（2）单击工程菜单，选择新建工程，在主窗口中将显示新建工程文件的主程序区。

7.3 选择主机 CPU 类型

一旦打开一个新工程，开始写程序之前可以选择主机 CPU 类型。在创建新工程时弹出一个对话框，如图 8-11 所示。在 PLC 系列中，直接选择 FXCPU，在 PLC 类型中选择 FX_{2N}。

7.4 输入编程软元件

在使用 GX Developer 8.52 编程软件时，一般采用梯形图编程，编程软元件有线圈、触点、指令盒、标号及连接线。触点 -| |- 代表电源可通过的开关，电源仅在触点关闭时通过正常打开的触点（逻辑值为零）；线圈 -( ) 代表由能流充电的中继或输出；指令盒 [ ] 代表当能流到达方框时执行的一项功能（例如，计时器、计数器或数学运算）。

点击指令树中的触点，然后在弹出的对话框中输入软元件名称，如图 8-12 所示。

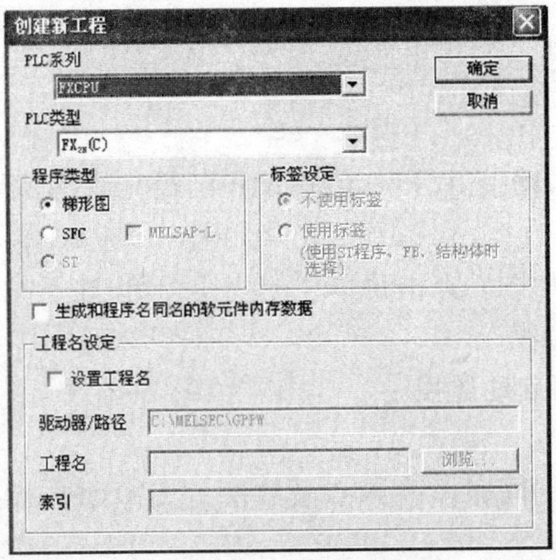

图 8-11　创建新工程

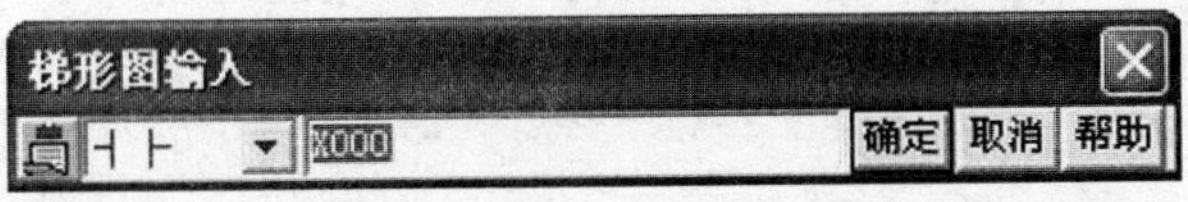

图 8-12　输入软元件名称

8　写入和读出程序文件

写入程序文件是指将存储在编程器(计算机)中的程序文件装入到 PLC 主机中。具体操作为:单击在线菜单,选择写入。

读出程序文件是指将存储在 PLC 主机中的程序文件装入到编程器(计算机)中。具体操作为:单击在线菜单,选择 PLC 读出。

GX Developer 8.52 编程软件有很强的编辑功能,熟练掌握编辑和修改控制程序操作可以大大提高编程的效率。

9　编辑举例

启保停梯形图编辑如图 8-13 所示。

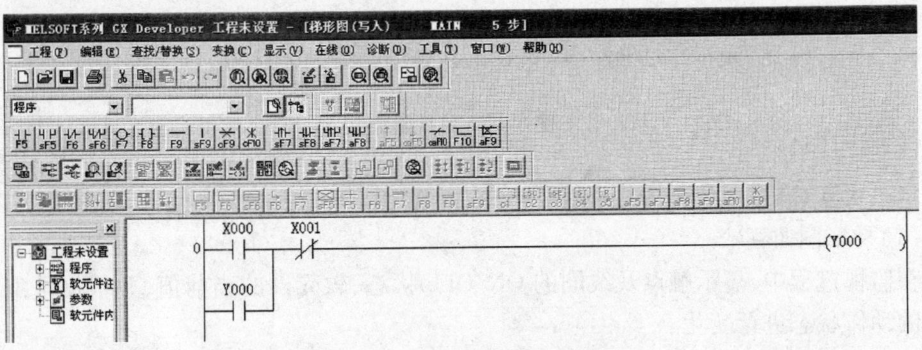

图 8-13　启保停梯形图编辑

10　PLC 的运行与监视

10.1　运行

PLC 设备与计算机线路接好,PLC 传输设置已经完成,程序编辑之后,进行运行与监视。

运行之前,先变换梯形图。点击菜单栏的变换菜单,在下拉菜单中再点击变化,或者按 F4 功能键。

10.2　监视、停止监视、再启动监视

10.2.1　目的

在显示梯形图/列表的同时监视触点及线圈的 ON/OFF 状态。此外,用于停止监视及停止后的再启动。

10.2.2　操作步骤

启动监视:选择在线→监视→监视开始或点击 F3 功能键。

停止监视:选择在线→监视→监视停止或点击 Alt + F3 组合键。

10.2.3　监视画面

监视画面如图 8-14 所示。

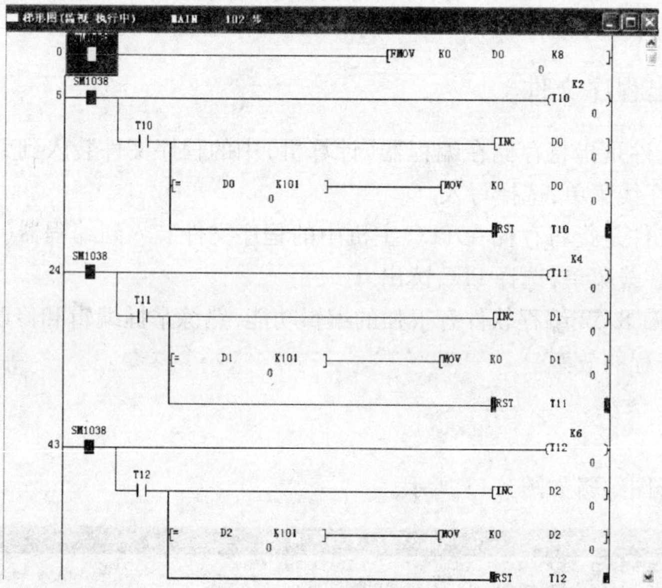

图 8-14　监视画面

10.2.4　项目说明

(1)梯形图监视。

在监视过程中,显示触点及线圈的 ON/OFF 状态、软元件的当前值,并根据可编程控制器的动作状态进行变化。

但是,如果选择在线→监视→监视停止,仍将保持显示;如果选择在线→监视→监视

开始,将再次启动监视。

(2)当前值。

显示软元件的当前值。

对于当前值可以在十进制数与十六进制数之间进行切换。

梯形图监视时,若对双字进行监视,当字符数为 10 个以上时将字符尺寸缩小后进行显示。若它与指令中所使用的数据类型相符合,可以显示当前值。

11 PLC 的诊断

11.1 设置目的

显示 FX 可编程控制器 CPU 的状态和出错代码。

11.2 操作步骤

点击菜单栏中的诊断,然后选择 PLC 诊断。

11.3 设置界面

PLC 诊断界面如图 8-15 所示。

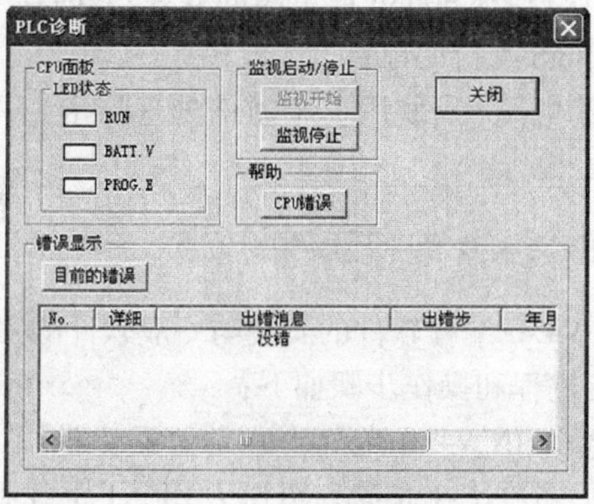

图 8-15 PLC 诊断界面

11.4 项目说明

(1)CPU 面板。

显示连接的可编程控制器 CPU 的状态。

RUN:CPU 处于 RUN 的时候,绿灯亮。

BATT. V:当内存备用电池电压过低的时候,红灯亮。

PROG. E:出错的时候(M8061、M8064、M8066 中的任意一个为 ON),红灯闪烁。

(2)目前的错误按钮。

点击目前的错误按钮,将显示可编程控制器 CPU 内发生的错误。另外,日期和时间所显示的不是出错时的日期和时间,而是点击该按钮的时刻。

(3)错误显示。

显示当前可编程控制器 CPU 发生的错误,内容由出错代码和出错消息组成。

(4)监视开始按钮。

点击此按钮,开始与可编程控制器 CPU 通信,刷新显示。

(5)监视停止按钮。

点击此按钮,与可编程控制器 CPU 通信,保持显示。

(6)CPU 错误按钮。

如果当前存在错误,则可以确认出错代码的详细内容。

第三节　西门子 S7 - 200 系列 PLC 编程软件

1　S7 - 200 系列 PLC 编程系统

西门子 PLC 使用 STEP 7 - Micro/WIN V4.0 编程软件进行编程。S7 - 200 系列 PLC 编程系统包括 1 台 S7 - 200 CPU、1 台装有编程软件 STEP 7 - Micro/WIN V4.0 的计算机或编程器、1 根连接电缆。我们在使用 STEP 7 - Micro/WIN V4.0 编程软件时应使系统满足下列要求:

(1)操作系统:Windows 95、Windows 98、Windows 2000、Windows ME 或 Windows NT。

(2)计算机硬件配置:CPU 为 80586 或更高的处理器,内存至少 8 MB,硬盘空间至少 50 MB,VGA 显示器,Windows 支持的鼠标。

(3)通信电缆:PC/PPI 电缆(或使用 1 个通信处理器卡),用于 PLC 和计算机(编程器)的连接。

2　STEP 7 - Micro/WIN V4.0 编程软件的安装

STEP 7 - Micro/WIN V4.0 编程软件的安装与一般软件的安装大同小异,也是使用光盘和光盘驱动器。其安装过程和操作步骤如下:

(1)将 STEP 7 - Micro/WIN V4.0 光盘放入光盘驱动器,系统自动进入安装向导;如果安装程序没有自动启动,可在 F:(光盘)/STEP7/DISK1 下找到安装程序。

(2)运行光盘中的 SETUP 程序,即用鼠标左键双击 SETUP,进入安装向导。

(3)根据安装向导的提示完成 STEP 7 - Micro/WIN V4.0 编程软件的安装。

(4)首次安装完成后,会出现一个"浏览 Readme 文件"选项对话框,用户可以选择使用德语、英语、法语、西班牙语或意大利语阅读"Readme"文件。一般出售的软件都采用英文版,使用时我们也可以通过专门的汉化软件将其操作界面汉化为中文界面,这样使用起来会更加方便、更加容易。

安装完成并重新启动计算机后,"SIMATIC Manager(SIMATIC 管理器)"图标将会显示在 Windows 桌面上。

3　通信参数的设定

在 STEP 7 - Micro/WIN V4.0 编程软件安装结束时,会出现"设置 PG/PC 接口"对话框,可以在此处进行通信参数的设定。也可以在运行 STEP 7 - Micro/WIN V4.0 后,进行通信参数的设定。具体步骤如下:

(1)单击通信图标,或单击检视菜单,选择"通信(Communications)"选项,则会出现一个“通信”对话框，如图 8-16 所示。

(2)在“通信”对话框中，单击设置 PG/PC 接口按钮，将会出现“Set PG/PC Interface”对话框，如图 8-17 所示。

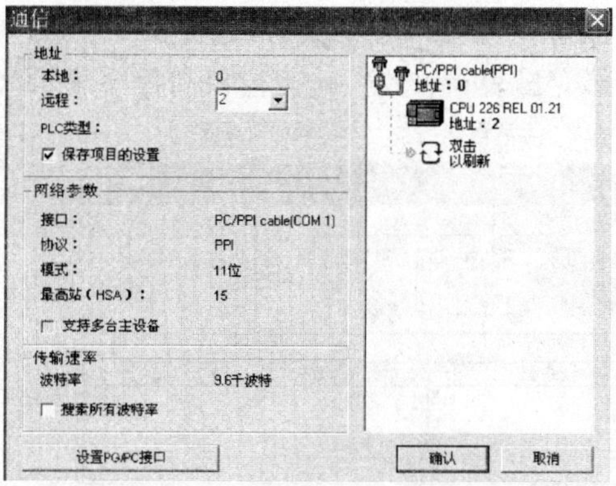

图 8-16 “通信”对话框

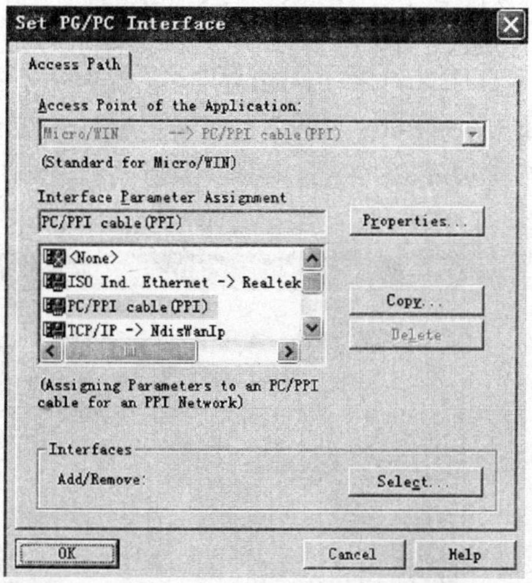

图 8-17 “Set PG/PC Interface”对话框

(3)单击 Properties 按钮，将出现 PG/PC 接口参数设置窗口，检查各参数的属性是否正确。如图 8-18(a)和图 8-18(b)所示，其中传送速率(Transmission Rate)的设定值要根据自己的通信线缆型号来设置，PC/PPI 设为 9.6 Kbps，而 CP5611(PROFIBUS)设为 1.5 Mbps。早期单主机组态所显示的参数配置如下：

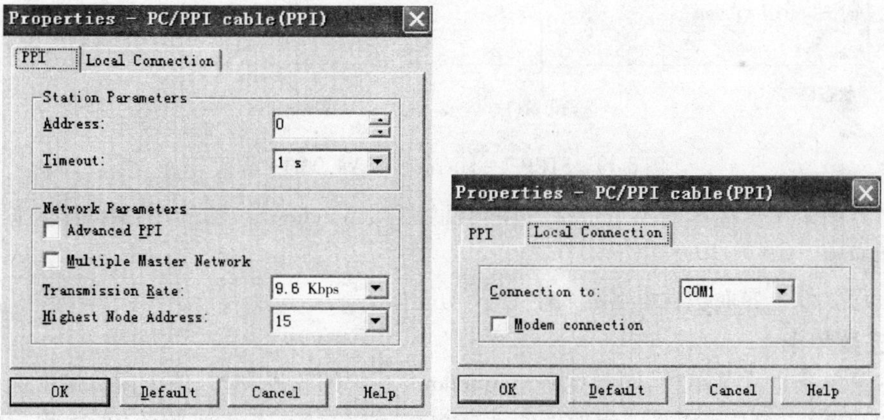

(a) (b)

图 8-18 PG/PC 接口参数设置窗口

远程设备地址(Remote Address)：2；

本地设备地址(Local Address)：0；

通信模式(Module)：PC/PPI cable(COM1)；

通信协议(Prorocol)：PPI；

传送速率:(Transmission Rate):9.6 Kbps;

传送字符数据格式(Mode):11 位。

4 STEP 7 – Micro/WIN V4.0 的窗口组件及其功能

在中文环境下运行 STEP 7 – Micro/WIN V4.0 编程软件,它的主界面如图 8-19 所示。STEP 7 – Micro/WIN V4.0 编程软件主界面一般可以分为以下几个区域:主菜单条(包括 8 个主要菜单项)、工具条、浏览条、指令树、局部变量表、状态栏、输出窗口和程序编辑区。

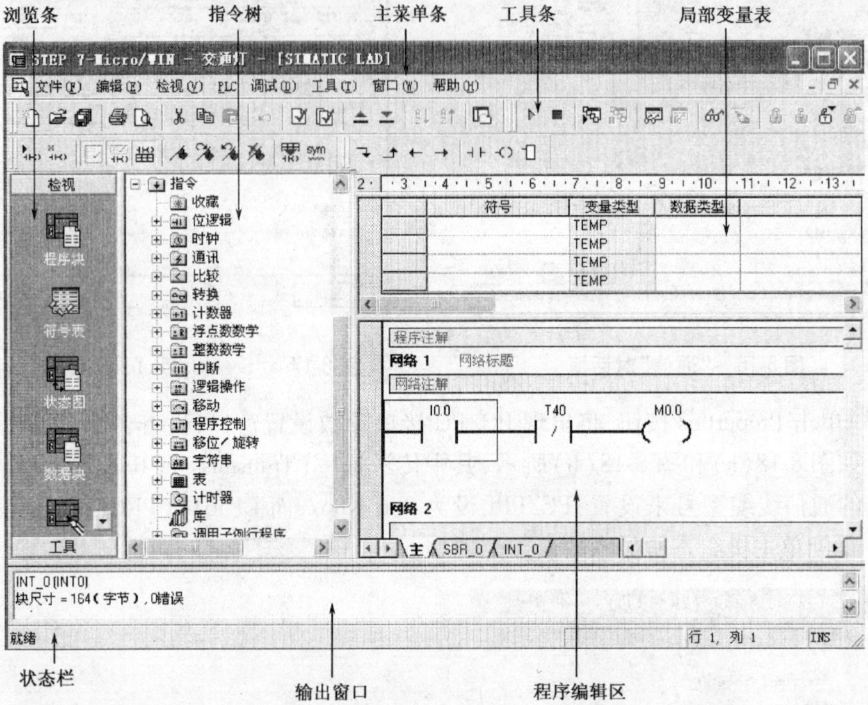

图 8-19 STEP 7 – Micro/WIN V4.0 的主界面

主界面采用了标准的 Windows 程序界面,熟悉 Windows 操作的用户掌握起来会更加容易和便捷。

编程软件主界面包含的各组件名称及功能如下。

4.1 主菜单条

主菜单条也称菜单栏,同其他基于 Windows 系统的软件一样,位于窗口最上面的就是 STEP 7 – Micro/WIN V4.0 编程软件的主菜单条,它包括 8 个主要菜单项,这些菜单项包含了通常情况下控制编程软件运行的功能和命令(括号内的字母为对应的操作热键),如图 8-20所示。各主要菜单项功能简介如下。

图 8-20 主菜单条

(1)文件。文件菜单里包含新建、打开、关闭、保存文件、上载和下载程序、文件的打印预览、设置和操作等。

(2)编辑。编辑菜单包括程序编辑的工具,如选择、复制、剪切、粘贴程序块或数据块,同时提供查找、替换、插入、删除和快速光标定位等功能。

(3)检视。检视菜单可以设置软件开发环境的风格,如决定其他辅助窗口(如引导窗口、指令树窗口、工具条按钮)的打开与关闭;包含引导条中所有的操作项目;选择不同语言的编程器(包括 LAD、STL、FBD 3 种);设置 3 种程序编辑器的风格,如字体、指令盒的大小等。

(4)PLC。PLC 菜单可建立与 PLC 联机时的相关操作,如改变 PLC 的工作方式、在线编译、查看 PLC 的信息、清除程序和数据、时钟设置、存储器操作、程序比较、PLC 类型选择及通信设置等。在此还提供离线编辑功能。

(5)调试。调试菜单包括监控和调试中的常用工具按钮,主要用于联机调试。

(6)工具。工具菜单可以用复杂指令向导(包括 PID 指令、NETR/NETW 指令和 HSC 指令),使复杂指令编程时操作大大简化。

(7)窗口。窗口菜单可以打开一个或多个窗口,并可进行窗口之间的切换;可以设置窗口的排放形式,如层叠、水平和垂直等。

(8)帮助。通过帮助菜单上的目录和索引可查阅几乎所有相关的使用帮助信息,帮助菜单还提供网上查询功能。在软件操作过程中的任何步骤或任何位置都可以按 F1 键来显示在线的帮助信息,大大方便了用户的使用。

4.2 工具条

STEP 7 - Micro/WIN V4.0 提供了两行快捷按钮工具条,用户也可以通过工具菜单自定义工具条。

工具条是一种代替命令或下拉菜单操作的简便工具,用户利用它可以完成大部分的编程、调试及监控功能。图 8-21 列出了常用工具条各按钮的功能,供读者速查与参考。在 STEP 7 - Micro/WIN V4.0 编程软件中,将各种最常用的操作以按钮形式设定到工具条。单击“检视”菜单,选择“工具条(Toolbars)”选项,设置显示或隐藏工具条。常用的工具条有标准、调试、公用以及指令 4 种,图 8-21(a)、图 8-21(b)、图 8-21(c)所示分别为标准、调试、公用工具条所含快捷按钮及功能。指令工具条在编程时再进行讲解。

4.3 浏览条

位于编程软件窗口左方的是浏览条,它显示编程特性的按钮控制群组,如程序块、符号表、状态图、数据块、系统块、交叉引用及通信等显示按钮控制。该条可用检视菜单中“引导条(Navigatiion bar)”选项来选择是否打开。

浏览条为编程提供按钮控制,可以实现窗口的快速切换,在浏览条中单击任何一个按钮,则主窗口将切换成此按钮对应的窗口。

4.4 指令树

指令树以树形结构提供编程时用到的所有快捷操作命令和 PLC 指令,它由项目分支和指令分支组成。

在项目分支中,用鼠标右键单击项目,可将当前项目进行全部编译、比较和设置密码;

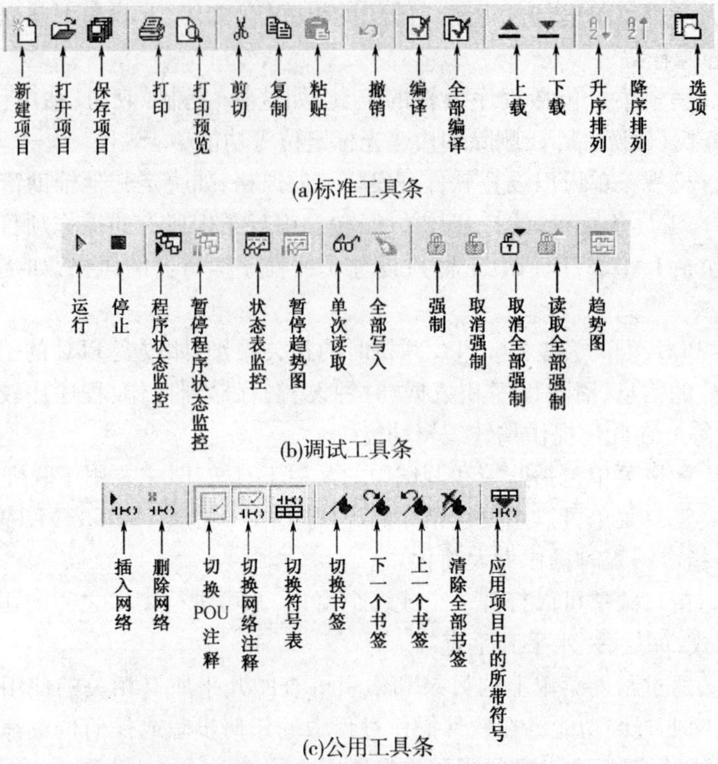

(a)标准工具条

(b)调试工具条

(c)公用工具条

图 8-21 工具条

在项目中可选择 CPU 的型号;用鼠标右键单击“程序块”文件夹,可插入新的子程序或中断程序;打开“程序块”文件夹,可以用密码保护本 POU,也可以插入新的子程序、中断程序或重新命名。

指令分支主要用于输入程序。打开“指令”文件夹并选择相应指令时,拖放或用鼠标左键双击指令,可在程序中插入指令;用鼠标右键单击指令,从弹出的菜单中选择“帮助”,可获得有关该指令的信息。

4.5 状态栏

状态栏提供了在 STEP 7 - Micro/WIN V4.0 中操作时的操作状态信息。

4.6 程序编辑区

在程序编辑区,用户可以使用梯形图、指令表或功能图编写 PLC 控制程序。在联机状态下,可以从 PLC 上载用户程序进行编辑和修改。

5 程序的编辑

5.1 打开已有的项目

打开已有的项目常用以下两种方法:

(1)用文件菜单中的打开(Open)命令,在弹出的对话框中选择要打开的程序文件。

(2)用 Windows 资源管理器找到适当的目录。

5.2 创建新项目

创建新项目常用以下3种方法：

(1)单击工具条中的“新建”快捷按钮。

(2)单击文件菜单，选择新建(New)命令，在主窗口将显示新建程序文件的主程序区。

(3)点击浏览条中程序块图标，新建一个STEP 7 - Micro/WIN V4.0项目。

5.3 选择主机CPU类型

一旦打开一个新项目，开始写程序之前可以选择主机CPU类型。确定CPU类型通常可采用以下两种方法：

(1)在指令树中右键单击“项目1(Project1 CPU 221)”图标，在弹出的菜单中单击“类型(Type)”。

(2)单击PLC菜单，选择类型(Type)命令，在弹出的对话框中选择CPU的类型，如图8-22所示。

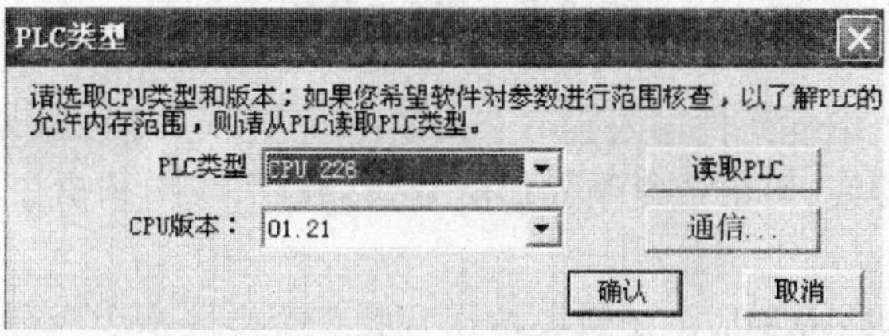

图8-22 CPU类型的选择

5.4 上载和下载程序文件

上载程序文件是指将存储在PLC主机中的程序文件装入到编程器(计算机)中。具体操作为：单击文件菜单，选择上载(Upload)命令；或者用工具条中的(上载)按钮来完成操作。

下载程序文件是指将存储在编程器(计算机)中的程序文件装入到PLC主机中。具体操作为：单击文件菜单，选择下载(Download)命令；或者用工具条中的(下载)按钮来完成操作。

5.5 编辑程序

STEP 7 - Micro/WIN V4.0编程软件有很强的编辑功能，熟练掌握编辑和修改控制程序操作可以大大提高编程的效率。

5.5.1 输入编程软元件

在使用STEP 7 - Micro/WIN V4.0编程软件时，一般采用梯形图编程，编程软元件有线圈、触点、指令盒、标号及连接线。触点代表电源可通过的开关，电源仅在触点关闭时通过正常打开的触点(逻辑值为零)；线圈代表由能流充电的中继或输出；指令盒代表当能流到达方框时执行的一项功能(例如，计时器、计数器或数学运算)。

输入编程软元件的方法有两种：

方法1：从指令树中双击或拖放。

(1)在程序编辑器窗口中将光标放在所需的位置,选择方框在光标位置周围。

(2)在指令树中,浏览至所需的指令时双击或拖放该指令。

(3)指令在程序编辑器窗口中显示。

方法2:使用工具条按钮。

(1)在程序编辑器窗口中将光标放在所需的位置,选择方框在光标位置周围。

(2)单击指令工具条(见图8-23)上的触点、线圈或指令盒等相应编程按钮,从弹出的下拉菜单中选择要输入的指令单击即可,也可使用功能键(F4 = 触点、F6 = 线圈、F9 = 指令盒)插入一个类属指令。

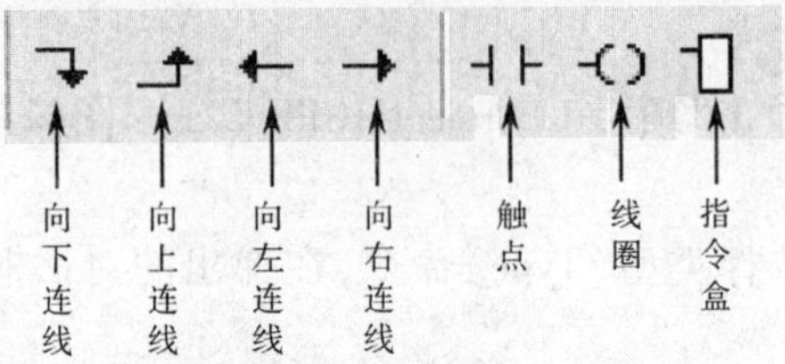

图8-23 指令工具条

在指令工具条上,编程元件输入有7个按钮:向下连线、向上连线、向左连线和向右连线按钮,用于输入连接线,可形成复杂梯形图结构;触点、线圈和指令盒按钮,用于输入编程元件。

按F4、F6或F9键(或相应的工具条按钮)时,一个类属指令会被放在光标位置,并在下方出现一个列表框。列表框包括一个相同类型全部指令的指令记忆符排序列表。F4键或相应的工具条按钮放置类属触点并显示一份触点指令列表。F6键或相应的工具条按钮放置类属线圈并显示一份线圈指令列表。F9键或相应的工具条按钮放置类属指令盒并显示一份指令盒指令列表,如图8-24所示。

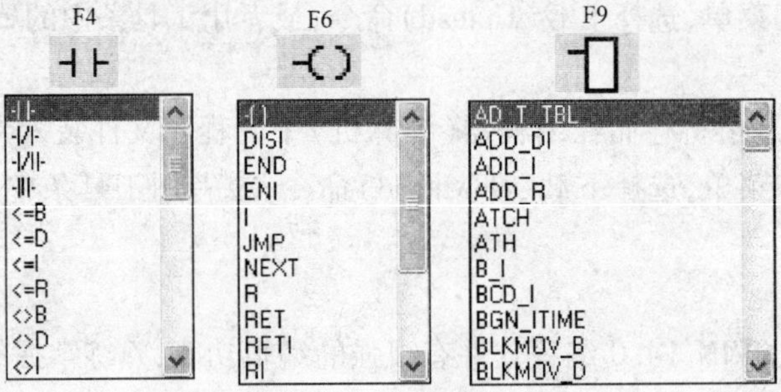

图8-24 类属指令列表

5.5.2 编程结构输入

(1)顺序输入。此类结构输入非常简单,只需从网络的开始依次输入各编程元件即可,每输入一个元件,光标自动向后移动到下一列。在图8-25所示的网络1中,分支1为一个顺序输入例子,分支3中的图形就是一个网络的开始,此图形表示可在此继续输入元件。而分支2已经连续在一行上输入了两个触点,若想再输入一个线圈,可以直接在指令树中双击线圈图标;图中的方框为光标(大光标),编程元件就在光标处被输入。

(2)输入操作数。图 8-25 中的“?? . ?”和“????”表示此处必须有操作数，此处的操作数为触点的名称。可单击“?? . ?”或“????”，然后键入操作数。

(3)任意添加输入。如果想在任意位置添加一个编程元件，只需单击这一位置将光标移到此处，然后输入编程元件即可。

(4)复杂结构。用指令工具条中的编程按钮 ↴ ↱ ← →，可编辑复杂结构的梯形图。例如，在图 8-25 中，单击图中第一行下方的编程区域，则在本行下一行的开始处显示光标(图中方框)，然后输入触点，生成新的一行。输入完成后将光标移到要合并的触点处，单击 ↱ 按钮即可，网络 1 的分支 1 就是在 Q0.0 处单击 ↱ 按钮的结果。如果要在一行的某个元件后向下分支，可将光标移到该元件，单击 ↴ 按钮，然后便可在生成的分支处顺序输入各元件。网络 1 的分支 2 就是在 I0.1 处单击 ↴ 按钮的结果。

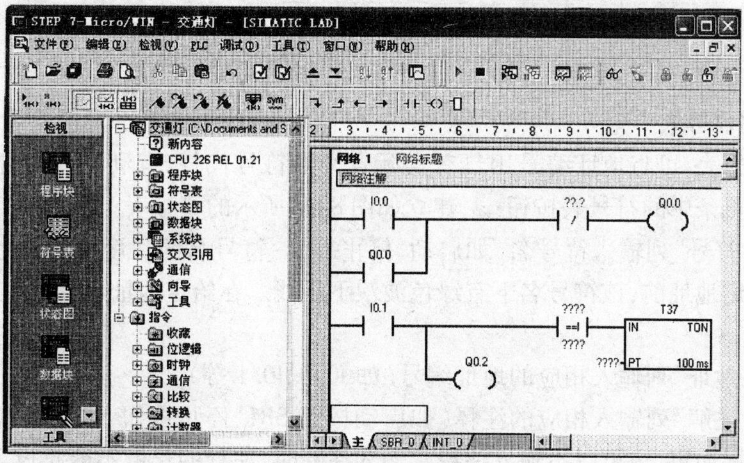

图 8-25 顺序输入

5.5.3 在 LAD 中编辑程序

(1)剪切、复制、粘贴或删除网络。通过拖曳鼠标或使用 Shift 键和 Up(向上)、Down(向下)箭头键，可以选择多个相邻的网络，用于剪切、复制、粘贴或删除选项。使用工具条按钮或从编辑菜单中选择相应的命令，或用鼠标右键单击，在弹出的快捷菜单中选择命令。在编辑中，不能选择部分网络，当尝试选择部分网络时，系统会自动选择整个网络。

(2)编辑单元格、指令、地址和网络。当单击程序编辑器中的空单元格时，会出现一个方框，显示已经选择的单元格。可以使用弹出菜单在空单元格中粘贴一个选项，或在该位置插入一个新行、列、垂直线或网络，也可以从空单元格位置删除网络或编辑网络，如图 8-26所示。

(3)插入和删除。在编程中经常用到插入和删除一行、一列、一个网络、一个子程序或中断程序等。方法有两种：在编程区右击要进行操作的位置，弹出快捷菜单，选择“插入(Insert)”或“删除(Delete)”选项，再弹出子菜单，单击要插入或删除的选项，然后进行编辑。也可用编辑菜单中的命令进行上述操作。

对于元件的剪切、复制和粘贴等操作，方法也与上述类似。

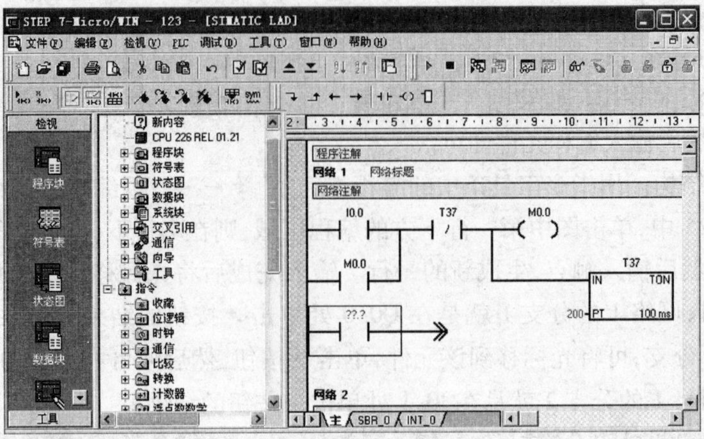

图 8-26　编辑网络

5.5.4　编写符号表

使用符号表,可将地址编号用具有实际含义的符号代替,有利于使程序结构清晰易读。单击浏览条中的符号表按钮,建立如图 8-27 所示的符号表。操作步骤如下:

(1)在“符号”列输入符号名(如启动、停止等)。符号名的长度不能超过 23 个字符。在给符号指定地址前,该符号名下有绿色波浪下划线。在给定地址后,绿色波浪下划线自动消失。

(2)在“地址”列输入相应的地址编号(如 I0.0、I0.1 等)。

(3)在“注解”列输入相应的注释(如启动按钮 SB1、停止按钮 SB2 等)。是否注释可根据实际情况而定,也可以不输入注释。输入注释时,注释的长度不能超过 79 个字符。

(4)编写好符号表后,单击检视菜单,选择“符号表(Symbol Table)”选项,在弹出的级联菜单中单击“将符号表应用于项目(S)”命令,然后打开程序窗口,则对应的梯形图如图 8-28所示。

			符号	地址	注解
1			启动	I0.0	启动按钮SB1
2			停止	I0.1	停止按钮SB2
3			接触器KM1	Q0.0	控制KM1电动机
4			接触器KM2	Q0.1	控制KM1电动机
5					

图 8-27　符号表

5.5.5　编程语言转换

STEP 7 - Micro/WIN V4.0 编程软件可实现 3 种编程语言(编辑器)之间的任意切换。单击检视菜单,选择“STL”、“梯形图(LAD)”或“FBD”3 种程序的任何一种便可进入对应的编程环境。使用最多的是 STL 和梯形图(LAD)之间的互相切换,STL 的编程可以按照或不按照网络块的结构顺序编程,但 STL 只有在严格按照网络块编程的格式编程的情况下才可切换到梯形图(LAD),否则无法实现转换。

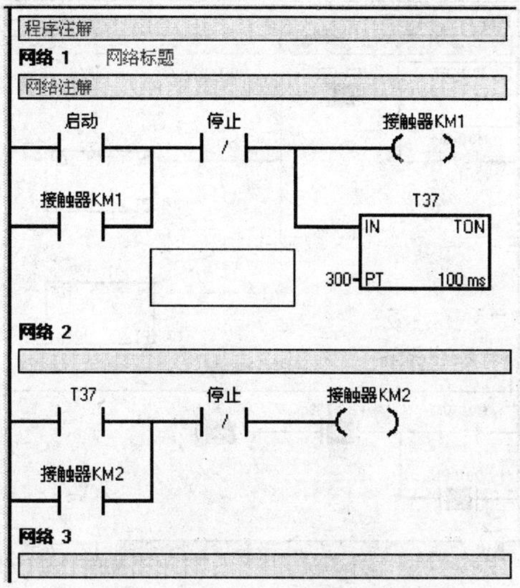

图 8-28　由符号表得到的梯形图

6　程序调试运行监控

在成功地完成下载程序后，则可利用 STEP 7 – Micro/WIN V4.0 编程软件调试工具条的诊断特征，在软件环境下调试并监视用户程序的执行。STEP 7 – Micro/WIN V4.0 编程软件提供了一系列工具来调试并监控正在执行的用户程序。

6.1　梯形图程序的状态监视

编程设备和 PLC 之间建立通信并向 PLC 下载程序后，STEP 7 – Micro/WIN V4.0 可对当前程序进行在线调试。利用菜单栏中的调试菜单或单击调试工具条中的按钮，可以在梯形图程序编辑器窗口查看以图形形式表示的当前程序的运行状况，还可直接在程序指令上进行强制或取消强制等操作。

在运行模式下，单击调试菜单，选择“开始程序状态(P)”命令，或单击工具条中的（程序状态）按钮，用程序状态功能监视程序运行的情况，PLC 的当前数据显示在引用该数据的 LAD 旁边，LAD 用彩色显示活动能流分支。

6.2　执行状态监控方式

使用执行状态功能使监控窗口能显示程序扫描周期内每条指令的操作数数值和能流状态。或者说，所显示的 PLC 中间数据都是从一个程序扫描周期中采集的。

在程序状态监控操作之前，单击调试菜单，选择“使用执行状态”命令（此命令前面出现一个“√”即可），进入可监控状态。如图 8-29 所示为对 PLC 梯形图运行状态的监控。

在这种状态下，PLC 处于运行模式时，按下（程序状态）按钮启动程序状态功能，STEP 7 – Micro/WIN V4.0 将用默认颜色（浅灰色）显示并更新梯形图中各元件的状态和变量数值。什么时候想退出监控，再按此按钮即可。

启动程序状态功能后，梯形图中左边的垂直“母线”和有能流流过的“导线”变为蓝色；如果位操作数为逻辑“真”，其触点和线圈也变成蓝色；有能流流入的指令盒的使能输

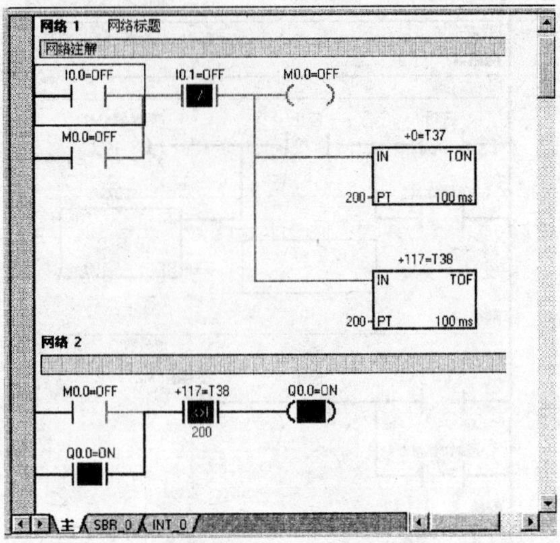

图 8-29　对 PLC 梯形图运行状态的监控

入端变为蓝色；如该指令被成功执行，指令盒的方框也变为蓝色；定时器和计数器的方框为绿色时表示它们已处在工作状态；红色方框表示执行指令时出现错误；灰色表示无能流、指令被跳过、未调用或 PLC 处于停止模式。

6.3　指令表程序的状态监视

指令表和梯形图的程序状态监视方法是完全相同的。单击工具菜单，选择“选项”命令，在打开的窗口中，选择“程序编辑器”中的“STL 状态”选项卡，如图 8-30 所示。可以选择指令表程序状态监视的内容，每条指令最多可以监控 17 个操作数、逻辑堆栈中 4 个当前值和 11 个指令状态位。

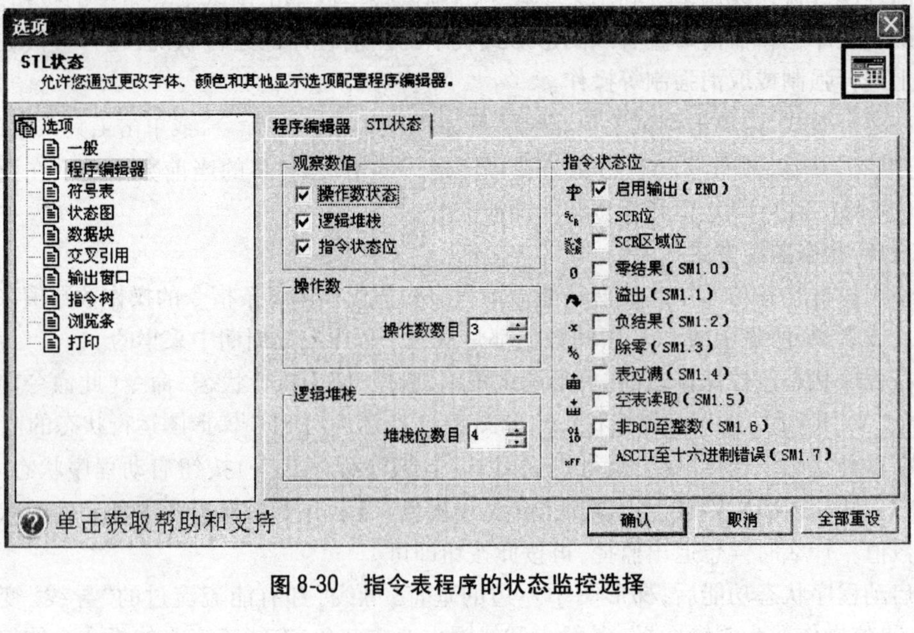

图 8-30　指令表程序的状态监控选择

本章小结

本章重点讲解三菱 FX 系列 PLC 仿真软件 FXTRN、编程软件 GX Developer 8.52，以及西门子 SF－200 系列 PLC 编程软件 STEP 7－Micro/WIN V4.0。在这 3 种软件中讲述了程序的输入、编译、调试的方法。

学习时应把握以下两点：

(1)用编程软件对 PLC 编程，首先要在计算机上安装编程软件，然后建立硬件连接并对通信参数进行设置，最后建立与 PLC 的在线联系和测试。

(2)程序编辑是学习编程软件的重点，可以打开、新建或从 PLC 上载程序文件，并对其进行编辑修改。编辑中应熟练使用菜单、常用按钮及各个功能窗口。符号表的应用可以使程序可读性大大提高，好的程序应加注必要的标题和注释。同一程序可以用梯形图、指令表和功能图 3 种编辑器进行显示和编辑，并可直接切换。

第九章　PLC 的系统设计及外围接口电路

【教学目标】

1. 详细介绍 PLC 控制系统设计的基本原则。
2. 阐述 PLC 控制系统设计与调试的步骤。
3. 介绍 PLC 的外围接口电路。

【学习要点】

1. 掌握 PLC 设计方法,学会编写 PLC 控制程序。
2. 学会调试 PLC 程序,提高 PLC 控制系统的可靠性。

第一节　PLC 系统设计内容及步骤

1　PLC 控制系统设计的基本原则

PLC 控制系统的总体设计原则是:根据控制任务,在最大限度地满足生产机械或生产工艺对电气控制要求的前提下,运行稳定,安全可靠,经济实用,操作简单,维护方便。

任何一个电气控制系统所要完成的控制任务,都是满足被控对象(生产控制设备、自动化生产线、生产工艺过程等)提出的各项性能指标,提高劳动生产率,保证产品质量,减轻劳动强度和危害程度,提升自动化水平。因此,在设计 PLC 控制系统时,应遵循的基本原则如下。

1.1　最大限度地满足被控对象的控制要求

充分发挥 PLC 的功能,最大限度地满足被控对象的控制要求,是设计 PLC 控制系统的首要前提,这也是设计中最重要的一条原则。这就要求设计人员在设计前深入现场进行调查研究,收集控制现场的资料,收集相关先进的国内、国外资料。同时要注意和现场的工程管理人员、工程技术人员、现场操作人员紧密配合,拟订控制方案,共同解决设计中的重点问题和疑难问题。

1.2　确保控制系统的安全可靠

电气控制系统的可靠性就是生命线,不能安全可靠工作的电气控制系统,是不可能长期投入生产运行的。尤其是在以提高产品数量和质量,保证生产安全为目标的应用场合,必须将可靠性放在首位。

1.3　力求控制系统简单

在能够满足控制要求和保证可靠工作的前提下,不失先进性,应力求控制系统结构简单。只有结构简单的控制系统才具有经济性、实用性的特点,才能做到使用方便和维护容易。

1.4 适应发展的需要

由于技术的不断发展,控制系统的要求也将会不断地提高,设计时要适当考虑到今后控制系统发展和完善的需要。这就要求在选择 PLC、输入/输出模块、I/O 点数和内存容量时,适当留有裕量,以满足今后生产发展和工艺改进的要求。

2 PLC 控制系统设计的主要内容

PLC 控制系统是由 PLC 与用户输入、输出设备连接而成的,用以完成预期的控制目标与相应的控制要求。因此,PLC 控制系统设计的基本内容应包括:

(1)根据生产设备或生产过程的工艺要求,以及所提出的各项控制指标与经济预算,首先进行系统的整体设计。

(2)根据控制要求基本确定数字 I/O 点数和模拟量通道数,进行 I/O 点初步分配,绘制 I/O 使用资源图。

(3)进行 PLC 系统配置设计,主要为 PLC 的选择。PLC 是 PLC 控制系统的核心部件,正确选择 PLC 对于保证整个控制系统的技术经济性能指标起着重要的作用。选择 PLC 包括机型的选择、容量的选择、I/O 模块的选择、电源模块的选择等。

(4)选择用户输入设备(按钮、操作开关、限位开关、传感器等)、输出设备(继电器、接触器、信号灯等执行元件)以及由输出设备驱动的控制对象(电动机、电磁阀等),这些设备属于一般的电气元件,其选择的方法在其他有关书籍中已经有介绍。

(5)设计控制程序。在深入了解和掌握控制要求、主要控制的基本方式以及应完成的主要动作、自动工作的循环组成、必要的保护和联锁等方面情况后,对较复杂的控制系统,可用状态流程图完全地表示出来。必要时,还可以将控制任务分成几个独立的部分,这样可以化繁为简,有利于编程和调试。

程序设计主要包括绘制控制系统流程图、设计梯形图、编制指令表。

控制系统是保证工作正常、安全、可靠的关键。因此,控制系统的设计必须经过反复调试、修改,直到满足要求。

3 PLC 控制系统设计的一般步骤

如图 9-1 所示为 PLC 控制系统设计的一般步骤。

3.1 分析被控对象并提出控制要求

详细分析被控对象的工艺过程及工作特点,提出被控对象对 PLC 控制系统的控制要求,确定控制方案,拟定设计任务书。

3.2 确定输入、输出设备

根据系统的控制要求,确定系统所需的全部输入设备(如按钮、位置开关、转换开关及各种传感器等)和输出设备(如接触器、电磁阀、信号灯及其他执行器等),从而确定与 PLC 有关的输入、输出设备,以确定 PLC 的 I/O 点数。

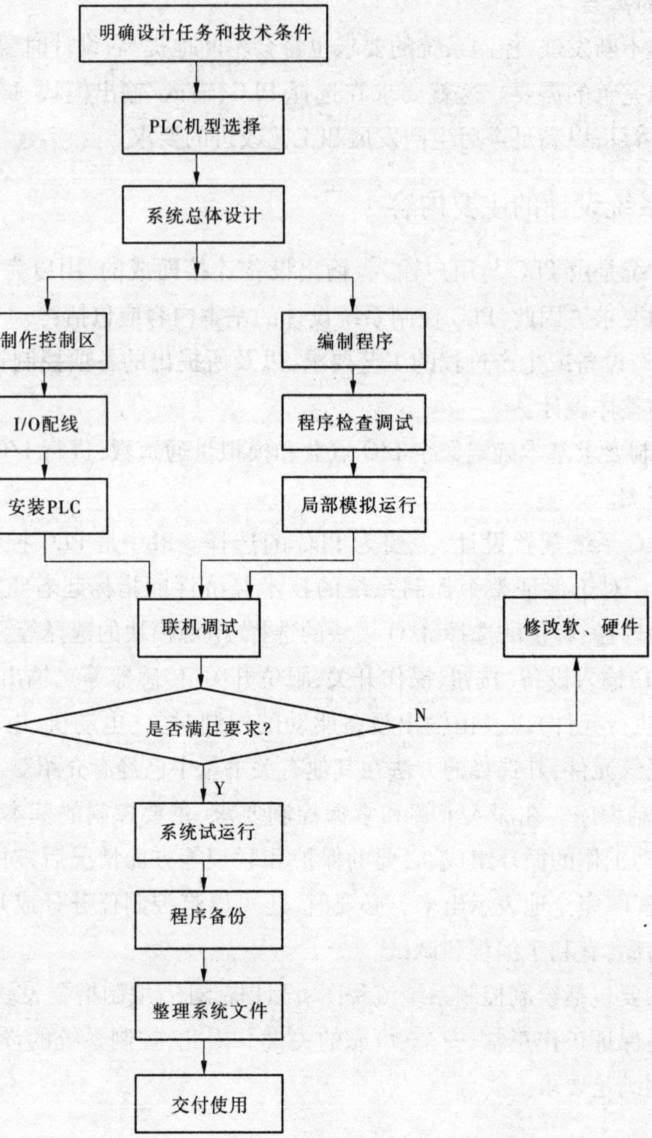

图 9-1　PLC 控制系统设计的一般步骤

3.3　选择 PLC

PLC 选择包括对 PLC 的机型、容量、I/O 模块、电源模块等的选择。

3.4　分配 I/O 点并设计 PLC 外围硬件线路

(1)分配 I/O 点。

画出 PLC 的 I/O 点与输入、输出设备的连接图或对应关系表。

(2)设计 PLC 外围硬件线路。

画出系统其他部分的电气线路图,包括主电路和未进入 PLC 的控制电路等。

3.5 程序设计

3.5.1 程序设计的内容

根据系统的控制要求,采用合适的设计方法来设计 PLC 程序。程序要以满足系统控制要求为主线,逐一编写实现各控制功能或各子任务的程序,逐步完善系统指定的功能。除此之外,程序通常还应包括以下内容:

(1)初始化程序。在 PLC 上电后,一般都要做一些初始化的操作,为启动作必要的准备,避免系统发生误动作。初始化程序的主要内容有:对某些数据区、计数器等进行清零,对某些数据区所需数据进行恢复,对某些继电器进行置位或复位,对某些初始状态进行显示等。

(2)检测、故障诊断和显示等程序。这些程序相对独立,一般在程序设计基本完成时再添加。

(3)保护和联锁程序。保护和联锁是程序中不可缺少的部分,必须认真加以考虑。它可以避免由于非法操作而引起的控制逻辑混乱。

3.5.2 程序模拟调试

程序模拟调试的基本思想是,以方便的形式模拟产生现场实际状态,为程序的运行创造必要的环境条件。根据产生现场信号的方式不同,模拟调试有硬件模拟法和软件模拟法两种形式。

(1)硬件模拟法是使用一些硬件设备(如用另一台 PLC 或一些输入器件等)模拟产生现场的信号,并将这些信号以硬接线的方式连到 PLC 系统的输入端,其时效性较强。

(2)软件模拟法是在 PLC 中另外编写一套模拟程序,模拟提供现场信号,其简单易行,但时效性不易保证。在模拟调试过程中,可采用分段调试的方法,并利用编程器的监控功能。

3.6 硬件实施

硬件实施方面主要是进行控制柜等硬件的设计及现场施工。

主要内容有:

(1)设计控制柜和操作台等部分的电气布置图及安装接线图。

(2)设计系统各部分之间的电气互连图。

(3)根据施工图纸进行现场接线,并进行详细检查。

由于程序设计与硬件实施可同时进行,因此 PLC 控制系统的设计周期可大大缩短。

3.7 联机调试

联机调试是将通过模拟调试的程序进一步进行在线统调。联机调试过程应循序渐进,从 PLC 只连接输入设备到连接输出设备、再接上实际负载等逐步进行调试。如不符合要求,则对硬件和程序作调整。通常只需修改部分程序即可。

全部调试完毕后,交付试运行。经过一段时间运行,如果工作正常、程序不需要修改,应将程序固化到 EPROM 中,以防程序丢失。

3.8 整理和编写技术文件

技术文件包括设计说明书、硬件原理图、安装接线图、电气元件明细表、PLC 程序以及使用说明书等。

第二节　PLC 控制的硬软件设计

1　PLC 控制系统的硬件设计

随着 PLC 技术的发展,PLC 产品的种类也越来越多。不同型号的 PLC,其结构形式、性能、容量、指令系统、编程方式、价格等也各有不同,适用的场合也各有侧重。因此,合理选用 PLC,对于提高 PLC 控制系统的技术经济指标有着重要意义。

PLC 的选择主要应从 PLC 的机型、容量、I/O 模块、电源模块、特殊功能模块、通信联网能力等方面加以综合考虑。

1.1　PLC 机型的选择

PLC 机型选择的基本原则是在满足功能要求及保证可靠、维护方便的前提下,力争最佳的性能价格比。选择时主要考虑以下几点。

1.1.1　合理的结构形式

PLC 主要有整体式和模块式两种结构形式。

整体式 PLC 的每一个 I/O 点的平均价格比模块式的便宜,且体积相对较小,一般用于系统工艺过程较为固定的小型控制系统中;而模块式 PLC 的功能扩展灵活方便,在 I/O 点数、输入点数与输出点数的比例、I/O 模块的种类等方面选择余地大,且维修方便,一般用于较复杂的控制系统。

1.1.2　安装方式的选择

PLC 系统的安装方式分为集中式、远程 I/O 式以及多台 PLC 联网的分布式。

集中式不需要设置驱动远程 I/O 硬件,系统反应快、成本低;远程 I/O 式适用于大型系统,系统的装置分布范围很广,远程 I/O 设备可以分散安装在现场装置附近,连线短,但需要增设驱动器和远程 I/O 电源;多台 PLC 联网的分布式适用于多台设备分别独立控制,又要相互联系的场合,可以选用小型 PLC,但必须附加通信模块。

1.1.3　相应的功能要求

一般小型(低档)PLC 具有逻辑运算、定时、计数等功能,对于只需要开关量控制的设备都可满足。

对于以开关量控制为主,带少量模拟量控制的系统,可选用带 A/D 和 D/A 转换单元,具有加减算术运算、数据传送功能的增强型低档 PLC。

对于控制较复杂,要求实现 PID 运算、闭环控制、通信联网等功能的系统,可视控制规模大小及复杂程度,选用中档或高档 PLC。但是中、高档 PLC 价格较贵,一般用于大规模过程控制和集散控制系统等场合。

1.1.4　响应速度要求

PLC 是为工业自动化设计的通用控制器,不同档次 PLC 的响应速度一般都能满足其应用范围内的需要。如果要跨范围使用 PLC,或者某些功能或信号有特殊的速度要求,则应该慎重考虑 PLC 的响应速度,可选用具有高速 I/O 处理功能的 PLC,或选用具有快速响应模块和中断输入模块的 PLC 等。

1.1.5 系统可靠性的要求

对于一般系统，PLC 的可靠性均能满足。对可靠性要求很高的系统，应考虑是否采用冗余系统或热备用系统。

1.1.6 机型尽量统一

在一个企业中，应尽量做到 PLC 的机型统一，这主要考虑到以下三个方面的问题：

(1)机型统一，其模块可互为备用，便于备品备件的采购和管理。

(2)机型统一，其功能和使用方法类似，有利于技术力量的培训和技术水平的提高。

(3)机型统一，其外部设备通用，资源可共享，易于联网通信，配上位计算机后易于形成一个多级分布式控制系统。

1.2 PLC 容量的选择

PLC 的容量包括 I/O 点数和用户存储容量两个方面。

1.2.1 I/O 点数的选择

PLC 的 I/O 点的价格比较高，因此应该合理选用 PLC 的 I/O 点的数量，在满足控制要求的前提下力争使用的 I/O 点最少，但必须留有一定的裕量。

通常 I/O 点数是根据被控对象的输入、输出信号的实际需要，再加上 10% ~15% 的裕量来确定的。

1.2.2 存储容量的选择

用户程序所需的存储容量大小不仅与 PLC 系统的功能有关，而且还与功能实现的方法、程序编写水平有关。一个有经验的程序员和一个初学者，在完成同一复杂功能时，其程序所需的存储容量可能相差 25% 之多，所以对于初学者，应该在存储容量估算时多留裕量。

PLC 的 I/O 点数的多少，在很大程度上反映了 PLC 系统的功能要求，因此可在 I/O 点数确定的基础上，按下式估算存储容量后，再加 20% ~30% 的裕量。

存储容量(字节) = 开关量 I/O 点数 ×10 + 模拟量 I/O 通道数 ×100

另外，在存储容量选择的同时，注意对存储器类型的选择。

1.3 电源模块及其他外设的选择

1.3.1 电源模块的选择

电源模块的选择仅对于模块式结构的 PLC 而言，对于整体式 PLC 不存在电源模块选择的问题。

电源模块的选择主要考虑电源输出额定电流和电源输入电压。电源输出额定电流必须大于 CPU 模块、I/O 模块和其他特殊模块等消耗电流的总和，同时还应考虑今后 I/O 模块的扩展等因素；电源输入电压一般根据现场的实际需要而定。

1.3.2 编程器的选择

对于小型控制系统或不需要在线编程的系统，一般选用价格便宜的简易编程器。对于由中、高档 PLC 构成的复杂系统或需要在线编程的 PLC 系统，可以选配功能强、编程方便的智能编程器，但智能编程器价格较贵。如果有现成的个人计算机，也可以选用 PLC 的编程软件，在个人计算机上实现编程器的功能。

1.3.3 写入器的选择

为了防止由于干扰或锂电池电压不足等原因破坏 RAM 中的用户程序，可选用 EPROM 写入器，通过它将用户程序固化在 EPROM 中。有些 PLC 或其编程器本身就具有 EPROM 写入的功能。

1.4 PLC 输入/输出模块的选择

1.4.1 输入模块的确定

PLC 的输入模块用来检测来自现场（如按钮、行程开关、温控开关、压力开关等）的高电平信号，并将其转化为 PLC 内部的低电平信号。

各类 PLC 所提供的输入模块，其点数一般有 8、12、16、32 点等不同规格，用户可根据系统所需点数加以选择。工作电压常用的有直流 12 V、24 V，交流 110 V、220 V 等，其中以直流 24 V 最为普遍。选择输入模块主要看输入电压等级。输入电压等级跟传输距离有关。

1.4.2 输出模块的确定

输出模块的任务是将 PLC 内部的低电平信号，转换为外部所需电平的输出信号，以驱动外部负载。输出模块有 3 种输出方式，继电器输出、双向晶闸管输出、达林顿晶体管输出。这几种输出形式各有特点，应根据实际情况选择。

1.4.3 模拟量输入、输出单元的选择

模拟量输入、输出接口用来感知传感器产生的信号。模拟量输入、输出接口用来测量流量、温度、压力的数值，并用于控制电压或电流输出设备。典型接口量程为 $-10\sim+10$ V，$0\sim+10$ V、$4\sim20$ mA 或 $10\sim50$ mA。

2 PLC 控制系统的软件设计

根据 PLC 系统硬件结构和生产工艺要求以及软件规格说明书，使用相应的编程语言指令，编制实际应用程序并形成程序说明书的过程就是程序设计。

PLC 程序设计一般分为以下几个步骤：

(1) 程序设计前的准备工作；

(2) 程序框图设计；

(3) 编写程序；

(4) 程序测试；

(5) 编写程序说明书。

2.1 程序设计前的准备工作

程序设计前的准备工作大致可分为三个方面：

(1) 了解系统概况，形成整体概念。

这一步工作主要是通过系统设计方案和软件规格说明书，了解控制系统的全部功能、控制规模、控制方式、输入和输出信号的种类和数量、是否有特殊功能接口、与其他设备的关系、通信内容与方式等。如果没有对整个控制系统的全面了解，就不能对各种控制设备之间的相互联系有真正的理解，并造成想当然地进行程序编制，这样的程序肯定是无法实际运行的。

(2)熟悉被控对象,编制高质量的程序。

这一部分的工作是通过熟悉生产工艺说明书和软件规格说明书来进行的。可把控制要求根据控制功能分类,并确定输入信号检测设备、控制设备、输出信号控制装置的具体情况,深入细致地了解每一个检测信号和控制信号的形式、功能、规模,以及它们之间的关系,预见以后可能出现的问题,使程序设计有的放矢。

在熟悉被控对象的同时,还要认真借鉴前人在程序设计中的经验和教训,总结各种问题的解决方法。总之,在程序设计之前,掌握的东西越多,对问题思考得越深入,程序设计就会越顺利。

(3)充分地利用各种软件编程环境。

目前各 PLC 主流产品都配置了功能强大的编程环境,如西门子公司的 STEP 7,三菱公司的 GX Developer 软件等,在很大程度上减轻了软件编制的工作强度,提高了编程效率和质量。

2.2 程序框图设计

这项工作主要是根据软件规格说明书的总体要求和控制系统的具体情况,确定用户程序的基本结构、程序设计标准和结构框图,然后根据工艺要求,绘制出各个功能单元的详细功能框图。系统程序框图应尽量做到模块化,一般最好按功能采取模块化设计方法,因此相应的框图也应依此绘制,并规定其各自应完成的功能,然后绘制框图中各模块内部的细化功能图。框图是编程的主要依据,要尽可能地准确,细化功能图尽可能地详细。如果框图是由别人设计的,一定要设法弄清楚其设计思想和方法。完成这部分工作之后就会对系统全部程序设计的功能实现具有了一个整体思路。

2.3 编写程序

编写程序就是根据设计出的框图与细化功能图编写控制程序,这是整个程序设计工作的核心部分。如果有编程支持软件应尽量使用。在编写程序的过程中,可以借鉴现代化的标准程序,但必须能读懂这些程序段,否则将会给后续工作带来困难和损失。另外,在编写程序过程中要及时对编写出的程序进行注释,以免忘记它们之间的相互关系。

2.4 程序测试

程序测试是整个程序设计工作中一项很重要的内容,它可以初步检查程序的实际效果。程序测试和程序编写分不开,程序的许多功能是在测试中得以修改和完善的。程序测试可以按照功能单元进行,各功能单元达到要求后再进行整体测试。程序测试可以离线进行,有时还需要在线进行,在线进行一般不允许直接与外围设备连接,以避免重大事故发生。

2.5 编写程序说明书

程序说明书是程序设计的综合说明。编写程序说明书的目的就是便于程序的设计者与现场工程技术人员进行程序调试与程序修改工作,它是程序文件的组成部分。程序说明书一般应包括程序设计的依据、程序的基本结构、各功能单元分析、各参数的来源与设定、程序设计与调试的关键点等。

3 PLC 控制系统可靠性技术

PLC 是专门为工业生产服务的控制装置,通常不需要采取什么措施,就可以直接在工业环境中使用。但是,若生产环境过于恶劣,电磁干扰特别强烈,或安装使用不当,则不能保证 PLC 的正常运行,因此使用时应注意以下问题。

3.1 工作环境

(1)温度。

PLC 要求环境温度在 0 ~55 ℃。安装时不能放在发热量大的元件下面,四周通风散热的空间应足够大,基本单元和扩展单元之间要有 30 mm 以上间隔;开关柜上、下部应有通风的百叶窗,防止太阳光直接照射;如果周围环境超过 55 ℃,要安装电风扇,强迫通风。

(2)湿度。

为了保证 PLC 的绝缘性能,空气的相对湿度应小于 85%(无凝露)。

(3)振动。

应使 PLC 远离剧烈的振动源,防止振动频率为 10 ~55 Hz 的频繁或连续振动。当使用环境不可避免振动时,必须采取减振措施,如采用减振胶等。

(4)空气。

避免有腐蚀和易燃的气体,例如氯化氢、硫化氢等。对于空气中有较多粉尘或腐蚀性气体的环境,可将 PLC 安装在封闭性较好的控制室或控制柜中,并安装空气净化装置。

(5)电源。

PLC 供电电源为 50 Hz、220(1 ±10%)V 的交流电,对于电源干扰,PLC 本身具有足够的抵制能力。对于可靠性要求很高的场合或电源干扰特别严重的环境,可以安装 1 台带屏蔽层的变比为 1:1的隔离变压器,以减少设备与地之间的干扰。还可以在电源输入端串接 LC 滤波电路,如图 9-2 所示。

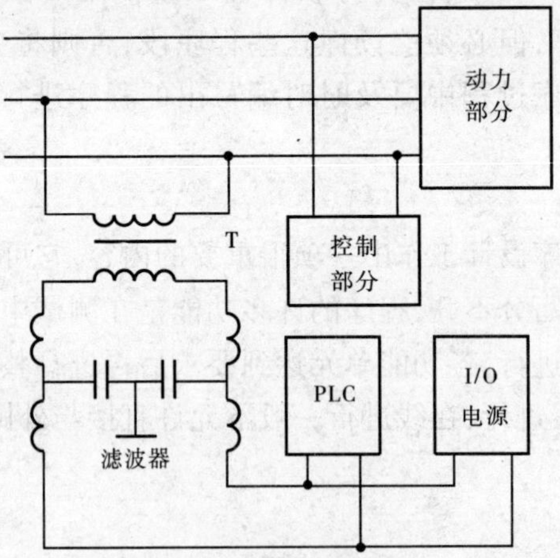

图 9-2 PLC 电源

FX 系列 PLC 有直流 24 V 输出接线端,该接线端可为输入传感器(如光电开关)提供直流 24 V 电源。当输入端使用外接直流电源时,应选用直流稳压电源。原因是:普通的整流滤波电源,由于波纹的影响,容易使 PLC 接收到错误信息。

3.2 安装与布线

(1)动力线、控制线以及 PLC 的电源线和 I/O 线应分别配线,隔离变压器与 PLC 和 I/O设备之间应采用双绞线连接。

(2)PLC 应远离强干扰源,如电焊机、大功率硅整流装置和大型动力设备,不能与高压电器安装在同一个开关柜内。

(3)PLC 的输入与输出最好分开走线,开关量与模拟量也要分开敷设。模拟量信号的传送应采用屏蔽线,屏蔽层应一端或两端接地,接地电阻应小于屏蔽层电阻的 1/10。

(4)PLC 基本单元与扩展单元以及功能模块的连接线缆应单独敷设,以防外界信号干扰。

(5)交流输出线和直流输出线不要用同一根电缆,输出线应尽量远离高压线和动力线,避免并行。

3.3 I/O 端的接线

3.3.1 输入接线

(1)输入接线一般不要超过 30 m。但如果环境干扰较小,电压降不大,输入接线可适当长些。

(2)输入线、输出线不能用同一根电缆,输入线、输出线要分开。

(3)尽可能采用常开触点形式连接到输入端,使编制的梯形图与继电器原理图一致,便于阅读。

3.3.2 输出连接

(1)输出端接线分为独立输出和公共输出。在不同组中,可采用不同类型和电压等级的输出电压。但同一组中的输出只能用同一类型、同一电压等级的电源。

(2)由于 PLC 的输出元件被封装在印制电路板上,并且连接至端子板,若将连接输出元件的负载短路,将烧毁印制电路板,因此应用熔断器保护输出元件。

(3)采用继电器输出时,所承受的电感性负载的大小,会影响到继电器的工作寿命,因此使用电感性负载时选择的继电器工作寿命要长。

(4)PLC 的输出负载可能产生干扰,因此要采取措施加以控制,如直流输出的续流管保护、交流输出的阻容吸收电路保护、晶体管及双向晶闸管输出的旁路电阻保护。

3.4 外部安全电路

为了确保整个系统能在安全状态下可靠工作,避免由于外部电源发生故障、PLC 出现异常、误操作以及误输出造成的重大经济损失和人身伤亡事故,PLC 外部应安装必要的保护电路。

(1)急停电路。对于能给用户造成伤害的危险负载,除在控制程序中加以考虑外,还应设计外部紧急停车电路,使 PLC 发生故障时,能将引起伤害的负载电源可靠切断。

(2)保护电路。正反向运转等可逆操作的控制系统,要设置外部电器互锁保护;往复运行及升降移动的控制系统,要设置外部限位保护电路。

(3)可编程控制器有监视定时器等自检功能,检测出异常时,输出全部关闭。但当可编程控制器 CPU 故障时就不能控制输出。因此,对于能给用户造成伤害的危险负载,为确保设备在安全状态下运行,需设计外电路加以防护。

(4)电源过负荷的防护。若 PLC 电源发生故障,中断时间少于 10 ms,PLC 工作不受影响。若电源中断超过 10 ms 或电压下降超过允许值,则 PLC 停止工作,所有的输出点均同时断开;当电源恢复时,若 RUN 输入接通,则操作自动进行。因此,对一些易过负荷的输入设备应设置必要的限流保护电路。

(5)重大故障的报警及防护。对于易发生重大事故的场所,为了确保控制系统在重大事故发生时仍可靠地报警及防护,应将与重大故障有联系的信号通过外电路输出,以使控制系统在安全状况下运行。

3.5 PLC 的接地

良好的接地是保证 PLC 可靠工作的重要条件,可以避免偶然发生的电压冲击危害。PLC 的接地线与机器的接地端相接,接地线的截面面积应不小于 2 mm^2,接地电阻小于 100 Ω;如果要用扩展单元,其接地点应与基本单元的接地点接在一起。为了抑制加在电源及输入端、输出端的干扰,应给 PLC 接上专用地线,接地点应与动力设备(如电动机)的接地点分开;若达不到这种要求,也必须做到与其他设备公共接地,禁止与其他设备串联接地。接地点应尽可能靠近 PLC。

3.6 冗余系统与热备用系统

在石油、化工、冶金等行业的某些系统中,要求控制装置有极高的可靠性。如果控制系统发生故障,将会造成停产、原料大量浪费或设备损坏,给企业造成极大经济损失。但是仅靠提高控制系统硬件的可靠性来满足上述要求是远远不够的,因为 PLC 本身可靠性的提高是有一定限度的。使用冗余系统或热备用系统就能够比较有效地解决上述问题。

3.6.1 冗余控制系统

在冗余控制系统中,整个 PLC 控制系统(或系统中最重要的部分,如 CPU 模块)由两套完全相同的系统组成,如图 9-3 所示。两块 CPU 模块使用相同的用户程序并行工作,其中一块是主 CPU,另一块是备 CPU。主 CPU 工作时,备 CPU 的输出是被禁止的,当主 CPU 发生故障时,备 CPU 自动投入使用,这一切换过程是由冗余处理单元 RPU 控制的。切换时间在 1 ~3 个扫描周期,I/O 系统的切换也是由 RPU 完成的。

3.6.2 热备用系统

在热备用系统中,两台 CPU 用通信接口连接在一起,均处于通电状态,如图 9-4 所示。当系统出现故障时,由主 CPU 通知备 CPU,使备 CPU 投入运行。这一切换过程一般不太快,但它的结构要比冗余系统简单。

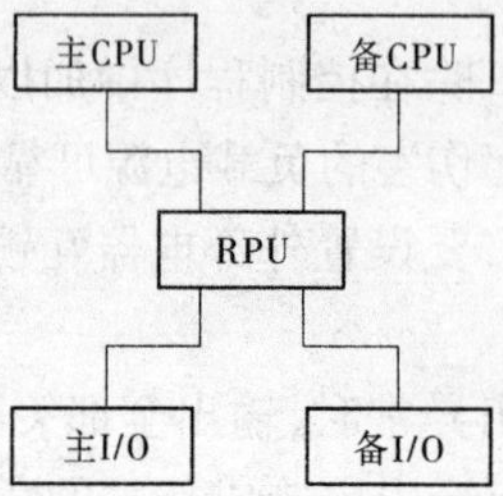

图 9-3 冗余控制系统

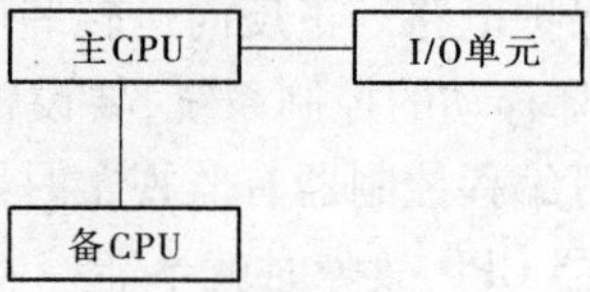

图 9-4 热备用系统

第三节 PLC的外围接口电路技术(三菱FX系列)

1 概述

作为控制设备,可编程控制器在构成系统时,必须和电源、主令装置、传感设备及驱动执行机构相连接,安全可靠的设备配置,正确的接线,充分利用输入口和输出口的资源,是输入/输出接口技术的主要内容。

1.1 电源及接线

输入口一般包括连接按钮、开关(含继电器的触点)及各类传感设备。这些器件功率消耗都很小,PLC内部一般设置有专用电源为输入口连接的这些设备供电。图9-5为输入口连接示意图。图中有1只按钮接于X1及COM端,1只传感器接于X0及COM端,按钮及COM端间的电源是机内24 V电源提供的,图中的传感器实际上也使用PLC提供的电源。当输入口接入的器件不是无源触点而是传感器时,要注意传感器的极性,选择正确的电流方向接入电路。在PLC中一般COM端为机内电源的负极。

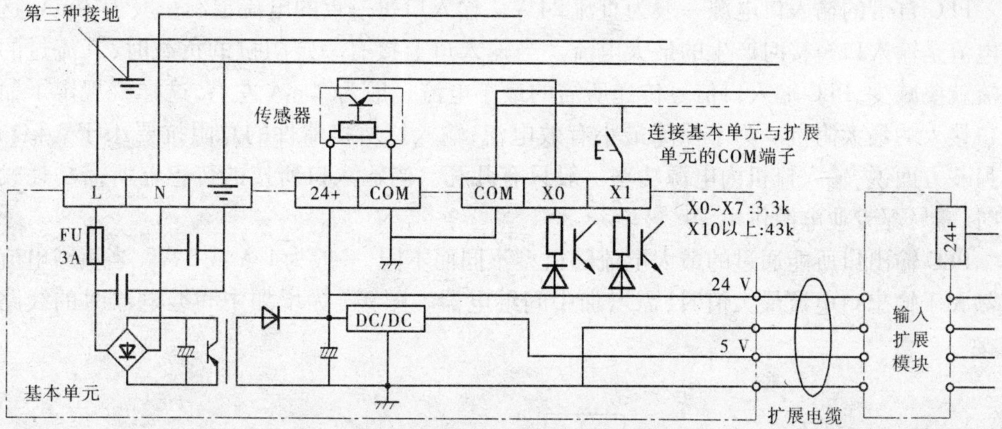

图9-5 输入口连接示意图

另外,输入口侧设有标记为L及N的端子,这是接入工频电源的,一般85~260 V均可使用,这是PLC的原始工作电源。输出口在接入电路时,均和执行器件相连接,主要是各种继电器、电磁阀、指示灯等。

这类设备本身所需的推动电源功率较大,且电源种类各异。PLC一般不提供执行器件的工作电源,需由控制系统另外解决。为适应输出设备需多种电源的情况,PLC的输出口一般是分组设置的。图9-6为某机型继电器型输出口采用多种电源时的接线情况,图中PLC的COM0和Y0口一组,COM1和Y1口一组,COM2和Y2、Y3口对应,COM3和Y4、Y5口对应。在可编程控制器的用户手册上,可查到该机型输出口和各个COM端的对应情况。不对应的输出口和COM端是不能构成通路的。从图9-6中还可以看出,COM2及COM3通过外接线连接在一起了,这是因为Y2~Y5口上的设备使用电源的类型及电压等级是一样的。同理,Y0及Y1口都使用直流电源,COM0及COM1也是连接在一起的。这里需要注意的是，输出口适合连接哪种电源的驱动设备，还与输出口的类型有关，如输出口需连接交流接触器的线圈，输出口需配接交流电源，这时 PLC 输出口的类型可以是继电器型或可控硅型。而在输出口需连接直流驱动的线圈时，输出口的类型可以是继电器型或晶体管型。采用晶体管型输出口时还需考虑电流的方向。

有一点要说明，输入口及输出口的 COM 端是相互隔离的。

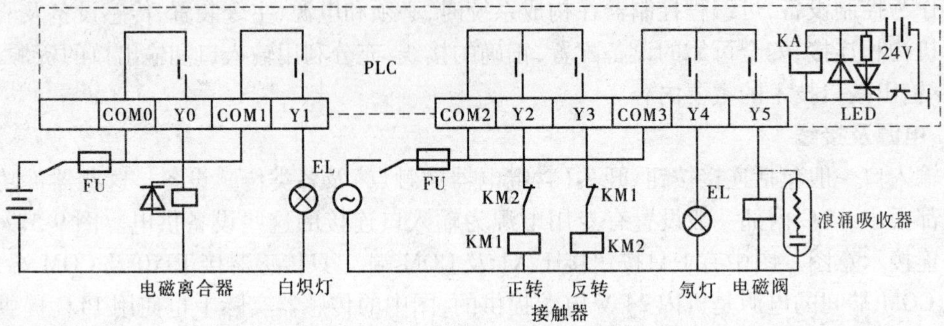

图 9-6　输出口连接

1.2　输入/输出口的电流定额

PLC 自带的输入口电源一般为直流 24 V。输入口每一点的电流定额一般为 7 mA，这个电流是输入口短接时产生的最大电流。当输入口上接有一定阻抗的负载时，其流过的电流就要减少，PLC 输入口信号传递所需的最小电流一般为 2 mA 左右，这样就规定了输入口接入的最大阻抗。为了保障最小有效电流，输入口所接器件的总阻抗要小于 2 kΩ。从另一方面说，输入口机内电源功率一般只有几瓦。当输入口所接的传感器所需功耗较大时，需另配专业电源供电。

PLC 输出口所能通过的最大电流随机型不同而不同，一般为 1 A 或 2 A。当负载电流定额大于输出口电流最大值时，需增加中间继电器。图 9-7 为增加中间继电器时的线路连接。

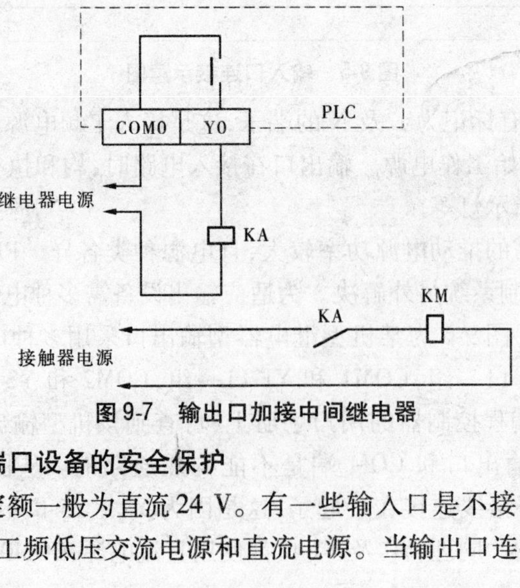

图 9-7　输出口加接中间继电器

1.3　输入/输出口及端口设备的安全保护

PLC 输入口电压定额一般为直流 24 V。有一些输入口是不接电源的（如三菱 FX 系列 PLC）。输出口常接工频低压交流电源和直流电源。当输出口连接电感类设备时，为了防止电路关断时刻产生的高电压对输入/输出口造成破坏,应在感性元件两端加接保护元件。对于直流电源,应并接续流二极管,对于交流电路应并接阻容电路。阻容电路中电阻可取 51 ~120 Ω,电容可以取 0.1 ~0.47 μF。电容的额定电压应大于电源的峰值电压,续流二极管可以选 1 A 的管子,其额定电压应大于电源电压的 3 倍。图 9-8 为输入/输出口接有保护器件的情况。

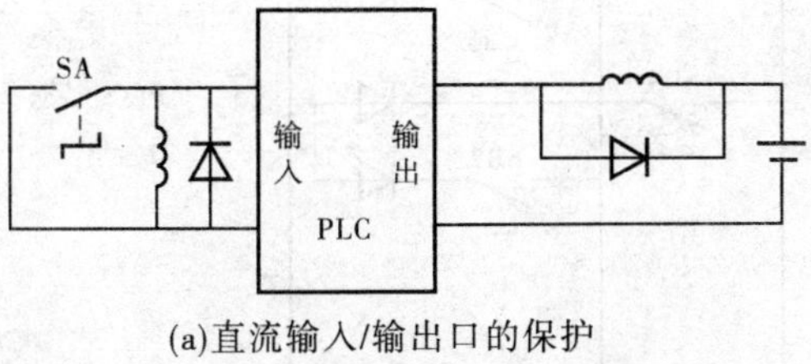

(a)直流输入/输出口的保护

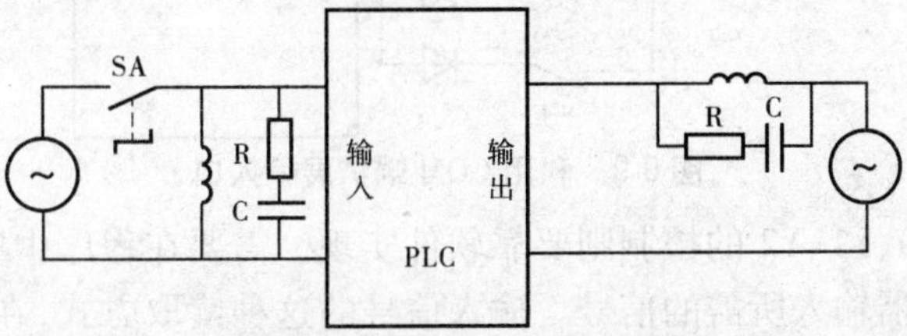

(b)交流输入/输出口的保护

图 9-8 输入/输出口的保护

1.4 输入/输出口的利用及扩展

在 PLC 控制工程中,输入/输出口及机内的各类元件都是工程资源。如何充分利用有限的资源,做好的、大的、多的工作是很重要的。资源不会凭空产生,输入/输出口的扩展核心是以丰补缺,也就是说用系统中多余的资源弥补不足的资源。

1.4.1 利用 COM 端扩展输入口

可编程控制器的输入口需要和 COM 端构成回路。如果在 COM 端上加接分路开关,对输入信号进行分组选择,则可以使输入口得到扩展。如图 9-9 所示,可编程控制器的每个输入口上都接有两个输入元件,并通过开关 S 进行转换。该电路可用于"手动/自动"开关控制选择。当开关 S 处于自动状态时,开关 SB3、SB4 被接入电路;当开关 S 处于手动位置时,开关 SB1、SB2 被接入电路。这种扩展方式可用于工作中两种不频繁交换的场合。开关 S 可以是手动操作的开关。

图 9-9 中的二极管是用来切断寄生电路的。假设图中没有二极管,系统处于自动状态,SB1、SB2、SB3 闭合,SB4 断开,这时将有电流从 X2 端子流出,经 SB2、SB1、SB3 形成的寄生回路流回 COM 端,使输入继电器 X2 错误地变为"1"状态。各开关串联二极管后,切断了寄生回路,避免了错误输入的产生。

1.4.2 利用输出口扩展输入口

在图 9-9 的基础上,如果每个输入口上接有多组输入信号,开关 S 就必须是一个多掷开关。这样的多掷开关如果手动操作是十分不方便的,故采用几个输出口代替这个开关,如图 9-10 所示。这是一个三组输入的例子,当输出口 Y0 接通时,S1、S2、S3 被接入电路。当输出口 Y1 接通时,机器读取 S4、S5、S6 的工作状态。当 Y2 置"1"时,S7、S8、S9 的工作

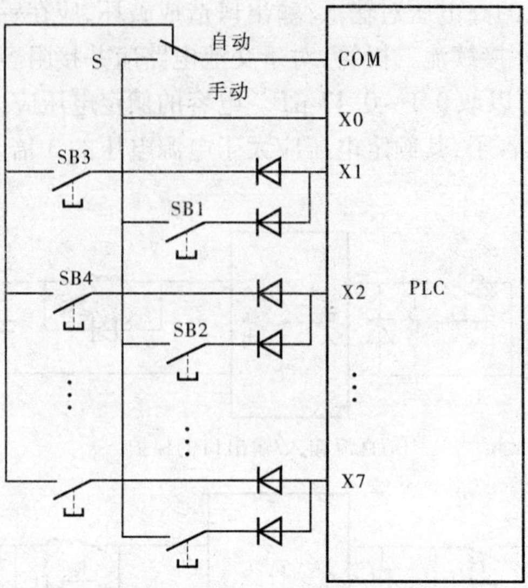

图 9-9　利用 COM 端扩展输入口

信号被读取。而 Y0、Y1、Y2 的控制则要靠软件实现。需要在程序中安排合适的时机,接通某个输出口使机器输入所需的信号。输入信号的这种读取方式,在使用拨码开关时常见。这时三组输入信号是循环扫描输入的。一种常见的方法是采用移位寄存器类器件实现相关输出口的扫描接通,以扫描读入并刷新输入数据,图 9-11 是与图 9-10 电路相关的梯形图。图中时间继电器 T10 构成振荡器,用以产生一个定时脉冲。然后用这个脉冲实现移位操作,再使用顺序置“1”的辅助继电器使输出继电器置“1”,完成输入信号的分时读入工作。移位指令可见本书第五章有关内容。

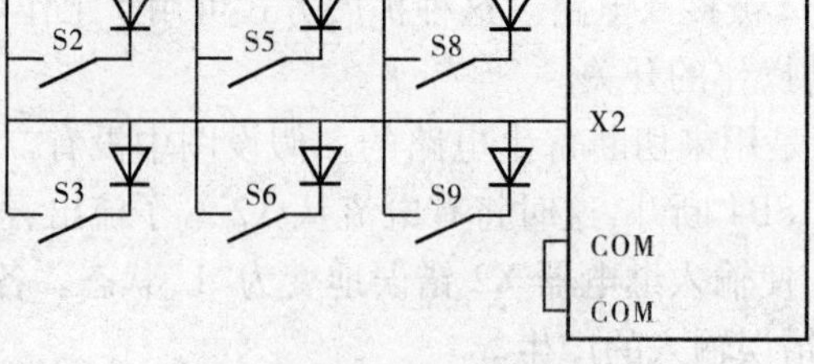

图 9-10　利用输出口扩展输入口

图 9-10 中输入口的接线像个矩阵,因而这种端口扩展方法也被称为“矩阵法”。值得提及的是,这类方法处理的输入信号都是相对稳定的,如信号的变化比扫描的时间快,信号就有丢失的危险。

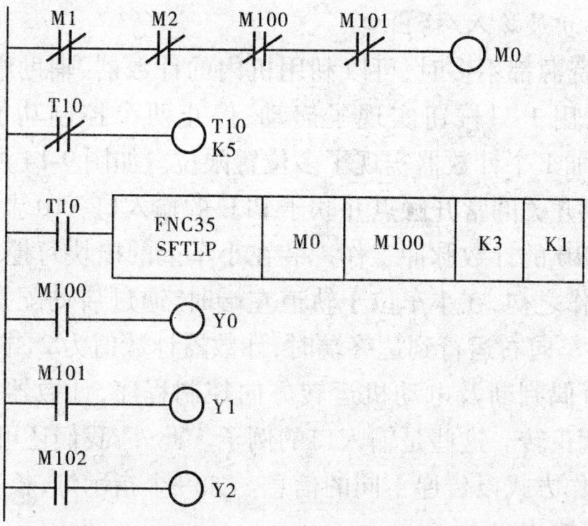

图 9-11　实现图 9-10 功能的矩阵输入梯形图

1.4.3　利用输出口扩展输出口

将以上的思想应用在输出口的扩展上，用几个输出口轮流接通，实现另外一些输出口上连接的多组输出设备分时接通，就可达到利用输出口扩展输出口的目的。这时的接线示意图见图 9-12，这是一组输出口上接有多组显示器件作动态分时显示的接线图。

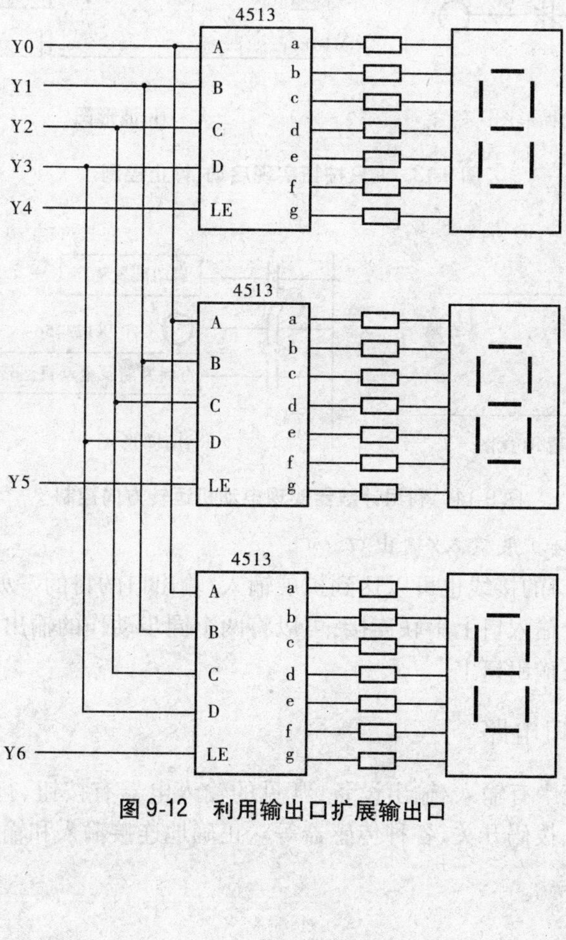

图 9-12　利用输出口扩展输出口

1.4.4 利用机内器件扩展输入/输出口

当机器各种口的资源都不多时,可以利用机内的计数器、辅助继电器实现输入/输出口的扩展。图9-13只用1只按钮实现了启动、停止两个控制功能,读者可自行分析。图9-14利用限位开关加1个计数器实现了多位置限位。如图9-14所示,限位开关安装在导轨的两端,两只限位开关的常开触点并联于PLC的输入口X10上。由梯形图中可以看出,X10作为计数器C10的计数脉冲工作。装在小车上的撞块每撞击一次限位开关,C10则计一次数。系统工作之初,在小车位于轨道左端时,通过启动配置程序,计数器计数值为1。电动机反转,小车向右运行到达终端时,计数器计数值为2,电动机恢复为正转。这以后,通过程序中的奇偶判断及电动机运转方向控制程序,计数器每计奇数电动机就反转,每计偶数电动机就正转。这些是输入口的例子。此外,我们还可以利用程序实现同一个显示器件的不同工作方式以传递不同的信息。如一个指示灯,长亮表示正常,闪亮表示事故,这相当于扩展了输出口。

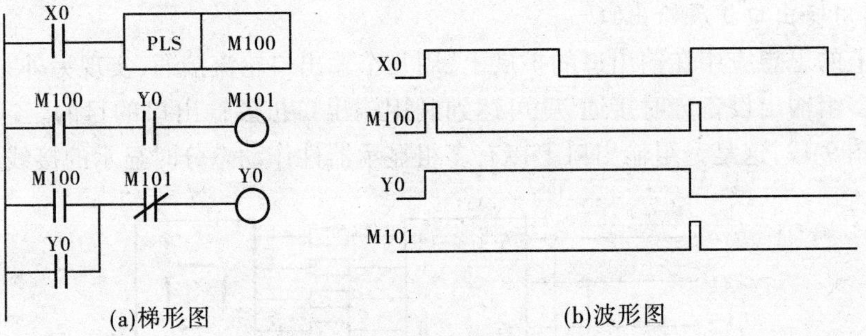

图9-13 1只按钮实现启动、停止控制

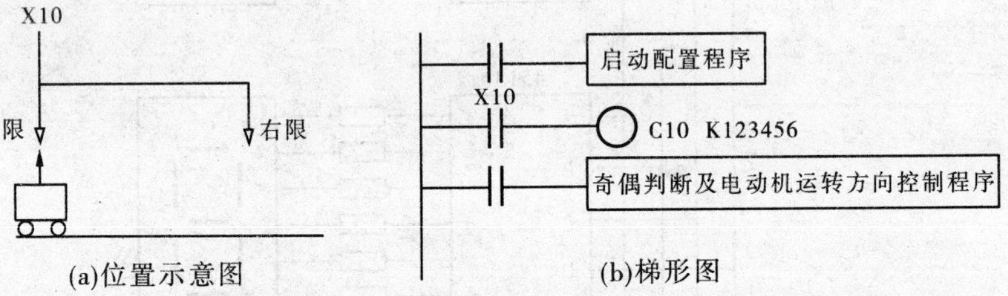

图9-14 利用计数器实现电动机运转方向控制

1.4.5 利用线路连接扩展输入/输出口

利用输入/输出口的接线也可以达到扩展输入/输出口的目的。如可将两个相互作用的信号直接接在一个输入口上串联连接;可以将两个同步动作的输出信号并联起来,或将手动按钮直接并接在输出口上。

2 PLC的输入接口电路

PLC的控制系统中有输入/输出设备,常见的输入电器有按钮、行程开关、转换开关、接近开关、霍尔开关、拨码开关、各种传感器等。正确地连接输入和输出电路,是保证PLC安全可靠工作的前提。

2.1 PLC 与按钮、开关等输入元件的连接

三菱 FX 系列 PLC 基本单元的输入与按钮、开关等的连接如图 9-15 所示。按钮(或开关)的两头,一头接到 PLC 的输入端(例如 X0、X1、X2 等),另一头连在一起接到公共端(COM 端)。

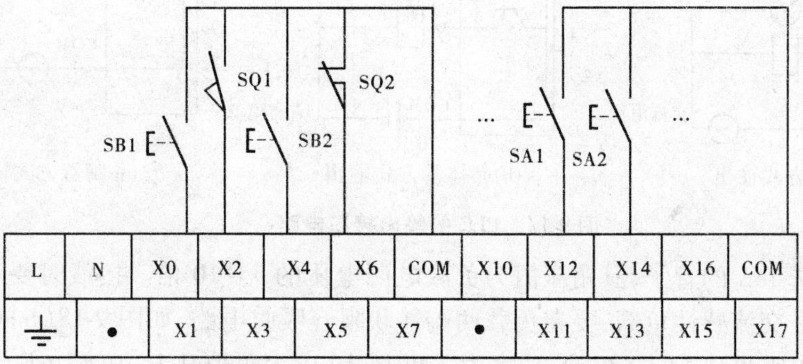

图 9-15 PLC 与按钮、开关等输入元件的连接

2.2 PLC 与传感器元件的接口电路

传感器的种类很多,其输出方式也各不相同。接近开关、光电开关、磁性开关等为两线式传感器。霍尔开关为三线式传感器。它们与 PLC 的接口电路分别如图 9-16(a)、(b)所示。

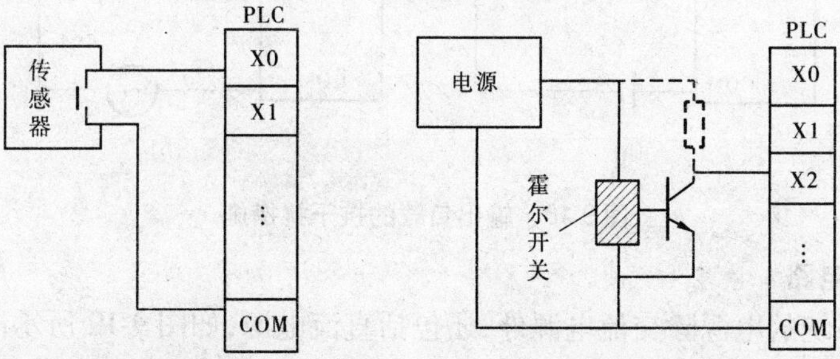

(a)两线式传感器　　(b)三线式传感器

图 9-16 PLC 与传感器元件的接口电路

3 PLC 的输出接口电路

3.1 输出接口电路

PLC 的输出方式有 3 种,一是继电器方式,二是晶体管方式,三是晶闸管方式。这 3 种 PLC 输出模块所接的外部负载也各不相同:继电器方式输出可以接交流负载或直流负载;晶体管方式输出仅能接直流负载;晶闸管方式输出仅能接交流负载。其接口电路分别如图 9-17(a)、(b)、(c)所示。

3.2 输出负载的抗干扰措施

PLC 与外接感性负载连接时,为了防止其误动作或瞬间干扰,对感性负载要加入抗干扰措施。若是直流接口电路,要在直流感性负载两端并联二极管,如图 9-18(a)所示。并

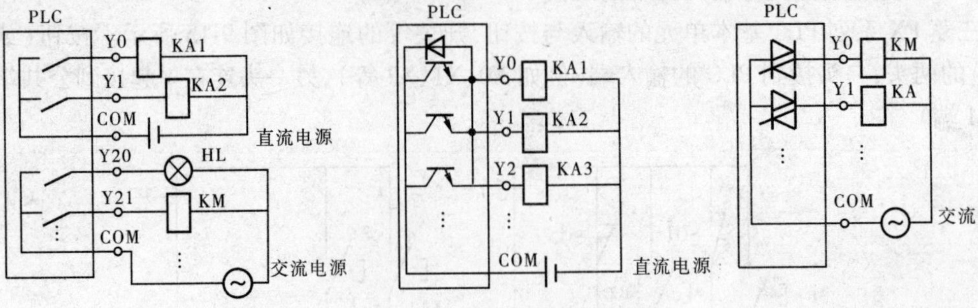

(a)继电器方式输出 (b)晶体管方式输出 (c)晶闸管方式输出

图 9-17 PLC 的输出接口电路

联的二极管可选 1 A 的管子,其耐压值为负载电源电压的 5 ~ 10 倍。接线时要注意二极管的极性。若是交流感性负载,要在负载两端并联阻容吸收电路,如图 9-18(b)所示。阻容吸收电路的电阻可选 51 ~ 120 Ω,功率为 2 W 以上,电容可取 0.1 ~ 0.47 μF,耐压值应大于电源的峰值电压。

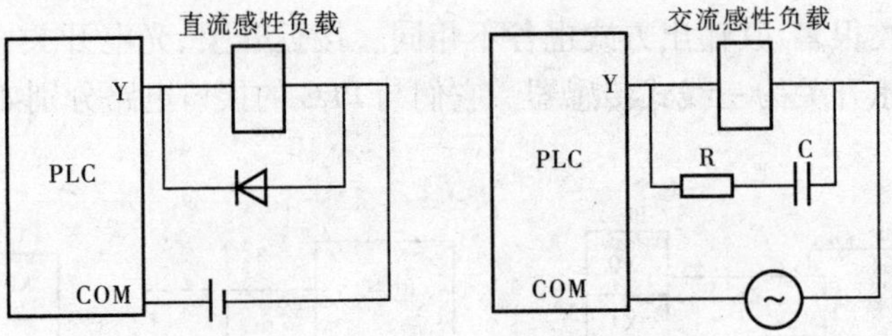

(a) (b)

图 9-18 输出负载的抗干扰措施

3.3 PLC 电源电路

PLC 控制系统的电源除交流电源外,还包括直流电源,如图 9-19 所示。

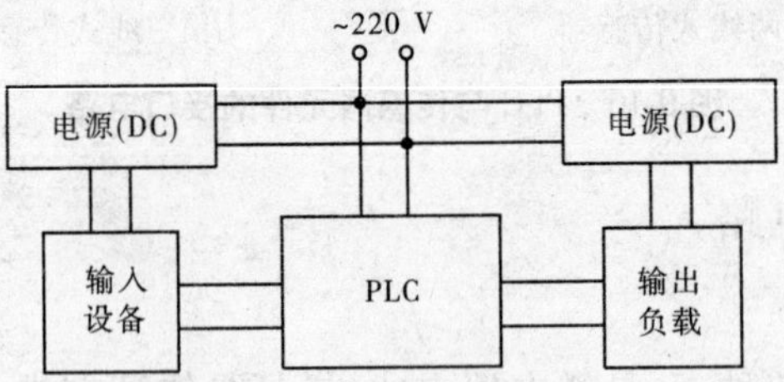

图 9-19 PLC 电源电路

第十章　PLC 程序设计实例(三菱 FX 系列)

【教学目标】

1. 主要讲述 10 个 PLC 编程设计实例。

2. 论述每一个编程设计的方法、步骤、接线、绘图等。

【学习要点】

1. 掌握 PLC 编程设计的方法。

2. 学会把梯形图转化为指令表。

设计一　电动机的启保停设计

1　设计目的

了解启动信号、保持信号和停止信号的使用。熟练掌握 PLC 的输入/输出接线方式。学会设计一个简单完整的程序。

2　设计要求

按下启动按钮,电动机运转;松开该按钮,电动机持续运转;按下停止按钮,电动机停止运转。

3　面板图

见图 10-1。

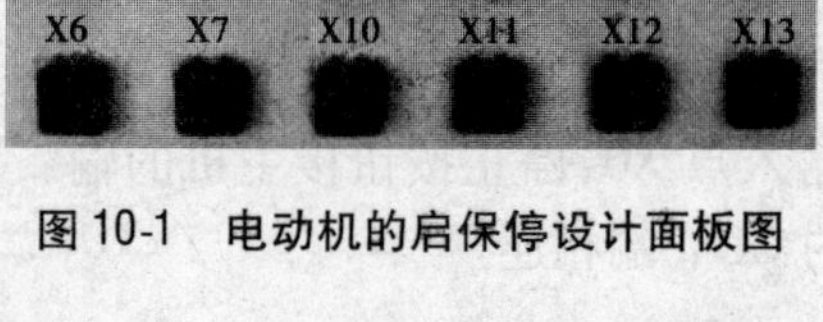

图 10-1　电动机的启保停设计面板图

4　I/O 接线

PB1:X0,PB2:X1,L1:Y0。

5 指令表

见表 10-1。

表 10-1 指令表(1)

步序	指令	器件号	说明
0	LD	X0	
1	OR	Y0	
2	ANI	X1	
3	OUT	Y0	
4	END		

设计二 闪光灯控制

1 设计目的

用 PLC 构成闪光灯控制系统。

2 设计要求

合上启动按钮后，按以下规律显示：L1、L2、L9→L1、L5、L8→L1、L4、L7→L1、L3、L6→L1→L2、L3、L4、L5→L6、L7、L8、L9→L1、L2、L6→L1、L3、L7→L1、L4、L8→L1、L5、L9→L1→L2、L3、L4、L5→L6、L7、L8、L9→L1、L2、L9……如此循环，周而复始。

3 闪光灯控制面板图

见图 10-2。

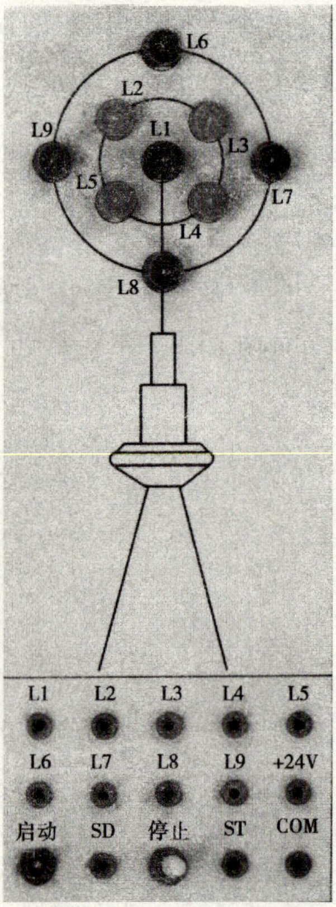

图 10-2 闪光灯控制面板图

4 I/O 接线

在图 10-2 中，下框中的 L1、L2、L3、L4、L5、L6、L7、L8、L9 分别接主机的输出点 Y0、Y1、Y2、Y3、Y4、Y5、Y6、Y7、Y10。启动按钮接主机的输入点 X0，停止按钮接主机的输入点 X1。COM 端与主机的 COM 端相连。

5 指令表

见表 10-2。

表 10-2 指令表(2)

步序	指令	器件号	说明	步序	指令	器件号	说明
0	LD	X0	启动按钮	41	LD	M104	
1	ANI	M0		42	OR	M106	
2	OUT	T0	延时 2 s	43	OR	M109	
3		K20		44	OR	M113	
4	LD	T0		45	OUT	Y2	L3 显示
5	OUT	M0		46	LD	M103	
6	LD	X0		47	OR	M106	
7	OUT	T1	延时 3 s	48	OR	M110	
8		K30		49	OR	M113	
9	ANI	T1		50	OUT	Y3	L4 显示
10	OUT	M10		51	LD	M102	
11	LD	M10		52	OR	M106	
12	OR	M2		53	OR	M111	
13	OUT	M100		54	OR	M113	
14	LD	M114		55	OUT	Y4	L5 显示
15	OUT	T2	延时 2 s	56	LD	M104	
16		K20		57	OR	M107	
17	ANI	T2		58	OR	M108	
18	OUT	M2		59	OR	M114	
19	LD	M0	移位输入	60	OUT	Y5	L6 显示
20	FNC	35	左移位	61	LD	M103	
21		M100	数据输入	62	OR	M107	
22		M101	移位	63	OR	M109	
23		K14	移位段数:14	64	OR	M114	
24		K1	1 位移位	65	OUT	Y6	L7 显示
25	LD	M101		66	LD	M102	
26	OR	M102		67	OR	M107	
27	OR	M103		68	OR	M110	
28	OR	M104		69	OR	M114	
29	OR	M105		70	OUT	Y7	L8 显示
30	OR	M108		71	LD	M101	
31	OR	M109		72	OR	M107	
32	OR	M110		73	OR	M111	
33	OR	M111		74	OR	M114	
34	OR	M112		75	OUT	Y10	L9 显示
35	OUT	Y0	L1 显示	76	LD	X1	停止按钮
36	LD	M101		77	FNC	40	全部复位
37	OR	M106		78		M101	
38	OR	M108		79		M114	
39	OR	M113		80	END		程序结束
40	OUT	Y1	L2 显示				

6 练习

(1)隔两灯闪烁:L1、L4、L7 亮,1 s 后灭,接着 L2、L5、L8 亮,1 s 后灭,接着 L3、L6、L9 亮,1 s 后灭,接着 L1、L4、L7 亮,1 s 后灭……如此循环。试编制程序,并上机调试运行。

(2)发射型闪烁:L1 亮,2 s 后灭,接着 L2、L3、L4、L5 亮,2 s 后灭,接着 L6、L7、L8、L9 亮,2 s 后灭,接着 L1 亮,2 s 后灭……如此循环。试编制程序,并上机调试运行。

设计三　装配流水线的模拟控制

1 设计目的

了解移位寄存器在控制系统中的应用及其编程方法。

2 设计要求

传送带共有 16 个工位,工件从 1 号位装入,分别在 A(操作 1)、B(操作 2)、C(操作 3)3 个工位完成 3 种装配操作,经最后一个工位后送入仓库;其他工位均用于传送工件。

3 装配流水线的模拟控制面板图

见图 10-3。

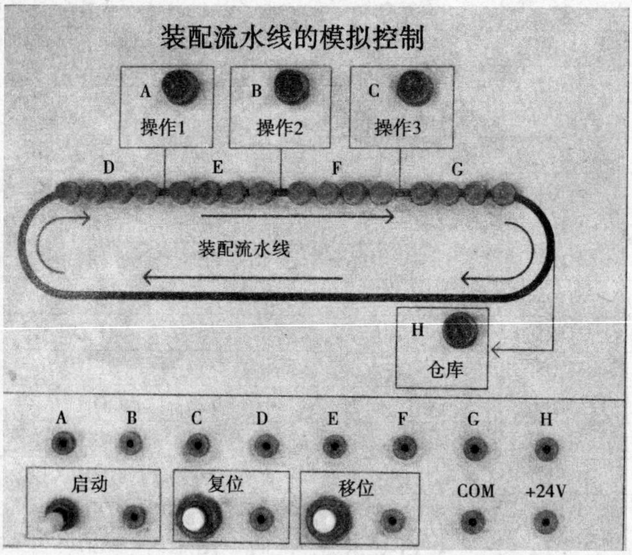

图 10-3　装配流水线的模拟控制面板图

4 I/O 接线

图 10-3 的上框中的 A ~ H 表示动作输出(用 LED 发光二极管模拟),下框中的 A、B、C、D、E、F、G、H 插孔分别接主机的输出点 Y0、Y1、Y2、Y3、Y4、Y5、Y6、Y7。启动、移位及

复位插孔分别接主机的输入点 X0、X1、X2。

5 指令表

见表 10-3。

表 10-3 指令表(3)

步序	指令	器件号	说明	步序	指令	器件号	说明
0	LD	X0	启动	31	FNC	35	左移位
1	ANI	M0		32		M126	数据输入
2	OUT	T0	延时 1 s	33		M127	移位
3		K10		34		K5	移位段数:5
4	LD	T0		35		K1	1 位移位
5	OUT	M0	产生脉冲	36	LD	M105	
6	LD	X1	移位	37	OR	M111	
7	OR	M5		38	OR	M125	
8	OUT	M100		39	OR	M131	
9	LD	M2		40	PLS	M10	
10	OUT	M106		41	LD	M11	
11	LD	M3		42	ANI	T21	
12	OUT	M120		43	OR	M100	
13	LD	M4		44	OUT	M11	
14	OUT	M126		45	OUT	T10	延时 5 s
15	LD	M0	移位输入	46		K50	
16	FNC	35	左移位	47	LD	M11	
17		M100	数据输入	48	ANI	T10	
18		M101	移位	49	OR	M12	
19		K5	移位段数:5	50	OUT	M200	
20		K1	1 位移位	51	LD	M204	
21	FNC	35	左移位	52	OUT	T11	延时 8 s
22		M106	数据输入	53		K80	
23		M107	移位	54	ANI	T11	
24		K5	移位段数:5	55	OUT	M12	
25		K1	1 位移位	56	LD	M10	
26	FNC	35	左移位	57	FNC	35	左移位
27		M120	数据输入	58		M200	数据输入
28		M121	移位	59		M201	移位
29		K5	移位段数:5	60		K4	移位段数:4
30		K1	1 位移位	61		K1	1 位移位

续表 10-3

步序	指令	器件号	说明	步序	指令	器件号	说明
62	LD	M201		101	OR	M122	
63	OUT	T2	延时 3 s	102	OR	M128	
64		K30		103	OUT	Y4	传送带
65	LD	T2		104	LD	M103	
66	OUT	T3	延时 1.5 s	105	OR	M109	
67		K15		106	OR	M123	
68	ANI	T3		107	OR	M129	
69	OUT	M2		108	OUT	Y5	传送带
70	LD	M202		109	LD	M104	
71	OUT	T4	延时 3 s	110	OR	M110	
72		K30		111	OR	M124	
73	LD	T4		112	OR	M130	
74	OUT	T5	延时 1.5 s	113	OUT	Y6	传送带
75		K15		114	LD	M201	
76	ANI	T5		115	ANI	T2	
77	OUT	M3		116	OUT	Y0	操作 1
78	LD	M203		117	LD	M202	
79	OUT	T6	延时 3 s	118	ANI	T4	
80		K30		119	OUT	Y1	操作 2
81	LD	T6		120	LD	M203	
82	OUT	T7	延时 1.5 s	121	ANI	T6	
83		K15		122	OUT	Y2	操作 3
84	ANI	T7		123	LD	M204	
85	OUT	M4		124	ANI	T8	
86	LD	M204		125	OUT	Y7	仓库
87	OUT	T8	延时 3 s	126	LD	X2	
88		K30		127	FNC	40	全部复位
89	LD	T8		128		M101	
90	OUT	T9	延时 1.5 s	129		M111	
91		K15		130	FNC	40	全部复位
92	ANI	T9		131		M121	
93	OUT	M5		132		M131	
94	LD	M101		133	FNC	40	全部复位
95	OR	M107		134		M201	
96	OR	M121		135		M204	
97	OR	M127		136	OUT	T21	延时 0.1 s
98	OUT	Y3	传送带	137		K1	
99	LD	M102		138	END		程序结束
100	OR	M108					

设计四　LED 数码显示控制

1　设计目的

了解并掌握置位与复位指令在控制中的应用及其编程方法。

2　设计要求

按下启动按钮后，由 8 组 LED 发光二极管模拟的八段数码管开始显示：先是一段一段显示，显示次序是 A、B、C、D、E、F、G、H。随后显示数字及字符，显示次序是 0、1、2、3、4、5、6、7、8、9、A、B、C、D、E、F，再返回初始显示，并循环不止。

3　LED 数码显示控制面板图

见图 10-4。

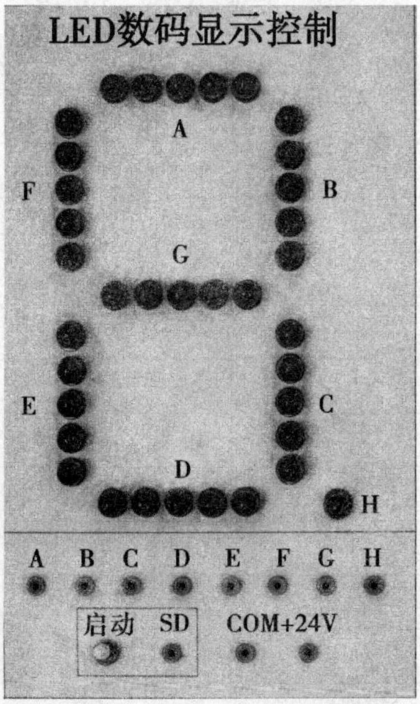

图 10-4　LED 数码显示控制面板图

4　I/O 接线

在图 10-4 中，下框中的 A ~ H 分别接主机的输出点 Y0 ~ Y7；SD 接主机的输入点 X0。上框中的 A、B、C、D、E、F、G、H 用发光二极管模拟输出。

5　指令表

见表 10-4。

表 10-4　指令表(4)

步序	指令	器件号	说明	步序	指令	器件号	说明
0	LD	X0	启动	31		K9	移位段数:9
1	ANI	M0		32		K1	1 位移位
2	OUT	T0	延时 1 s	33	LD	M101	
3		K10		34	OR	M109	
4	LD	T0		35	OR	M111	
5	OUT	M0	产生脉冲	36	OR	M112	
6	LD	X0		37	OR	M114	
7	OUT	T1	延时 1.5 s	38	OR	M115	
8		K15		39	OR	M201	
9	ANI	T1		40	OR	M202	
10	OUT	M10		41	OR	M203	
11	LD	M10		42	OR	M204	
12	OR	M2		43	OR	M206	
13	OUT	M100		44	OR	M208	
14	LD	M115		45	OR	M209	
15	OUT	M200		46	OUT	Y0	A 段显示
16	LD	M209		47	LD	M102	
17	OUT	T2	延时 1 s	48	OR	M109	
18		K10		49	OR	M110	
19	ANI	T2		50	OR	M111	
20	OUT	M2		51	OR	M112	
21	LD	M0	移位输入	52	OR	M113	
22	FNC	35	左移位	53	OR	M201	
23		M100	数据输入	54	OR	M202	
24		M101	移位	55	OR	M203	
25		K15	移位段数:15	56	OR	M204	
26		K1	1 位移位	57	OR	M207	
27	LD	M0	移位输入	58	OUT	Y1	B 段显示
28	FNC	35	左移位	59	LD	M103	
29		M200	数据输入	60	OR	M109	
30		M201	移位	61	OR	M110	

续表 10-4

步序	指令	器件号	说明	步序	指令	器件号	说明
62	OR	M112		95	OR	M208	
63	OR	M113		96	OR	M209	
64	OR	M114		97	OUT	Y4	E 段显示
65	OR	M115		98	LD	M106	
66	OR	M201		99	OR	M109	
67	OR	M202		100	OR	M113	
68	OR	M203		101	OR	M114	
69	OR	M204		102	OR	M115	
70	OR	M205		103	OR	M202	
71	OR	M207		104	OR	M203	
72	OUT	Y2	C 段显示	105	OR	M204	
73	LD	M104		106	OR	M205	
74	OR	M109		107	OR	M206	
75	OR	M111		108	OR	M208	
76	OR	M112		109	OR	M209	
77	OR	M114		110	OUT	Y5	F 段显示
78	OR	M115		111	LD	M107	
79	OR	M202		112	OR	M111	
80	OR	M203		113	OR	M112	
81	OR	M205		114	OR	M113	
82	OR	M206		115	OR	M114	
83	OR	M207		116	OR	M115	
84	OR	M208		117	OR	M202	
85	OUT	Y3	D 段显示	118	OR	M203	
86	LD	M105		119	OR	M204	
87	OR	M109		120	OR	M205	
88	OR	M111		121	OR	M207	
89	OR	M115		122	OR	M208	
90	OR	M202		123	OR	M209	
91	OR	M204		124	OUT	Y6	G 段显示
92	OR	M205		125	LD	M108	
93	OR	M206		126	OUT	Y7	H 小数点显示
94	OR	M207		127	END		程序结束

设计五　三相异步电动机的星形 - 三角形启动控制

1　设计目的

(1)掌握电动机星形 - 三角形换接启动主回路的接线。

(2)学会用可编程控制器实现电动机星形 - 三角形换接降压启动过程的编程方法。

2　设计要求

合上启动按钮后,电动机先作星形连接启动,经延时 6 s 后自动换接到三角形连接运转。

3　星形 - 三角形启动控制面板图

见图 10-5。

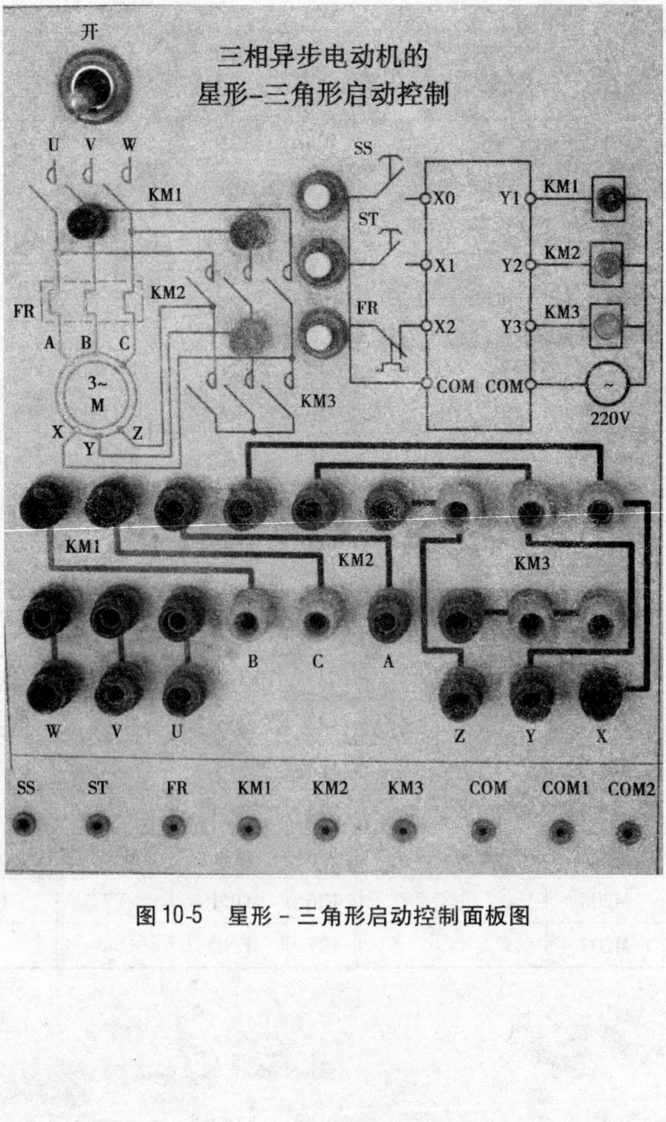

图 10-5　星形 - 三角形启动控制面板图

4 I/O 接线

将图 10-5 下框中的 SS、ST、FR 分别接主机的输入点 X0、X1、X2；将 KM1、KM2、KM3 分别接主机的输出点 Y1、Y2、Y3；COM 端与主机的 COM 端相连；COM1、COM2 端与主机的 COM1、COM2 端相连。KM1、KM2、KM3 的动作用发光二极管来模拟。

实验装置已将 3 个 CJ0－10 接触器的触点引至面板上。可按图 10-5 所示的粗线，用专用实验连接导线连接。三相市电已引至三相开关 SQ 的 U、V、W 端。A、B、C、X、Y、Z 与三相异步电动机(400 W)的相应 6 个接线柱相连。将三相闸刀开关拨向“开”位置，三相 380 V 市电即引至 U′、V′、W′三端。

注意：接通电源之前，将三相异步电动机的星形－三角形换接启动实验模块的开关置于“关”位置(开关往下扳)。因为一旦接通三相电，只要开关置于“开”位置(开关往上扳)，这一实验模块中的 U、V、W 端就已得电，所以需在连好实验接线后，才将这一开关接通，千万注意人身安全。

5 指令表

见表 10-5。

表 10-5 指令表(5)

步序	指令	器件号	说明	步序	指令	器件号	说明
0	LD	X0	启动	12	LD	T10	
1	OR	M100		13	ANI	T0	
2	ANI	X1	停车	14	ANI	Y2	
3	ANI	X2	过载保护	15	OUT	Y3	KM3 吸合
4	OUT	M100		16	LD	T0	
5	OUT	Y1	KM1 吸合	17	OUT	T1	延时 0.5 s
6	LD	M100		18		K5	
7	OUT	T0	延时 6 s	19	LD	T1	
8		K60		20	ANI	Y3	
9	LD	M100		21	OUT	Y2	KM2 吸合
10	OUT	T10	延时 1 s	22	END		程序结束
11		K10					

6 动作过程分析

启动：按启动按钮 SS，X0 的动合触点闭合，M100 线圈得电，M100 的动合触点闭合，Y1 线圈得电，即接触器 KM1 的线圈得电，1 s 后 Y3 线圈得电，即接触器 KM3 的线圈得电，电动机作星形连接启动；同时定时器线圈 T0 得电，当启动时间累计达 6 s 时，T0 的动断触点断开，Y3 失电，接触器 KM3 断电，触头释放，与此同时 T0 的动合触点闭合，T1 得电，经 0.5 s 后，T1 动合触点闭合，Y2 线圈得电，电动机接成三角形，启动完毕。定时器 T1 的作用是使 KM3 断开 0.5 s 后 KM2 才得电，避免电源短路。

停车：按停止按钮 ST，X001 的动断触点断开，M100、T0 失电；M100、T0 的动合触点断开，Y1、Y3 失电。KM1、KM3 断电，电动机作自由停车运行。

过载保护：当电动机过载时，X2 的动断触点断开，Y1、Y3 失电，电动机也停车。按一下按钮 FR，可模拟过载，观察运行结果。

设计六　五相步进电动机的模拟控制

1　设计目的

了解并掌握移位指令在控制中的应用及其编程方法。

2　设计要求

要求对五相步进电动机 5 个绕组依次自动实现如下方式的循环通电控制：

第一步：A—B—C—D—E；

第二步：A—AB—BC—CD—DE—EA；

第三步：AB—ABC—BC—BCD—CD—CDE—DE—DEA；

第四步：EA—ABC—BCD—CDE—DEA。

3　五相步进电动机的模拟控制面板图

见图 10-6。

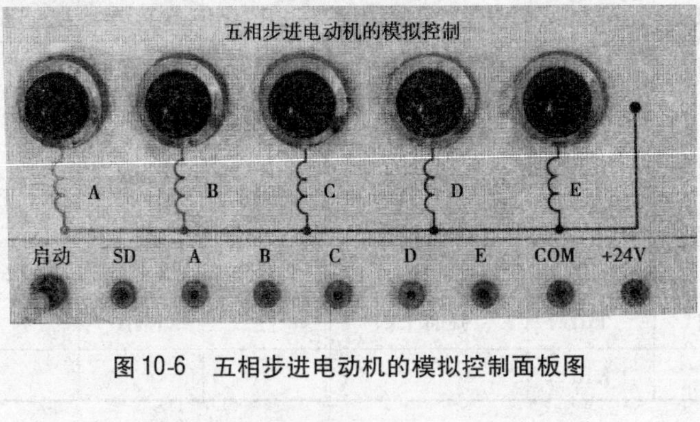

图 10-6　五相步进电动机的模拟控制面板图

4　I/O 接线

在图 10-6 中，下框中的 A、B、C、D、E 分别接主机的输出点 Y1、Y2、Y3、Y4、Y5；SD 接主机的输入点 X0。上框中发光二极管的点亮与熄灭用以模拟步进电动机 5 个绕组的导电状态。

5 指令表

见表 10-6。

表 10-6 指令表(6)

步序	指令	器件号	说明	步序	指令	器件号	说明
0	LD	X0	输入	33	LD	M101	
1	ANI	M0		34	OR	M106	
2	OUT	T0	延时 2 s	35	OR	M107	
3		K20		36	OR	M111	
4	LD	T0		37	OR	M112	
5	OUT	M0		38	OR	M113	
6	LD	X0		39	OR	M204	
7	OUT	T2	延时 3 s	40	OR	M205	
8		K30		41	OR	M206	
9	ANI	T2		42	OR	M209	
10	OUT	M10		43	OUT	Y1	A 相电动机运转
11	LD	M10		44	LD	M102	
12	OR	M2		45	OR	M107	
13	OUT	M100		46	OR	M108	
14	LD	M115		47	OR	M112	
15	OUT	M200		48	OR	M113	
16	LD	M209		49	OR	M114	
17	OUT	T1	延时 2 s	50	OR	M115	
18		K20		51	OR	M206	
19	ANI	T1		52	OR	M207	
20	OUT	M2		53	OUT	Y2	B 相电动机运转
21	LD	M0	移位输入	54	LD	M103	
22	FNC	35	左移位	55	OR	M108	
23		M100	数据输入	56	OR	M109	
24		M101	移位	57	OR	M113	
25		K15	移位段数:15	58	OR	M114	
26		K1	1 位移位	59	OR	M115	
27	LD	M0	移位输入	60	OR	M201	
28	FNC	35	左移位	61	OR	M202	
29		M200	数据输入	62	OR	M206	
30		M201	移位	63	OR	M207	
31		K9	移位段数:9	64	OR	M208	
32		K1	1 位移位	65	OUT	Y3	C 相电动机运转

续表 10-6

步序	指令	器件号	说明	步序	指令	器件号	说明
66	LD	M104		78	LD	M105	
67	OR	M109		79	OR	M110	
68	OR	M110		80	OR	M111	
69	OR	M115		81	OR	M202	
70	OR	M201		82	OR	M203	
71	OR	M202		83	OR	M204	
72	OR	M203		84	OR	M205	
73	OR	M204		85	OR	M208	
74	OR	M207		86	OR	M209	
75	OR	M208		87	OUT	Y5	E 相电动机运转
76	OR	M209		88	END		程序结束
77	OUT	Y4	D 相电动机运转				

设计七　十字路口交通灯控制

1　设计目的

熟练使用各基本指令，根据控制要求，掌握 PLC 的编程方法和程序调试方法，了解用 PLC 解决一个实际问题的全过程。

2　设计要求

信号灯受一个启动开关控制，当启动开关接通时，信号灯系统开始工作，且先南北红灯亮，东西绿灯亮。当启动开关断开时，所有信号灯都熄灭。

南北红灯亮维持 25 s，在南北红灯亮的同时东西绿灯也亮，并维持 20 s。到 20 s 时，东西绿灯闪亮，闪亮 3 s 后熄灭。在东西绿灯熄灭时，东西黄灯亮，并维持 2 s。到 2 s 时，东西黄灯熄灭，东西红灯亮，同时，南北红灯熄灭，南北绿灯亮。

东西红灯亮维持 30 s。南北绿灯亮维持 20 s，然后闪亮 3 s 熄灭。同时南北黄灯亮，维持 2 s 后熄灭，这时南北红灯亮，东西绿灯亮。周而复始。

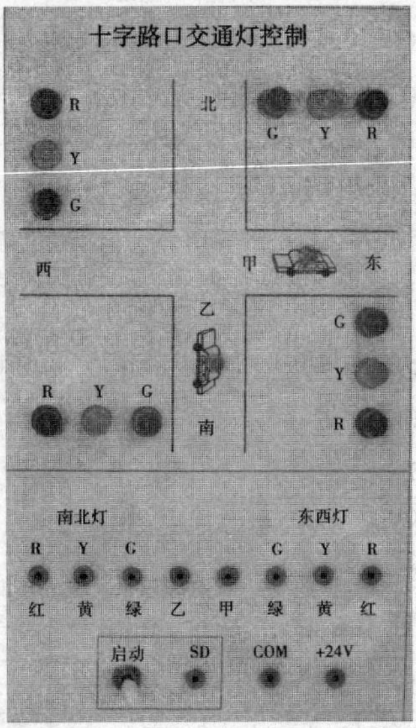

图 10-7　十字路口交通灯控制面板图

3　十字路口交通灯控制面板图

见图 10-7。

4 I/O 接线

在图10-7中，下框中的南北红、黄、绿灯R、Y、G分别接主机的输出点Y2、Y1、Y0，东西红、黄、绿灯 R、Y、G 分别接主机的输出点 Y5、Y4、Y3，模拟南北向行驶车乙的灯接主机的输出点 Y6，模拟东西向行驶车甲的灯接主机的输出点 Y7；下框中的 SD 接主机的输入端 X0。上框中的东西南北 4 组红绿黄三色发光二极管模拟十字路口的交通灯。

5 指令表

见表 10-7。

表 10-7 指令表(7)

步序	指令	器件号	说明	步序	指令	器件号	说明
0	LD	X0	启动	18		K20	
1	ANI	T4		19	LD	T0	
2	OUT	T0	南北红灯 25 s	20	OUT	T1	南北绿灯 25 s
3		K250		21		K250	
4	LD	T0		22	LD	T1	
5	OUT	T4		23	OUT	T11	南北向车行驶 27 s
6		K300		24		K270	
7	LD	X0		25	OUT	T2	南北绿灯闪烁
8	ANI	T0		26		K30	
9	OUT	T6	东西绿灯 20 s	27	LD	T2	
10		K200		28	OUT	T3	南北黄灯 2 s
11	LD	T6		29		K20	
12	OUT	T10	东西向车行驶 22 s	30	LDI	T0	
13		K220		31	AND	X0	
14	OUT	T7	东西绿灯闪烁	32	OUT	Y2	南北红灯工作
15		K30		33	LD	T0	
16	LD	T7		34	OUT	Y5	东西红灯工作
17	OUT	T5	东西黄灯 2 s	35	LD	Y2	

续表 10-7

步序	指令	器件号	说明	步序	指令	器件号	说明
36	ANI	T6		60	ORB		
37	LD	T6		61	OUT	Y0	南北绿灯工作
38	ANI	T7		62	LD	Y5	
39	AND	T22		63	ANI	T1	
40	ORB			64	LD	T1	
41	OUT	Y3	东西绿灯工作	65	ANI	T2	
42	LD	Y2		66	ORB		
43	ANI	T6		67	OUT	T13	延时 1 s
44	LD	T6		68		K10	
45	ANI	T7		69	LD	T13	
46	ORB			70	ANI	T11	
47	OUT	T12	延时 1 s	71	OUT	Y6	南北向车行驶
48		K10		72	LD	T2	
49	LD	T12		73	ANI	T3	
50	ANI	T10		74	OUT	Y1	南北黄灯工作
51	OUT	Y7	东西向车行驶	75	LD	X0	
52	LD	T7		76	ANI	T23	
53	ANI	T5		77	OUT	T22	产生 1 s 脉冲
54	OUT	Y4	东西黄灯工作	78		K5	
55	LD	Y5		79	LD	T22	
56	ANI	T1		80	OUT	T23	
57	LD	T1		81		K5	
58	ANI	T2		82	END		程序结束
59	AND	T22					

6 工作过程

当启动开关 SD 合上时，X0 触点接通，Y2 得电，南北红灯亮；同时 Y2 的动合触点闭合，Y3 线圈得电，东西绿灯亮。1 s 后，T12 的动合触点闭合，Y7 线圈得电，模拟东西向行驶车的灯亮。维持 20 s，T6 的动合触点接通，与该触点串联的 T22 的动合触点每隔 0.5 s 导通 0.5 s，从而使东西绿灯闪烁。又过 3 s，T7 的动断触点断开，Y3 线圈失电，东西绿灯灭；此时 T7 的动合触点闭合，T10 的动断触点断开，Y4 线圈得电，东西黄灯亮，Y7 线圈失电，模拟东西向行驶车的灯灭。再过 2 s 后，T5 的动断触点断开，Y4 线圈失电，东西黄灯灭；此时启动累计时间达 25 s，T0 的动断触点断开，Y2 线圈失电，南北红灯灭，T0 的动合触点闭合，Y5 线圈得电，东西红灯亮，Y5 的动合触点闭合，Y0 线圈得电，南北绿灯亮。1 s 后，T13 的动合触点闭合，Y6 线圈得电，模拟南北向行驶车的灯亮。又经过 25 s，即启动累计时间为 50 s 时，T1 的动合触点闭合，与该触点串联的 T22 的动合触点每隔 0.5 s 导通 0.5 s，从而使南北绿灯闪烁；闪烁 3 s，T2 的动断触点断开，Y0 线圈失电，南北绿灯灭；此时 T2 的动合触点闭合、T11 的动断触点断开，Y1 线圈得电，南北黄灯亮，Y6 线圈失电，模拟南北向行驶车的灯灭。维持 2 s 后，T3 的动断触点断开，Y1 线圈失电，南北黄灯灭。这时启动累计时间达 5 s，T4 的动断触点断开，T0 复位，Y3 线圈失电，即维持了 30 s 的东西红灯灭。

上述是一个工作过程，然后再周而复始地进行。

设计八　水塔水位控制

1　设计目的

用 PLC 构成水塔水位自动控制系统。

2　设计要求

当水池水位低于水池低水位界（S4 为 ON）时，阀 Y 打开进水（Y 为 ON），定时器开始定时，4 s 后，如果 S4 还不为 OFF，那么阀 Y 指示灯闪烁，表示阀 Y 没有进水，出现故障，S3 为 ON 后，阀 Y 关闭（Y 为 OFF）。当 S4 为 OFF，且水塔水位低于水塔低水位界时 S2 为 ON，电动机 M 运转抽水。当水塔水位高于水塔高水位界时电动机 M 停止。

3　水塔水位控制面板图

见图 10-8。

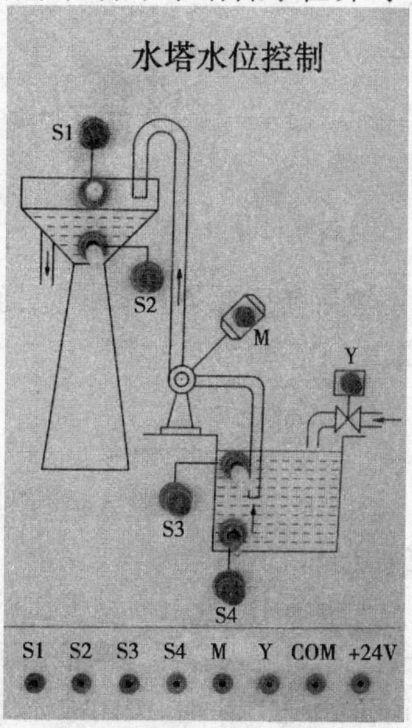

图 10-8　水塔水位控制面板图

4　I/O 接线

在图 10-8 中，下框中的 S1、S2、S3、S4 分别接主机的输入点 X0、X1、X2、X3，M、Y 分别接主机的输出点 Y0、Y1。

5　指令表

见表 10-8。

表 10-8　指令表(8)

步序	指令	器件号	说明	步序	指令	器件号	说明
0	LDI	T0		15		K1	
1	OUT	T1	产生 1 s 脉冲	16	LD	T2	
2		K5		17	AND	T1	
3	LD	T1		18	LD	X3	
4	OUT	T0	延时 0.5 s	19	ANI	T2	
5		K5		20	ORB		
6	LD	X3	水池低水位界	21	OR	T3	
7	OR	M1		22	ANI	X2	水池高水位界
8	ANI	X2		23	OUT	Y1	电磁阀 Y
9	OUT	T2	延时 4 s	24	LD	X1	水塔低水位界
10		K40		25	OR	Y0	
11	OUT	M1		26	ANI	X0	水塔高水位界
12	LD	T2		27	ANI	X3	
13	ANI	X3		28	OUT	Y0	电动机 M
14	OUT	T3	延时 0.1 s	29	END		程序结束

设计九　液体混合装置的模拟控制

1　设计目的

熟练使用各条基本指令，通过对工程实例的模拟，熟练地掌握 PLC 的编程和程序调试。

2　设计要求

初始状态：装置投入运行时，液体 A、B 阀门关闭，混合液体阀门打开 20 s，将容器放空后关闭。

启动操作：按下启动按钮 SB1，装置就开始按下列约定的规律操作。液体 A 阀门打开，液体 A 流入容器。当液面到达 SL2 时，SL2 接通，关闭液体 A 阀门，打开液体 B 阀门。当液面到达 SL1 时，关闭液体 B 阀门，搅匀电动机开始搅匀。搅匀电动机工作 1 min 后停止搅动，混合液体阀门打开，开始放出混合液体。当液面下降到 SL3 时，SL3 由接通变为断开，再过 20 s 后，容器放空，混合液体阀门关闭，开始下一周期。

停止操作：按下停止按钮 SB2 后，在当前的混合液操作处理完毕后，才停止操作（停在初始状态上）。

3 液体混合装置的模拟控制面板图

见图 10-9。

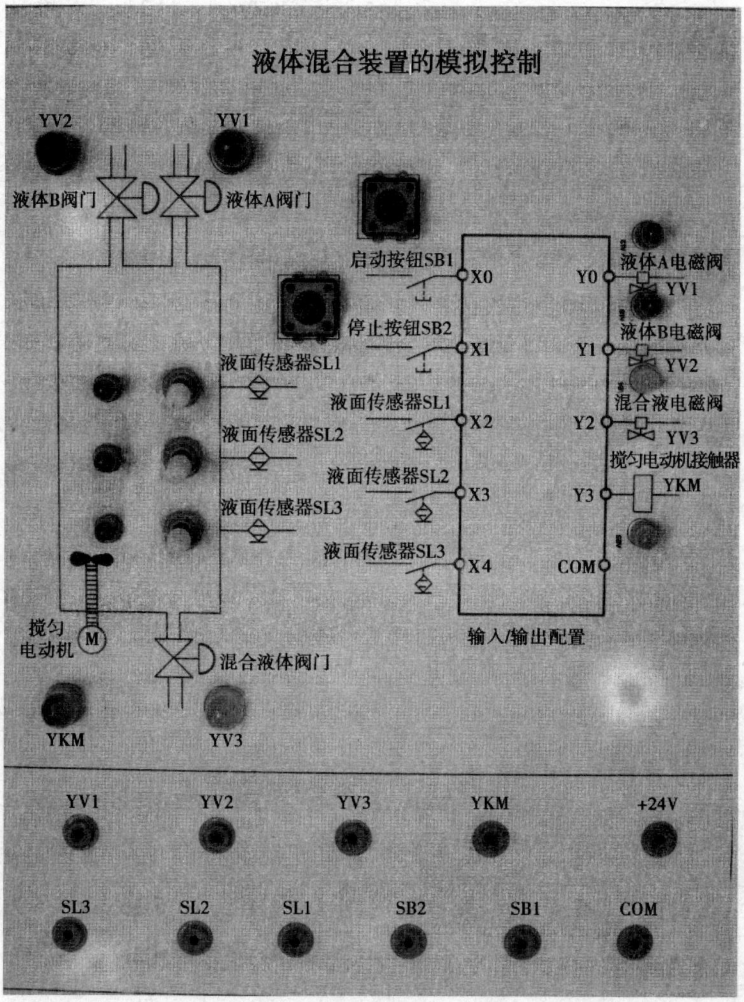

图 10-9　液体混合装置的模拟控制面板图

4 I/O 接线

在图 10-9 中，下框中的 YV1、YV2、YV3、YKM 分别接主机的输出点 Y0、Y1、Y2、Y3；启、停按钮 SB1、SB2 分别接主机的输入点 X0、X1；液面传感器 SL1、SL2、SL3 分别接主机的输入点 X2、X3、X4。

5 指令表

见表 10-9。

表 10-9 指令表(9)

步序	指令	器件号	说明	步序	指令	器件号	说明
0	LD	X0		29	LD	T0	
1	PLS	M100	启动脉冲	30	OR	M101	
2	LD	X1		31	RST	Y3	搅匀电动机停止
3	PLS	M101	停止脉冲	32	LD	Y3	
4	LD	X2		33	OUT	T0	延时 6 s
5	PLS	M102		34		K60	
6	LD	X3		35	LDI	Y3	
7	PLS	M103		36	OUT	M120	
8	LDI	X4		37	LDI	Y3	
9	ANI	M111		38	AND	M120	
10	OUT	M110		39	ANI	M113	
11	LDI	X4		40	OUT	M112	
12	OUT	M111		41	LDI	Y3	
13	LD	M100		42	AND	M120	
14	SET	M200		43	OUT	M113	
15	LD	M200		44	LD	M112	
16	AND	T1		45	SET	Y2	混合液电磁阀打开
17	OR	M100		46	LD	T1	
18	SET	Y0	液体 A 电磁阀打开	47	OR	M101	
19	LD	M103		48	RST	Y2	混合液电磁阀关闭
20	SET	Y1	液体 B 电磁阀打开	49	LD	M110	
21	LD	M103		50	SET	M201	
22	OR	M101		51	LD	T1	
23	RST	Y0	液体 A 电磁阀关闭	52	RST	M201	
24	LD	M102		53	LD	M201	
25	SET	Y3	搅匀电动机工作	54	OUT	T1	延时 2 s
26	LD	M102		55		K20	
27	OR	M101		56	END		程序结束
28	RST	Y1	液体 B 电磁阀关闭				

6 程序设计及工作过程分析

根据按控制要求编写的梯形图分析其工作过程。

启动操作:按下启动按钮 SB1,X0 的动合触点闭合,M100 产生启动脉冲,M100 的动合触点闭合,使 Y0 保持接通,液体 A 电磁阀 YV1 打开,液体 A 流入容器。

当液面上升到 SL3 时,虽然 X4 的动合触点接通,但没有引起输出动作。

当液面上升到 SL2 位置时,SL2 接通,X3 的动合触点接通,M103 产生脉冲,M103 的动合触点接通一个扫描周期,复位指令 RST Y0 使 Y0 线圈断开,YV1 电磁阀关闭,液体 A 停止流入;与此同时,M103 的动合触点接通一个扫描周期,保持操作指令 SET Y1 使 Y1 线圈接通,液体 B 电磁阀 YV2 打开,液体 B 流入。

当液面上升到 SL1 时,SL1 接通,M102 产生脉冲,M102 的动合触点闭合,使 Y1 线圈断开,YV2 关闭,液体 B 停止注入,M102 的动合触点闭合,Y3 线圈接通,搅匀电动机工作,开始搅匀。搅匀电动机工作时,Y3 的动合触点闭合,启动定时器 T0,过了 60 s,T0 的动合触点闭合,Y3 线圈断开,电动机停止搅动。当搅匀电动机由接通变为断开时,M112 产生一个扫描周期的脉冲,M112 的动合触点闭合,Y2 线圈接通,混合液电磁阀 YV3 打开,开始放混合液。

液面下降到 SL3 时,液面传感器 SL3 由接通变为断开,使 M110 的动合触点接通一个扫描周期,M201 线圈接通,T1 开始工作,20 s 后混合液流完,T1 的动合触点闭合,Y2 线圈断开,电磁阀 YV3 关闭。同时 T1 的动合触点闭合,Y0 线圈接通,YV1 打开,液体 A 流入,开始下一循环。

停止操作:按下停止按钮 SB2,X1 的动合触点接通,M101 产生停止脉冲,使 M200 线圈复位断开,M200 的动合触点断开,在当前的混合操作处理完毕后,使 Y0 不能再接通,即停止操作。

设计十　机械手动作的模拟控制

1 设计目的

用数据移位指令来实现机械手动作的模拟控制。

2 设计要求

机械手将工件由 A 处传送到 B 处,上升、下降和左移、右移的执行用双线圈二位电磁阀推动汽缸完成。当某个电磁阀线圈通电时,就一直保持现有的机械动作,例如一旦下降的电磁阀线圈通电,机械手下降,即使线圈再断电,仍保持现有的下降动作状态,直到相反方向的线圈通电。另外,夹紧、放松由单线圈二位电磁阀推动汽缸完成,线圈通电执行夹紧动作,线圈断电时执行放松动作。设备装有上、下限位和左、右限位开关,它的工作过程,有 8 个动作,即为:

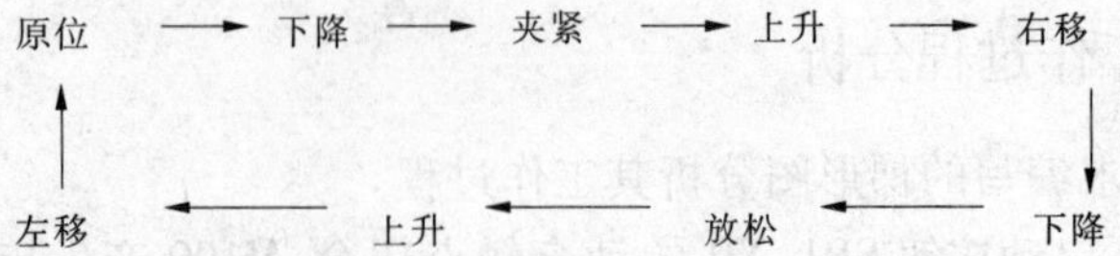

3　机械手动作的模拟控制面板图

见图 10-10。

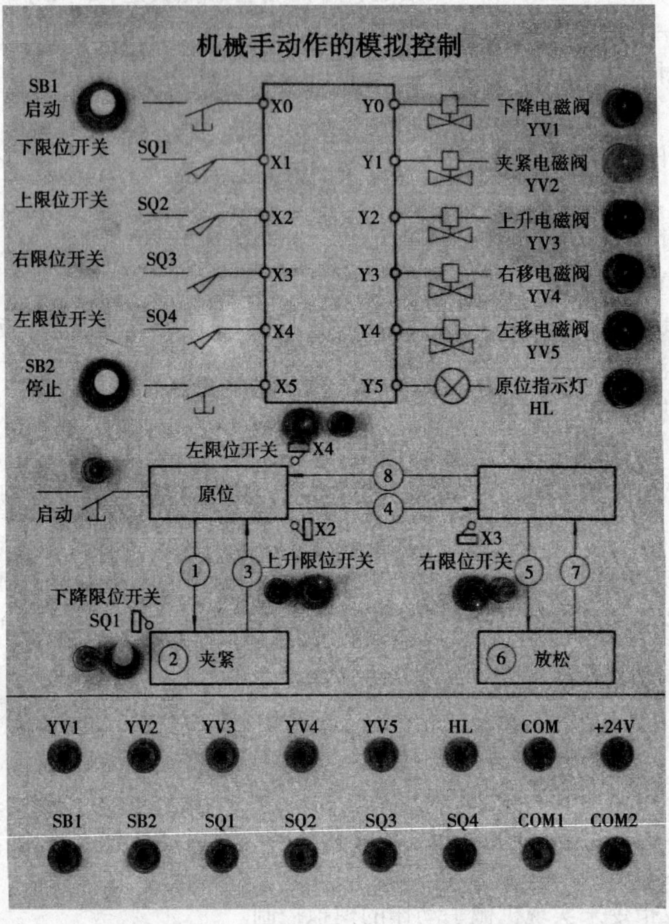

图 10-10　机械手动作的模拟控制面板图

4　I/O 接线

在图 10-10 中，下框中的 YV1、YV2、YV3、YV4、YV5、HL 分别接主机的输出点 Y0、Y1、Y2、Y3、Y4、Y5；SB1、SB2 分别接主机的输入点 X0、X5；SQ1、SQ2、SQ3、SQ4 分别接主机的输入点 X1、X2、X3、X4。上框中的启动、停止用动断按钮来实现，限位开关用钮子开关来模拟，电磁阀和原位指示灯用发光二极管来模拟。

5 指令表

见表 10-10。

表 10-10 指令表(10)

步序	指令	器件号	说明	步序	指令	器件号	说明
0	LD	X2	上限位开关	36	AND	T1	
1	AND	X4	左限位开关	37	ORB		
2	ANI	M101		38	LD	M107	
3	ANI	M102		39	AND	X2	
4	ANI	M103		40	ORB		
5	ANI	M104		41	LD	M108	
6	ANI	M105		42	AND	X4	
7	ANI	M106		43	ORB		
8	ANI	M107		44	FNC	35	左移位
9	ANI	M108		45		M100	数据输入
10	ANI	M109		46		M101	移位
11	OUT	M100		47		K9	移位段数:9
12	LD	X4		48		K1	1 位移位
13	AND	M109		49	LD	M100	
14	OR	X5	停止按钮	50	OUT	Y5	原位指示
15	FNC	40	全部复位	51	LD	M101	
16		M101		52	OR	M105	
17		M109		53	OUT	Y0	下降
18	LD	M100		54	LD	M102	
19	AND	X0	启动按钮	55	SET	M200	
20	LD	M101		56	OUT	T0	延时 1.7 s
21	AND	X1		57		K17	
22	ORB			58	LD	M200	
23	LD	M102		59	OUT	Y1	夹紧
24	AND	T0		60	LD	M103	
25	ORB			61	OR	M107	
26	LD	M103		62	OUT	Y2	上升
27	AND	X2		63	LD	M104	
28	ORB			64	OUT	Y3	右移
29	LD	M104		65	LD	M108	
30	AND	X3		66	OUT	Y4	左移
31	ORB			67	LD	M106	
32	LD	M105		68	RST	M200	
33	AND	X1		69	OUT	T1	延时 1.5 s
34	ORB			70		K15	
35	LD	M106		71	END		程序结束

6 工作过程分析

当机械手处于原位时,上限位开关 X2、左限位开关 X4 均处于接通("1"状态),移位寄存器数据输入端接通,使 M100 置"1",Y5 线圈接通,原位指示灯亮。

按下启动按钮,X0 置"1",产生移位信号,M100 的"1"态移至 M101,下降电磁阀输出继电器 Y0 接通,执行下降动作,由于上升限位开关 X2 断开,M100 置"0",原位指示灯灭。

当下降到位时,下限位开关 X1 接通,产生移位信号,M100 的"0"态移位到 M101,下降电磁阀 Y0 断开,机械手停止下降,M101 的"1"态移到 M102,M200 线圈接通,M200 的动合触点闭合,夹紧电磁阀 Y1 接通,执行夹紧动作,同时启动定时器 T0,延时 1.7 s。

机械手夹紧工件后,T0 的动合触点接通,产生移位信号,使 M103 置"1","0"态移位至 M102,上升电磁阀 Y2 接通,X1 断开,执行上升动作。由于使用 SET 指令,M200 线圈具有自保持功能,Y1 保持接通,机械手继续夹紧工件。

当上升到位时,上限位开关 X2 接通,产生移位信号,"0"态移位至 M103,Y2 线圈断开,不再上升,同时移位信号使 M104 置"1",X4 断开,右移电磁阀继电器 Y3 接通,执行右移动作。

待移至右限位开关动作位置,X3 的动合触点接通,产生移位信号,使 M103 的"0"态移位到 M104,Y3 线圈断开,停止右移,同时 M104 的"1"态已移到 M105,Y0 线圈再次接通,执行下降动作。

当下降到使 X1 的动合触点接通位置时,产生移位信号,"0"态移至 M105,"1"态移至 M106,Y0 线圈断开,停止下降,RST 指令使 M200 复位,Y1 线圈断开,机械手松开工件;同时 T1 启动延时 1.5 s,T1 的动合触点接通,产生移位信号,使 M106 变为"0"态,M107 为"1"态,Y2 线圈再度接通,X1 断开,机械手又上升,行至上限位置,X2 触点接通,M107 变为"0"态,M110 为"1"态,Y2 线圈断开,停止上升,Y4 线圈接通,X3 断开,执行左移动作。

到达左限位开关位置时,X4 触点接通,M110 变为"0"态,M111 为"1"态,移位寄存器全部复位,Y4 线圈断开,机械手回到原位,由于 X2、X4 均接通,M100 又被置"1",完成一个工作周期。

再次按下启动按钮,将重复上述动作。

附表1 FX_{2N}系列PLC内部各继电器的编号

元件名称		符号	元件编号	点数
输入继电器		X	X000～X177(八进制)	128点
输出继电器		Y	Y000～Y177(八进制)	128点
辅助继电器	通用辅助继电器	M	M0～M499	500点
	锁存辅助继电器		M500～M3071	2 572点
	特殊辅助继电器		M8000～M8255	256点
状态继电器	初始化状态继电器	S	S0～S9	10点
	通用状态继电器		S10～S499	490点
	锁存状态继电器		S500～S899	400点
	信号报警器		S900～S999	100点
定时器	100 ms定时器	T	T0～T199	200点
	10 ms定时器		T200～T245	46点
	1 ms积算定时器		T246～T249	4点
	100 ms积算定时器		T250～T255	6点
计数器	16位通用加计数器	C	C0～C99	100点
	16位锁存加计数器		C100～C199	100点
	32位通用加/减计数器		C200～C219	20点
	32位锁存加/减计数器		C220～C234	15点
	高速计数器		C235～C255	21点
数据寄存器	通用数据寄存器	D	D0～D199	16位200点
	锁存数据寄存器		D200～D7999	16位7 800点
	文件寄存器		D1000～D7999	7 000点,以500个为单位设置文件寄存器
	特殊寄存器		D8000～D8255	16位256点
	变址寄存器	V、Z	V0～V7 ,Z0～Z7	16位16点
跳步指针	跳步和子程序调用	P	P0～P127	128点
常数	十进制常数	K	—	16位:−32 768～+32 767 32位:−2147 483 648～+2 147 483 647
	十六进制常数	H		16位:0～FFFF 32位:0～FFFFFFFF

附表2 FX系列PLC功能指令一览表

分类	功能号	指令助记符	功能说明	对应不同型号的PLC				
				FX_{0S}	FX_{0N}	FX_{1S}	FX_{1N}	FX_{2N}、FX_{2NC}
程序流程	00	CJ	条件跳转	√	√	√	√	√
	01	CALL	子程序调用	×	×	√	√	√
	02	SRET	子程序返回	×	×	√	√	√
	03	IRET	中断返回	√	√	√	√	√
	04	EI	中断允许	√	√	√	√	√
	05	DI	中断禁止	√	√	√	√	√
	06	FEND	主程序结束	√	√	√	√	√
	07	WDT	监视定时器刷新	√	√	√	√	√
	08	FOR	循环起点	√	√	√	√	√
	09	NEXT	循环结束	√	√	√	√	√
比较与传送	10	CMP	比较	√	√	√	√	√
	11	ZCP	区间比较	√	√	√	√	√
	12	MOV	传送	√	√	√	√	√
	13	SMOV	移位传送	×	×	×	×	√
	14	CML	取反传送	×	×	×	×	√
	15	BMOV	块传送	×	√	√	√	√
	16	FMOV	多点传送	×	×	×	×	√
	17	XCH	交换	×	×	×	×	√
	18	BCD	二进制转换成 BCD 码	√	√	√	√	√
	19	BIN	BCD 码转换成二进制	√	√	√	√	√
数据运算	20	ADD	二进制加法运算	√	√	√	√	√
	21	SUB	二进制减法运算	√	√	√	√	√
	22	MUL	二进制乘法运算	√	√	√	√	√
	23	DIV	二进制除法运算	√	√	√	√	√
	24	INC	二进制加 1 运算	√	√	√	√	√
	25	DEC	二进制减 1 运算	√	√	√	√	√
	26	WAND	字逻辑与	√	√	√	√	√
	27	WOR	字逻辑或	√	√	√	√	√
	28	WXOR	字逻辑异或	√	√	√	√	√
	29	NEG	求二进制补码	×	×	×	×	√

续附表 2

分类	功能号	指令助记符	功能说明	对应不同型号的 PLC				
				FX_{0S}	FX_{0N}	FX_{1S}	FX_{1N}	FX_{2N}、FX_{2NC}
循环移位	30	ROR	循环右移	×	×	×	×	√
	31	ROL	循环左移	×	×	×	×	√
	32	RCR	带进位右移	×	×	×	×	√
	33	RCL	带进位左移	×	×	×	×	√
	34	SFTR	位右移	√	√	√	√	√
	35	SFTL	位左移	√	√	√	√	√
	36	WSFR	字右移	×	×	×	×	√
	37	WSFL	字左移	×	×	×	×	√
	38	SFWR	FIFO(先入先出)写入	×	×	√	√	√
	39	SFRD	FIFO(先入先出)读出	×	×	√	√	√
数据处理	40	ZRST	区间复位	√	√	√	√	√
	41	DECO	译码	√	√	√	√	√
	42	ENCO	编码	√	√	√	√	√
	43	SUM	统计 ON 位数	×	×	×	×	√
	44	BON	查询某位状态	×	×	×	×	√
	45	MEAN	求平均值	×	×	×	×	√
	46	ANS	报警器置位	×	×	×	×	√
	47	ANR	报警器复位	×	×	×	×	√
	48	SQR	求平方根	×	×	×	×	√
	49	FLT	整数与浮点数转换	×	×	×	×	√
高速处理	50	REF	输入/输出刷新	√	√	√	√	√
	51	REFF	输入滤波时间调整	×	×	×	×	√
	52	MTR	矩阵输入	×	×	√	√	√
	53	HSCS	比较置位(高速计数用)	×	√	√	√	√
	54	HSCR	比较复位(高速计数用)	×	√	√	√	√
	55	HSZ	区间比较(高速计数用)	×	×	×	×	√
	56	SPD	速度检测	×	×	√	√	√
	57	PLSY	指定频率脉冲输出	√	√	√	√	√
	58	PWM	脉宽调制输出	√	√	√	√	√
	59	PLSR	可调速脉冲输出	×	×	√	√	√

续附表 2

分类	功能号	指令助记符	功能说明	对应不同型号的 PLC				
				FX_{0S}	FX_{0N}	FX_{1S}	FX_{1N}	FX_{2N}、FX_{2NC}
方便指令	60	IST	状态初始化	√	√	√	√	√
	61	SER	数据搜索	×	×	×	×	√
	62	ABSD	凸轮控制(绝对值式)	×	×	√	√	√
	63	INCD	凸轮控制(增量式)	×	×	√	√	√
	64	TTMR	示教定时器	×	×	×	×	√
	65	STMR	特殊定时器	×	×	×	×	√
	66	ALT	交替输出	√	√	√	√	√
	67	RAMP	斜坡信号	√	√	√	√	√
	68	ROTC	旋转工作台控制	×	×	×	×	√
	69	SORT	列表数据排序	×	×	×	×	√
外部 I/O 设备	70	TKY	10 键输入	×	×	×	×	√
	71	HKY	16 键输入	×	×	×	×	√
	72	DSW	BCD 数字开关输入	×	×	√	√	√
	73	SEGD	七段译码	×	×	×	×	√
	74	SEGL	七段码分时显示	×	×	√	√	√
	75	ARWS	方向开关	×	×	×	×	√
	76	ASC	ASCII 码转换	×	×	×	×	√
	77	PR	ASCII 码打印输出	×	×	×	×	√
	78	FROM	BFM 读出	×	√	×	√	√
	79	TO	BFM 写入	×	√	×	√	√
外围设备(SER)	80	RS	串行数据传送	×	√	√	√	√
	81	PRUN	八进制数据传送(#)	×	×	√	√	√
	82	ASCI	十六进制数转换成 ASCII 码	×	√	√	√	√
	83	HEX	ASCII 码转换成十六进制数	×	√	√	√	√
	84	CCD	校验	×	√	√	√	√
	85	VRRD	模拟量输入	×	×	√	√	√
	86	VRSC	模拟量开关设定	×	×	√	√	√
	87	—	—					
	88	PID	PID 运算	×	×	√	√	√
	89	—	—					

续附表 2

分类	功能号	指令助记符	功能说明	对应不同型号的 PLC				
				FX_{0S}	FX_{0N}	FX_{1S}	FX_{1N}	FX_{2N}、FX_{2NC}
浮点数运算	110	ECMP	二进制浮点数比较	×	×	×	×	√
	111	EZCP	二进制浮点数区间比较	×	×	×	×	√
	118	EBCD	二进制浮点数→十进制浮点数	×	×	×	×	√
	119	EBIN	十进制浮点数→二进制浮点数	×	×	×	×	√
	120	EADD	二进制浮点数加法	×	×	×	×	√
	121	ESUB	二进制浮点数减法	×	×	×	×	√
	122	EMUL	二进制浮点数乘法	×	×	×	×	√
	123	EDIV	二进制浮点数除法	×	×	×	×	√
	127	ESQR	二进制浮点数开平方	×	×	×	×	√
	129	INT	二进制浮点数→二进制整数	×	×	×	×	√
	130	SIN	二进制浮点数 sin 运算	×	×	×	×	√
	131	COS	二进制浮点数 cos 运算	×	×	×	×	√
	132	TAN	二进制浮点数 tan 运算	×	×	×	×	√
定位	147	SWAP	高低字节交换	×	×	×	×	√
	155	ABS	当前值读取	×	×	√	√	×
	156	ZRN	原点回归	×	×	√	√	×
	157	PLSY	可变速的脉冲输出	×	×	√	√	×
	158	DRVI	相对位置控制	×	×	√	√	×
	159	DRVA	绝对位置控制	×	×	√	√	×
时钟	160	TCMP	时钟数据比较	×	×	√	√	√
	161	TZCP	时钟数据区间比较	×	×	√	√	√
	162	TADD	时钟数据加法	×	×	√	√	√
	163	TSUB	时钟数据减法	×	×	√	√	√
	166	TRD	时钟数据读出	×	×	√	√	√
	167	TWR	时钟数据写入	×	×	√	√	√
	169	HOUR	计时仪	×	×	√	√	
外围设备	170	GRY	二进制数→格雷码	×	×	×	×	√
	171	GBIN	格雷码→二进制数	×	×	×	×	√
	176	RD3A	模拟量模块(FX_{0N} -3A)读出	×	√	×	√	×
	177	WR3A	模拟量模块(FX_{0N} -3A)写入	×	√	×	√	×

续附表 2

分类	功能号	指令助记符	功能说明	对应不同型号的 PLC				
				FX_{0S}	FX_{0N}	FX_{1S}	FX_{1N}	FX_{2N}、FX_{2NC}
触点比较	224	LD =	[S1.] = [S2.]时起始触点接通	×	×	√	√	√
	225	LD >	[S1.] > [S2.]时起始触点接通	×	×	√	√	√
	226	LD <	[S1.] < [S2.]时起始触点接通	×	×	√	√	√
	228	LD < >	[S1.] < > [S2.]时起始触点接通	×	×	√	√	√
	229	LD≤	[S1.]≤[S2.]时起始触点接通	×	×	√	√	√
	230	LD≥	[S1.]≥[S2.]时起始触点接通	×	×	√	√	√
	232	AND =	[S1.] = [S2.]时串联触点接通	×	×	√	√	√
	233	AND >	[S1.] > [S2.]时串联触点接通	×	×	√	√	√
	234	AND <	[S1.] < [S2.]时串联触点接通	×	×	√	√	√
	236	AND < >	[S1.] < > [S2.]时串联触点接通	×	×	√	√	√
	237	AND≤	[S1.]≤[S2.]时串联触点接通	×	×	√	√	√
	238	AND≥	[S1.]≥[S2.]时串联触点接通	×	×	√	√	√
	240	OR =	[S1.] = [S2.]时并联触点接通	×	×	√	√	√
	241	OR >	[S1.] > [S2.]时并联触点接通	×	×	√	√	√
	242	OR <	[S1.] < [S2.]时并联触点接通	×	×	√	√	√
	244	OR < >	[S1.] < > [S2.]时并联触点接通	×	×	√	√	√
	245	OR≤	[S1.]≤[S2.]时并联触点接通	×	×	√	√	√
	246	OR≥	[S1.]≥[S2.]时并联触点接通	×	×	√	√	√

参 考 文 献

[1] 郁汉琪,郭健. 可编程序控制器原理及应用[M]. 北京:中国电力出版社,2004.

[2] 林庭双,吴明亮,王君明. 电气控制与 PLC[M]. 郑州:黄河水利出版社,2008.

[3] 李道霖. 电气控制与 PLC 原理及应用[M]. 北京:电子工业出版社,2008.

[4] 方承远. 电气控制原理与设计[M]. 北京:机械工业出版社,2000.

[5] 马小军. 建筑电气控制技术[M]. 北京:机械工业出版社,2003.

[6] 吴跃东,杨威. 电气控制与可编程控制器[M]. 北京:人民邮电出版社,2007.

[7] 孙平. 电气控制与 PLC[M]. 北京:高等教育出版社,2004.

[8] 宫淑贞,徐世许. 可编程控制器原理及应用[M]. 北京:人民邮电出版社,2002.

[9] 廖常初. 可编程序控制器的编程方法与工程应用[M]. 重庆:重庆大学出版社,2001.

[10] 陈在平,赵相宾. 可编程序控制器技术与应用系统设计[M]. 北京:机械工业出版社,2005.